新南腔北调集 1

当代科学争议

江晓原 刘兵 著

上海科学技术文献出版社
Shanghai Scientific and Technological Literature Press

图书在版编目（CIP）数据

当代科学争议 / 江晓原，刘兵著 . —上海：上海科学技术文献出版社，2021
（新南腔北调集）
ISBN 978-7-5439-8366-3

Ⅰ.①当… Ⅱ.①江…②刘… Ⅲ.①科学研究—普及读物 Ⅳ.① G30-49

中国版本图书馆 CIP 数据核字（2021）第 133442 号

选题策划：张　树
责任编辑：姜　曼
封面设计：留白文化

当代科学争议
DANGDAI KEXUE ZHENGYI
江晓原　刘　兵　著
出版发行：上海科学技术文献出版社
地　　址：上海市长乐路 746 号
邮政编码：200040
经　　销：全国新华书店
印　　刷：常熟市人民印刷有限公司
开　　本：889mm×1194mm　1/32
印　　张：11.75
字　　数：263 000
版　　次：2021 年 8 月第 1 版　2021 年 8 月第 1 次印刷
书　　号：ISBN 978-7-5439-8366-3
定　　价：78.00 元
http://www.sstlp.com

总　序

江晓原

　　我从 2002 年 10 月起，在《文汇读书周报》上特约主持该报与上海交通大学出版社合办的《科学文化》专版，每月一次。这个版面每次包括三部分：我和刘兵教授的《南腔北调》对谈专栏、一篇书评、三种新书简介。2015 年这个《科学文化》专版移到了《中华读书报》，改为逢双月出版，但每次的版面篇幅增加了一倍。从 2020 年 8 月起，该专版改为《中华读书报》和上海科技教育出版社合办。这个《科学文化》专版持续至今，我和刘兵教授的对谈也持续至今。

　　我们对谈中所讨论的书籍，完全由我和刘兵两人商定，专版上的书评由我选定书籍后约作者撰写，新书简介则由我自己撰写，这些全都不受专版合办出版社的影响，所以完全可以视为真正的"独立书评"。我们选书的标准，是兼顾如下三方面：

　　书籍的思想价值；

　　公众的阅读趣味；

　　当下的热点话题。

　　这件事情，我们持之以恒做到如今，已经 18 年了。这个《南腔北调》对谈专栏，至少就持续时间之久而言，或许在"专栏史"上也可以有一席之地了。

事实上，持之以恒做一件事情，用不了 18 年，就会引起人们的注意。所以我们的对谈已经有过三次结集：

江晓原、刘兵：《南腔北调：科学与文化之关系的对话》，北京大学出版社，2007；

江晓原、刘兵：《温柔地清算科学主义》，北京大学出版社，2010；

江晓原、刘兵：《要科学不要主义：〈南腔北调〉百期精选》，上海交通大学出版社，2010。

现在这部"新南腔北调集"（三卷本），则是《南腔北调》对谈专栏 18 年来的第一次完整结集。

对于《南腔北调》这样的专栏，读者不难想见，当初选书时肯定有相当大的随机性，某本书刚好进入了我们的视野，引起了我们的兴趣，我们就会谈它。这次结集，为了便于读者阅读和检索，我不再受当初见报时先后顺序的约束，而是将每卷分为若干个专题，将属于同一专题的对谈纳入其中。

这些年，我和刘兵教授还在《中国图书评论》杂志上开过一个《南辕北辙》对谈专栏，在《文景》杂志开过一个《学术品位》对谈专栏，这两个专栏每次的篇幅稍长一些，所谈也都是与书籍及学术有密切关系的话题。这次结集"新南腔北调集"（三卷本）时，我也将上述两个专栏的对谈全数编入了。

2020 年 10 月 1 日
于上海交通大学科学史与科学文化研究院

目 录

总 序　　　　　　　　　　　　　　　　　　　　　　　1

1. 科学争议

学术"量化考核"之穷途末路　　　　　　　　　　　3
诈文事件：是非及其意义　　　　　　　　　　　　12
《权谋》：一曲诺贝尔奖的挽歌吗？　　　　　　　20
全球变暖与新能源产业的政治经济学　　　　　　24
霍尔顿镇压得了这场反叛吗？　　　　　　　　　29
学术研究之矛指向伪科学　　　　　　　　　　　34
进化论到底算不算科学　　　　　　　　　　　　39
达尔文爱你，你爱达尔文吗？　　　　　　　　　44
反对完美，意义深远
　　　——谈桑德尔的《反对完美》　　　　　　49
他们为什么背叛真理？
　　　——《背叛真理的人们》　　　　　　　　54
保护环境：非不能也，是不为也？
　　　——读《中国生态环境危急》　　　　　　59
有假学术，无假"民科"？
　　　——关于《水晶太阳之谜》　　　　　　　65

瓶中的太阳之梦	*71*
理性：不能滥用，也不能告别	
——从费耶阿本德的《告别理性》谈起	*76*
科学家反对"科学研究"	
——从《沙滩上的房子：后现代主义者的科学神话曝光》说起	*82*
两种建构主义殊途同归	
——关于《教育中的建构主义》	*91*
哈丁阿姨在中国	
——关于科学的文化多元性	*96*
有没有"科学人类学"？	*101*
哥本哈根：1941年之谜	
——关于科学历史剧《哥本哈根》	*105*
看科学家如何看科学	*112*
与国际接轨：科学的社会研究	
——《科学技术论手册》	*117*
困境因何而生？	
——谈《诺贝尔的囚徒》	*122*
后现代与科学：说不尽的故事	*126*
布尔迪厄：哲学家的科学观	*131*
创新与伪创新	*136*
没有弗洛伊德，人类能生活得更好吗？	
——关于《弗洛伊德批判》	*145*
找不到外星人的75种解释	*151*

2. 科普问题

来，给总统上物理课啦！	*161*
未来的物理学课程会不会包括打坐？	*166*
将科学的娱乐功能开发到底	
——关于《这本书叫什么》	*171*
来吧，听一曲科学八卦的饶舌乐	*176*
谁要重出江湖？谁能再振雄风？	
——关于"科学松鼠会"及其科普写作	*182*
看美国人怎样开发科学的娱乐功能	
——关于《〈生活大爆炸〉之科学揭秘》	*188*
科普好书，想说爱你不容易	
——2002年度"科学时报读书杯"评奖回顾	*193*
嗟乎，科普书当如此也！	
——关于《改变世界的方程》	*202*
科学素养：它到底是什么呢？	*207*
什么是"公众理解科学"？	*214*

3. 互联网与大数据

乔布斯给了我们毒苹果	*221*
记忆诚可贵，遗忘价更高	
——读《删除——大数据取舍之道》	*227*
看一个 IT 精英的草根自白	
——《网民的狂欢：关于互联网弊端的反思》	*232*
互联网正在催生最愚蠢的一代人吗？	*237*

大数据时代：要安全要便利还是要隐私？　　　　　　*242*
在互联网的数字时代如何拯救未来　　　　　　　　　*249*

4. 医学和性学

在经典中寻找当下的意义
　　——读《希波克拉底文集》　　　　　　　　　*259*
白色巨塔：阳光和黑影　　　　　　　　　　　　　*264*
是谁再造了病人？
　　——关于《再造"病人"》　　　　　　　　　*269*
点烟读书，读后戒烟？
　　——和老烟鬼谈《这本书能让你戒烟》　　　　*274*
身体和医学：也是一个罗生门吗？　　　　　　　　*279*
再来一个和身体有关的罗生门
　　——读《怀孕文化史》　　　　　　　　　　　*284*
科学对性意味着什么？　　　　　　　　　　　　　*289*
重读《海蒂性学报告》　　　　　　　　　　　　　*294*
1918年大流感和今天的新冠肺炎
　　——《大流感：最致命瘟疫的史诗》读后　　　*299*
蒙医文化研究：本土原创的科学人类学工作　　　　*306*
我们将永远与疾病为伍吗？
　　——谈《剑桥世界人类疾病史》　　　　　　　*313*

5. 质疑

是什么激励了科学中的欺诈？　　　　　　　　　　*321*

目　录

戈尔眼中的未来　　　　　　　　　　　　　　　　　*326*
斯诺登是个好人呐
　　——读《斯诺登档案》　　　　　　　　　　　*331*
儿童人体医学实验：美国社会的黑暗一页　　　　　　*337*
智商测试：科学还是伪科学？　　　　　　　　　　　*345*
一面特殊的镜子　　　　　　　　　　　　　　　　　*350*
航空母舰：当下书生谈兵的最爱　　　　　　　　　　*358*
"美国世纪"要终结了吗？　　　　　　　　　　　　 *362*

1. 科学争议

学术"量化考核"之穷途末路

□ 江晓原　■ 刘　兵

□ 记得几年前，我们在香港九龙夜谈时，曾就学术评价问题讨论过许久，当时大家认为眼下这种"量化考核"的弊端已经十分明显。现在又几年过去，其弊端愈演愈烈，反对的呼声也日益高涨，但是似乎就是拿这种局面没有办法，这背后究竟有些什么原因，实在应该认真探讨一回。

先从基本观念说起。人治好还是法治好？恐怕如今没有人不说法治好。而在学术评价中，所谓的"法治"，自然就是"量化"——单位时间内发表了多少科学引文索引（Science Citation Index，简称 SCI）论文、中文社会科学引文索引（简称 CSSCI）论文、出版了多少专著（许多地方还要统计字数）、得了多少高级别的项目、拿到多少经费、获得多少奖项（天知道，许多奖项都是"运作"出来的）等，有了这些"硬杠杠"，往上一套，人人平等，似乎优劣立判。许多有识之士都已经指出其种种弊端。然而维护这套做法的理由也很雄辩：你说这样不好，那怎样更好？！

确实，我也不知道怎样更好——我只知道这样不好。比如我们看电影，觉得不好看，就说这电影不好，这当然并不意味着我必须去拍一部更好的电影——想拍的话也没有人让你拍啊。电影不好看，就得让人说；考核方式不好，也得让人说。

当代科学争议

■ 量化考核的弊端,其实已经有许多人说过许多次了,只是,人们似乎能够做的,也只不过是说说而已,而这些议论和批评,却几乎没有能够对于这种强调(实际上是非常极端化的过分强调)带来什么改变。因此,我们在这里,恐怕也只是"说说"而已,但说总比不说好些吧。不过,既然我们对谈的栏目是"学术品味",是不是我们可以先就这种考核方式对于学术品味的败坏谈一谈呢?然后,当然也可以尝试着分析探讨一下这种机制产生的原因和可能的解决办法吧。

对于量化考核与学术品味的关系,似乎有无限多的话题和感慨可谈,然而,也许正是因为可谈的东西太多,乍一开始谈,又有些不知从何谈起的感觉了。但总体来说,这种考核方式绝对不利于提高学术品味的结论却是显而易见的。有一个不一定那么恰当的类比,就像为了提高产肉量,对于猪啊、鸡啊等动物,就只好以各种饲料添加剂来加速它们的成长过程,让它们以最快的速度长出最多数量的肉,这样一来,产量倒是上去了,可一个大家都认同的后果,是这样长出来的肉绝对不好吃!近来人们反过来又开始讲究吃"土鸡""走地鸡"甚至更奢侈的"走草鸡",恐怕就是人们在回过头来重新追求"饮食品味"的结果。

□ 我想起前几天给我们系博士生上课时的情景。那次涉及我多年前在台湾《汉学研究》上发表的一篇长文,我忽然感慨,要是现在,这篇文章中的每一节,都可以穿靴戴帽,单独作为一篇"学术论文"去发表啊。而当时我根本没有这种想法——这绝不是因为我觉悟高、自律严,而是因为那时"量化考核"还没有大行其道,这些对付"量化考核"的歪招还没有被大家想出来,或者至少还没有广泛使用起来。

学术"量化考核"之穷途末路

一篇文章分成几篇发表,只不过是使文章从"厚重"变为"轻薄",对于学术品味的败坏还不是那么直接和严重。现在更严重的是,因为"量化考核"归根结底是对数量的追求(理论上也有对刊物"档次"的要求,但那不过是另一种荒谬而已),结果迅速转化成为权力寻租的温床。由于在"量化考核"的制度中有研究生学位论文答辩之前必须在何种刊物发表多少篇论文的刚性要求,有些刊物就借此出售版面——向作者收取"版面费",而那些为了答辩不得不"发表论文"(我加双引号是因为在这个过程中"发表"和"论文"都已经变了味)的研究生,就不得不交钱来换取发表。还有一些高校教师,为了满足上面的"量化考核",甚至不惜对某些刊物的编辑请客送礼,忝颜巴结。为了满足荒谬的"量化考核",竟逼得学人付出人格的代价!

这些付出了人格代价而"发表"出来的"论文",它们还能有什么学术品味吗?当然没有。因为是付了钱的,多烂的文章也会被刊登出来,这是双方都心照不宣的。所以自从"量化考核"大行其道以来,我们的论文、专著数量扶摇直上,看上去一派"学术繁荣"景象,而实际上到底是怎么回事,大家心里都明白。

也许有人会辩解道,发达国家学术刊物也有收版面费的,我们为什么不可以收?确实,是有学术刊物收取版面费的,但是有两点不同:一是如果有严格的审稿制度,仍可保证论文质量;二是没有要求全国几十万研究生都在答辩前发表多少篇论文的刚性规定——在这种规定的作用下,如今几乎所有的"核心期刊""CSSCI 期刊"之类刊物的编辑部里,都充斥着投稿的"论文"。在这些投稿中,学术泡沫、学术垃圾究竟占多大的百分比，我是真不敢猜想了，怕说出来得罪人太厉害。

■ 说到一篇论文可以拆成几篇发表，我在10多年前就曾听一位搞纯科学的人讲过，不过也确实如你所说的，虽然当时觉得有些不可思议，但也并没有太当回事，在自己领域中写东西，还是尽量把观点写得完整一些，哪怕文章写得长些，还要努力说服编辑，让编辑认识到文章写得如此之长的必要性。可是，近来，因量化考核而带来的对发表论文篇数的要求，似乎已经波及各个领域了。说来也巧，前些天我在给研究生上课时，也曾谈到一个类似的话题，即有些国外的刊物，在有特殊的好文章时，会有破例之举，比如一期刊物只登一篇长文等。当然，我也乘机发了些牢骚，即如果在我们这里，这样的做法是否会被刊物和作者双方所采用？

在现实中，人们其实并非意识不到这种片面追求论文篇数的做法的弊端，但当人们要对抗一种力量强大的体制时，往往力不从心。比如说，也早就有人计算过，在某某领域，核心刊物一共有多少，一年能发表多少篇论文，而该领域中研究人员有多少，又要毕业多少研究生，算下来的结果是，那些核心刊物只发表研究生的论文都不够用。由此，像这种国外亦不普遍采用的对研究生发表文章的硬性要求的荒谬性变得显而易见。但是，在现有体制下，研究生毕竟还是要毕业，还是不得不按照那些荒唐的要求去拼搏，后果，也就不难想象了。

在这种机制下，发表论文的首位目的已经不是为了学术的发展，而是为了表格上数字的增长，因此，我们一些朋友曾半开玩笑地把这种倾向（而且这种倾向远远不仅为了多发论文追求数字，还有更多其他的表现形式）称为"表格主义"，想来也有一定的道理吧。

但是,如果还是就学术品味来说,像这种问题所带来的,就不仅仅是低品位的学术,简直是没有品位的学术了。

□ 本来按我的理解,"学术品味"是一个非常个性化的概念。"学术"当然有一定的标准和规范,但"学术"的灵魂是创新,而创新当然是各不相同的。至于"品味",那就更是个性化的了。每个人搞出来的学术成果,其品味必然受制于他的知识结构、学术背景,以及他从事这项学术研究时的心境。对于一个已经"出道"的学人来说,前两项基本上是稳定的,心境则可以随时不同。那么,在"量化考核"的阴影下,可能有怎样的心境呢?心境如果坏了,学术怎么会有品味呢?

我以前非常喜欢的唐诗佳作中,有一首杜荀鹤的《春宫怨》,全诗如下:

> 早被婵娟误,欲妆临镜慵。
> 承恩不在貌,教妾若为容。
> 风暖鸟声碎,日高花影重。
> 年年越溪女,相忆采芙蓉。

其中"承恩不在貌,教妾若为容"一联,字面上的意思,是妃嫔感到雨露承恩既然已经不靠容貌,那我为何还要修饰打扮呢?其实是旧时中国士人用来比喻自己怀才不遇的老套手法。如今在"量化考核"的阴影下,我发现这首诗可以"误读"出一些别的心得:

首先是,如今学术地位已经不靠论文水准的高低来决定了

（基本上只靠数量和刊物"级别"决定），青年学人又何必劳神费力去撰写高水准的论文呢？其次，"风暖鸟声碎，日高花影重。年年越溪女，相忆采芙蓉"四句，原是妃嫔回忆和怀念入宫之前平静而朴实的平民生活（与越溪女伴共采芙蓉），意境悠远，现在我们可以借用来表示没有"量化考核"阴影笼罩的中国学术界的如歌岁月——那将是一段充实而平静的岁月，青年学人将只需关心学术，不必为其他各种红尘俗事而忧心如焚。这时青年学人也将不会再有"早被婵娟误，欲妆临镜慵"之叹，或者说将不会为自己"误入"学术圈而后悔了。如果青年学人能有这样的心境，我想，多样化的、富有个人色彩的有品味的学术，将是指日可待的了吧？

■ 对于发表论文数量的考核压力，既作用于那些刚出道甚至还未出道（比如尚未毕业的研究生）的年轻人，也作用于各种其他年龄层次的学者（现在唯一可算作例外的，也许就是那些按照"老人老办法"只等他们不久后退休的那些某某以前出生的"老者"，其实这种机制也有它的问题，不过在这里就不要再节外生枝了），如果达不到要求，不让你上岗，让你拿不到目前已经成为整个收入的一个重要组成部分的"岗位津贴"，这难道不是令绝大多数学者不得屈从于这类考核标准的致命压力吗？

除此之外，在现在的考核方式中，对于学者申请到了多少多少基金项目，这些基金又分别是什么级别（如国家级课题、省部级课题，或其他"横向课题"等），也成为考核的一个重要指标。当然，本单位（而非基金提供者）考核的主要内容是申请到了多少钱，以及这些钱来自哪一级别，至于最后课题完成得怎样，就很有些无关紧要了。有人曾这样形容说，这就像对于一只鸡，只考核你找来多少米，而不管你下了多少蛋，当然，就更不关心你下的是双黄蛋还是"坏蛋"了。

在我们的另一次对谈中，我们也曾谈过了类似的问题。不过，我们就体制化的学术和非体制化的学术来谈的，是说到当下绝大多数基金肯资助的项目，以及对完成这些项目的要求，并非出于对高品位学术的追求，我甚至还提出了应该研究一下当下各种基金对于学术发展之破坏作用的看法。这是就基金提供者而言，是基金问题的一个方面。而从申请基金者所在单位这方面来看，过于片面追求基金的数量以及级别，是影响学术品味的另一重要因素。对此，你也应该是深有体会吧。

□ 这方面，对学术品味的破坏更为明显。

首先是大量从学术标准和市场标准来看都毫无可取之处的书籍，在"课题"经费的支持下——向出版社购买书号，纷纷出版。这些书籍事实上几乎完全不进入图书市场，通常他们被堆放在"课题"负责人的办公室的角落或走廊上。只是在"课题"结题、验收、报奖、申报职称这类场合，被拿出几本来用一下；或是供"课题"成员在扉页上写上"×××指正"之类的字样，用来送人。由于有"课题"经费的补偿，出版社通常不考虑这些书籍的发行和营销，不会对书的水准提出什么要求，至于学术品味，那当然就更谈不到了。

其次，"课题"要申请就要有评审，申请的人当然希望自己的申请能够评审通过，这时对他来说，最好的策略显然不是追求自己的学术品味——如果他有这种品味的话；而是尽可能迎合"课题指南"上的"精神"，尽可能迎合"课题"评审专家的口味，而评审专家又有多人，众口难调，因此只能采用平庸化的策略，弄成四平八稳的模样，才容易得到通过。而现在对所谓"课题"看得越来越重，谁有了"课题"，特别是"国家级课题""省部级课题"，就被认为是杰出、优秀，结果沿着这个方向恶性循环，其弊端愈演愈烈，谁还去追求什么学术品味啊？

■ 开头你曾提到我们几个人在香港九龙的夜谈，我记得当时北大的吴国盛说了一个故事让我们都感慨颇深。他说，在北大一次人文学科的职称评定会上，有两个被评者同样都出了一本专著，一本是在某基金资助下完成的，另一本则是在没有资助的情况下自己完成的。有资深评委说，既然同样出了书，相比之下，当然没有拿到资助的人应该优先，因为他是在没有花费国家的钱的情况下完成了同样的工作！当时我们都感叹说，北大毕竟是北大。可惜，像这样的评判标准现在是实在难以普遍地见到了，见到的只是那种愈演愈烈的定量化考核。

那么，究竟为什么会出现这样的情况呢？一种常见的解释认为，这是一种官僚管理学术的体制的结果。即在许多情况下，行政管理者并不懂得学术，但又要对其进行"管理"，于是，数数，就成了最简便可行的办法。而学术终究不是可以用分量之类的东西来称量的，当然，从另一方面讲，这样的评价体系也可能在一定程度上避免腐败和不公正，但正如你曾提到的，实际上这也会带来另一种的腐败和不公正。而且，尤其关键的是，它带来的最致命后果，是学术质量的低下和学术品位的降低。

当时，我们还曾分析过可能的改变，例如，认为难以实行

学术"量化考核"之穷途末路

其他的评判考核标准的原因之一,是没有权威的大师。确实,这个问题非常复杂,不过如果抛开那些更复杂的因素不谈,至少在一点上可以有把握地说的是,这样的考核机制下是绝对地不利于学术品位的提高的,因而,这样的考核标准是有问题的,是需要改变的。我们也已经看到了许多有关的呼吁,但在现实中,要彻底改变当下的情形,似乎还需要相当长的时日。但作为一个学者,一个教师,对此标准的弊端应该有清醒的认识。

前不久,在我们这里的一次博士生毕业论文开题会上,一个在读的博士生汇报其已有的成果时,就颇为得意地展示他发表了多少多少篇论文。我当时就不客气地说,如果你是我的学生,我为此就不会让你毕业,因为以这样数量写文章,是不可能写出精品的。其实,这也不过是在以另一种方式来强调学术品味而已。因为另一个例子则是,我指导的一位硕士生,仅仅在毕业时刚刚发表一篇东西,只达到了毕业要求的最低标准,但因为没有把时间花在无益的数量追求上,更安下心来做毕业论文,结果写出了一篇不错的毕业论文,后来发表在不错的刊物上,并得到了同行的好评。

现实与理想之间总有差距,在现实中,我们确实无法彻底地抵制现有的量化考核体制,但是,尽自己最大的努力去与之抗衡,并尽力地教育我们的学生,让他们也能有类似的认识,这也许就是我们目前尚可去做的事情吧。

原载《文景》2004 年第 8 期

诈文事件：是非及其意义

□ 江晓原　■ 刘　兵

1994年底，纽约大学的量子物理学家索卡尔（Alan Sokal），向著名的文化研究杂志《社会文本》(*Social Text*)提交了一篇文章，题为《超越界线：走向量子引力的超形式的解释学》。文章于1996年发表，索卡尔随即向媒体宣布，上文只是一篇"诈文"——里面充满了故意安排的常识性的科学错误，是"一个物理学家的文化研究实验"。索卡尔借此嘲弄了充斥着各种"时髦的胡说"的所谓"后现代知识界"。此事轰动一时，并产生了深远影响。

□　轰动一时的索卡尔诈文事件，发生到现在也已经很多年了。一开始，我就很自然地站在欣赏——如果不是支持的话——索卡尔的立场上。老实说，对于那些所谓"后现代"的、被索卡尔斥为"时髦的胡说"的学说，我一直是不太认真看待的。在我的下意识里，经常将这些学说和"刻意标新立异""吃饱了撑的"等概念和谚语联系在一起。索卡尔嘲弄了这些玩意，我觉得很好玩，"诈文"的运作也大有新意。

■　我注意到你讲的是"一开始"，那么，现在你如何看这件事情呢？与一开始的反应是否又有了些不同呢？我觉得，在这个事件背后，是包含着很深刻的内容的，而绝不仅仅是

诈文事件：是非及其意义

"好玩"。在目前关于"科学文化"的一些讨论中，这个事件也经常被人们提起，用作某种"证据"。这也就让我们不得不正视它，思考它，而不可能事不关己地只是远距离欣赏而已了。

□ 我现在还是欣赏索卡尔——要是你能够在这次对谈中改变我的立场，那将是多好玩的一件事啊！当然我相信此事后面确实有深刻背景，但是"诈文事件"本身，至少暴露了那些时髦的学术游戏中的漏洞，索卡尔至少占了上风，难道你不承认是这样吗？

但是，从另一个方面来看，我认为"诈文"的做法本身是有问题的。《社会文本》在刻意引诱下犯了错，不等于他们平时也一直是这样的。这使我想起《阅微草堂笔记》卷十六中的一则故事：有一位先生平日道貌岸然，喜欢从道德方面对学生苛求，学生又无法反驳他，就买通了一位美貌妓女，让她深夜到书馆去引诱先生，那美人"言词柔婉，顾盼间百媚俱生"，先生经不起诱惑，就和她上了床。谁知早上美人故意迟迟不去，等学生们都来了，还坐在讲坛上搔首弄姿，结果先生无颜为师，只好卷铺盖逃走了。其实这位先生道德上未必有太大问题，但你让他深夜独对"百媚俱生"的美人，一时把持不住，就出问题了。然后人们就认定他是"伪君子""假道学"等，这并不十分公平，尽管确实"好玩"。现在索卡尔其实就扮演了这位美人的角色——不过他是自告奋勇的。

■ 你说你"欣赏"索卡尔，我倒确实并非如此。不过，这个问题实在有些太复杂，简单地说起来，很可能会有些歪曲或变形，但还是值得我们试试的。

当代科学争议

如果认真地读一下《"索卡尔事件"与科学大战》*这本书，就会发现，论战的双方其实并不是在相同的意义上就同样的问题用同一种语言来说话，这也确实正像该书中不断提到的那样，表征着目前"两种文化"的一种新的冲突。有些遗憾的是，此书的选编者看起来（如在封底的内容介绍等处）是公允地对待这个事件以及由其引发的争论，但在书中收录的他们的文章来看，却也与你的观点有相似之处，是明显地站在索卡尔一方的，将科学知识社会学的强纲领、女性主义科学观、后殖民主义的科学和激进生态主义都列在反科学的阵营，这我是绝对无法赞同的，也不知道这样的立场是否会影响到对书中所收录文章的选择。

不过，至少我觉得此书中收录的《社会文本》编辑的一篇文章的解释还是可以说得通的：不是他们没有错误，但即使有，在他们的解释中，也还是可以理解的。而且，索卡尔的做法虽然机智，或者说"好玩"，但如果排除了他的特殊身份在这一事件，特别是在他的文章能被刊出的考虑中的作用之外，其实，他并不是真正在用一种后现代主义或社会建构论研究者中习用的语言和思维逻辑来说话的。他的另外三篇文章也同样如此。而那些支持他的文章，也大致是如此。因此，我觉得，首先，这一"事件"的发生，是情有可原的（尽管不能说另一方没有错误），其次，随后引发的"争论"，并不是一场真正的对话。再次，这里确实涉及"两种文化"之冲突的深刻问题，而不仅仅是可以由后现代主义因索卡尔的恶作剧而表明不再是

---

* 《"索卡尔事件"与科学大战——后现代视野中的科学与人文的冲突》，索卡尔等著，蔡仲等译，南京大学出版社，2002年5月第1版，定价：22元。

诈文事件：是非及其意义

一种合理的"学术"这简单的结论就可以概括了的。

□ 虽然我们以前几乎没有就此事交换过意见，但我猜得到你的立场——你不欣赏索卡尔的做法。但是你既然也承认"不能说另一方没有错误"，那你怎么解释这一现象呢？或者说，对于《社会文本》在此事中所出的洋相，你愿不愿意为它辩护呢？如果愿意，你将怎样辩护呢？此外，如果你不满意《"索卡尔事件"与科学大战》编者的立场，你将对此给出怎样的批评呢？

■ 首先，讲"不能说另一方没有错误"，这当然是指《社会文本》的编辑们在工作中有疏忽，有疏忽，当然是一种错误。但我同时也觉得编辑做出的解释，恐怕也不是完全没有道理的吧，至少是可以理解的，特别是他们希望有像索卡尔这样的物理学家能站在这一阵营中的心情以及由此带来的问题。其实，任何一个杂志，在一种精心的策划下，让其出出"洋相"，也不是绝对办不到的事。设想一下，如果反过来，让《科学》杂志去审查对方的文章，也会是有同样困难的（当然，《科学》杂志对对方的文章不感兴趣，这是另一个差异，但也表明了一种立场）。更不用说，难道《科学》杂志上就没发表过不恰当的文章？那些在事后才被揭露出来的作伪的文章，或是在科学上有错误的文章，不也是经常出现的吗？人们会因此而认为科学界就完全"失范"了吗？关键在于，在这种疏忽下出现的这一事件，是否就可以作为对对方整个研究状况的彻底否定的依据呢？在目前实际存在的"两种文化"依然分裂的现状下，其实这两个阵营的对话是很少的，存在有相互的不理解。当有人试图去沟通时，即使出现某些问题（而且不一定就是对此方致命的问题），也属于可理解的正常现象。在此事件中，索卡尔的做法确实是反常规的，也恰恰由于这种反常规，才相当程度削弱了其批判性的力量。所以，我以为，在这一事件中，谁出了"洋相"并不是关键，重要的是它所表现出来的问题和带来的讨论。因为那些讨论，才更多地反映了双方的严重分歧。

至于《"索卡尔事件"与科学大战》编者的立场，我觉得在他们同时收录该书的文章中已经表现得比较明确了，是明显倾向于索卡尔一边，而对目前有关科学的人文研究中最有影响的若干流派，都列入被批判的行列。对此，我当然有不同的看法，不过，这说来话长，可以以后结合对此事件的讨论再讲。至于这种立场是否影响了对此书的选编，我只是提出了一种疑问，但并无确切根据。因为我并未完全掌握后来双方争论的整体文献，对此无从做出判断。

□ 《科学》杂志上确实也经常登出后被证明是抄袭或作伪的论文，但通常事后都会有所交代，比如道歉、宣布撤销之类。可是《社会文本》的做法却不是这样——当然这一点并不是非常重要。科学和人文两界相互之间确实存在着某种对立，而诈文、造假之类的事件，表明双方都不是完美无缺。但我之所以仍然倾向于索卡尔一方，主要是基于这样的事实：今天的物质文明毕竟是建立在科学的基础之上的，科学，它的评判标准至少更客观一些吧？它的检验手段至少更明确一些吧？或者用通俗的话来说，科学怎么着总比"人文"要更靠得住一

诈文事件：是非及其意义

点吧？

■ 前面你讲并不非常重要的问题，就先不谈了。后面，你讲评判标准的问题，倒是似乎可以展开些讨论。讲科学的评判标准要更客观一些以及检验手段更明确一些，这是有隐含的前提的。就物质性的应用来说，科学的评判标准和检验手段确实要更"客观"、更明确些。但并不能由此外推到对科学作为对象来研究时，那些评判标准也同样"客观"，否则，人文社会科学的研究还有什么意义呢？

在《"索卡尔事件"与科学大战》一书中，曾有人提到过病人与医生的比喻，在这里，似乎也还可引用。病人作为疾病的患者，当然对病痛有着最直接、最客观的体验，但并不能因此就讲医生的诊断就不如病人客观，因为医生才是专门以病人及疾病为研究对象的专家。这里有分工的问题，也存在不同层次的问题。科学，在对自然界的研究方面，当然有其专门的权威性；但那些以科学本身和科学家及其工作为对象的人文研究者，如科学和社会专家，或者说 Science Studies 领域的专家（在《"索卡尔事件"与科学大战》一书中，人文一方，所收录的在这些领域中著名专家的文章似乎太少，大多是文学、历史类的研究者，不知是那些与此问题关系在专业上关系更密切的专家们的有关文章本来就少，还是选择的问题），所采用的标准和方法，当然不一定要与具体科学领域中的标准和方法完全一致，这也不是同一个层次的问题，因此，也不好比较谁更"客观"。

其实，就连"客观"这个概念本身，本来也是人文领域中所研究的东西。在《"索卡尔事件"与科学大战》一书中可以看到，科学家一方（当然也不能说是所有的科学家）虽然也在反复地谈"客观性"，但他们确实大多是在相当朴素的理解中来谈论的。或者说，人文研究之所以会存在，其意义之一，也许就在于它与科学在研究对象、研究方法、评判标准等方面的差异，否则，只有科学就够了，还要人文研究干什么？

□ 这使我想起了刘华杰前不久的那句名言——科学主义是我们的缺省配置。看来这至今还是我的缺省配置。我相信，这应该也是索卡尔的缺省配置。人文学术在研究对象、研究方法、评判标准等方面，当然与科学不同；既然不同，当然就可以比较。比较的结果，是科学更可靠一些，这你没有办法否认吧。

我觉得索卡尔诈文事件的意义，其实就在于通过这样一个有点恶作剧的行动，向世人展示了，人文学术中有许多不太可靠的东西。这对于加深人们对科学和人文的认识，肯定是有好处的。科学不能解决人世间的一切问题（比如不能解决恋爱问题、人生意义问题等），人文同样也不能解决一切问题，双方各有各的使用范围，也各有自己的长处和短处。在宽容、多元的文明社会中，双方固然可以经常提醒对方"你不完美""你非全能"，但不应该相互敌视，相互诋毁。我想只有和平共处才是正道。

■ 你关于索卡尔事件的意义的看法中的后一部分，我可以同意，即科学与人文各有各的长处、短处和用处，正所谓尺有所短，寸有所长，彼此不能相互替代。但我仍不同意你将人文与科学的"可靠性比较"。因为我觉得，既然这是两种相

诈文事件：是非及其意义

当不同的东西，其间是缺少可比性的，不能简单地比较谁更可靠。当你通过强行的比较而得出科学更可靠的结论时，难道不是已经在比较中采用了科学的"标准"，以直接的实用性作为出发点，缺省配置又在不自觉地起作用了吗？所以，我的看法是，我们还是不必采用比较优劣的办法，而是采取一种"互补"看法来看待科学与人文，这样，也许才真正有利于两者的结合和融通。

原载 2003 年 3 月 7 日《文汇读书周报》

《权谋》：一曲诺贝尔奖的挽歌吗？

□ 江晓原　■ 刘　兵

□ 中国人盼望一个诺贝尔奖，已经到了病态的地步，这一点许多人都明显感觉到了。据说国内有些机构早就做出了"规划"，要在多少多少年之内"成长"出一个诺贝尔奖获得者来。我真为这个机构担心，万一另一个系统的中国学者先得了诺贝尔奖，那这个机构这些年的"规划"和"投入"怎么交代？

在这样的背景之下，这本《权谋——诺贝尔科学奖的幕后》*中译本的出版，就特别引人注目了，本书作者是研究诺贝尔科学奖历史的权威。自 1980 年开始，潜心钻研诺贝尔奖档案 20 余年，以大量与评奖当事人有关的书信、日记、评审报告等第一手史料为基础，撰写了这本被称为"将诺贝尔奖请下神坛"的惊世之作。中译本出版没有多久，评论文章已经接二连三地出现在有关媒体上。这些评论，大抵有两个意思：一是主张中国人不必太在意诺贝尔奖的获得；二是借题发挥，批评国内多年来在科研管理体制上的各种弊端（比如量化考核之类）。后一个我知道你也不会不同意，但对于前一个，不知你

---

* 《权谋——诺贝尔科学奖的幕后》，[美] R. M. 弗里德曼（Friedman）著，杨建军译，上海科技教育出版社，2005 年 8 月第 1 版，定价：42 元。

《权谋》：一曲诺贝尔奖的挽歌吗？

的看法如何？另外，在这本《权谋》之中或之外，我们还能不能读出更多的新意来呢？

■ 你问的第一个问题，原则上我是同意的，甚至在许多年前，我就曾写过表述类似观点的文章。但是，有这种主张，是基于另外一些考虑的，例如，倘若我们唯一地以获得诺贝尔奖为目标，就会（实际上在某种程度上已经有此倾向）将有限的科研资金集中投向少数有可能问鼎诺贝尔奖的项目，这样的话，即使我们能够侥幸得奖，其代价也会是极其惨重的——那将可能使众多其他同样重要但不一定以获诺奖为取向的科学研究领域因缺乏资金而落后，最终可能导致我国科学研究整体力量的下降。

不过，这本书的另外一种意义，是以有力的实例告诉我们，就算是像诺贝尔奖这样的奖励，也同许多的其他的科学奖项一样，其中也有着比例颇高的社会建构成分。其实，这样的观点我们早就有了，但此书以历史研究的方式，为这样的看法提供了有力的支持。此书原文的书名，如果严格地逐字对译，或许可译为《关于杰出的政治》，在这里，"politics"一词不是已经很明确地表述出对科学成果的评价，绝非像传统中人们天真地认为的那样，只是唯一以学术价值为取向的吗？当然，我也同意，在中国的语境中，译作《权谋》也是很贴切的，因为在中国人的通常理解中，政治在很大程度上也就是权谋（这与西方对此词的理解略有不同）。

□ 从正面来理解，诺贝尔奖的获得，应该是一个"实至名归"的事情——你有一批优秀的科学家在从事研究工作，他们确实做出了具有重要意义的成果，那么或早或晚，诺贝尔奖就可能落到这批科学家中的某个人头上。但是，作为国家科学政策，或作为一个科学机构的规划，当然不能舍本逐末，将获奖作为目标，让"实"倒过来为"名"服务。

支持上述看法最明显的理由之一，是这样一个事实：诺贝尔科学奖并未包括很多非常重要的科学领域，比如宇宙学、天文学、地质学、数学、环境科学、非生物取向的医学、海洋学、地震学、农业遗传学等。在"有奖"和"无奖"的领域之间，我们当然也不应该唯"奖"马首是瞻。

你提到诺贝尔奖评选结果中"比例颇高的社会建构成分"，至少在表述上就有新意。本书作者弗里德曼指出，"人们普遍有一种信念：诺贝尔奖用一种客观、公正的方法来判定科学中绝对最好的成就，至少在它所认可的领域，如物理子系统、化学和生理学／医学内"是如此。但是他的研究表明：评委们自身对科学的认识严重影响评审的结果，他们个人的判断、偏好和兴趣不可避免地渗入评审工作，尽管有的评委力求公正，但也有些评委谋求私利。弗里德曼强调：我们没有理由相信诺贝尔奖的获得者就是一群"最佳"的科学家。而且还有一些20世纪最伟大的科学成就并未被斯德哥尔摩所认可。

■ 正是如此。其实，诺贝尔奖毕竟还是一个有着世界级声誉的科学奖项，当人们撰写20世纪科学史时，其中的许多获奖工作也是无法忽视的。倘若通过正常的科学研究，中国科学家能够获得此奖当然是一件不错的事。但无论如何，我们也应认识到，它毕竟又只是科学奖励系统中的一个奖项，由于历史的原因，也由于一般科学奖励系统中普遍存在的问题，我们

《权谋》：一曲诺贝尔奖的挽歌吗？

确实是无法将它完全等同于科学实力。就像奥林匹克运动会上的金牌数并不一定就能代表一个国家公众的普遍体育素质一样。可惜的是，无论是在体育运动中，还是在科研研究中，我们经常无法避免"金牌战略"这种误区。

□ 确实，在我们的"诺贝尔奖情结"背后，也有着"金牌战略"的影子。体育中的"金牌战略"早已经和"增强人民体质"的宗旨背道而驰。那么以此类推，科技政策中如果也搞被"诺贝尔奖情结"煎熬着的"金牌战略"，它会不会也和发展科学技术的根本宗旨——增进人民的福祉——背道而驰呢？恰恰是针对这一点，弗里德曼在本书中文版序言中告诫说："期望一位中国科学家获得诺贝尔奖是无可厚非的，可是如果相信它是一个国家表现科学技术高水平的唯一或最佳途径就错了。"

■ 因此，这本书的意义，或者说，其读者对象不仅仅限于对诺贝尔奖有兴趣的公众，对于许多科学家，以及制定科技政策和从事科研管理工作的官员，它也颇为值得一读。正如原作者在其中文版序中所言："我希望中国的科学家们和政策制定者们仔细思考，一个以赢得诺贝尔奖为目标的政策有何意义？"

从科学史研究来看，此书也是一项极有意义的成果，甚至对从事科学哲学和科学社会学的研究者，这段历史恰恰提供了很有社会建构意味的重要案例。

原载 2005 年 11 月 11 日《文汇读书周报》

全球变暖与新能源产业的
政治经济学

□ 江晓原　■ 刘　兵

□ 许靖华是瑞士籍华人，年轻时曾在美国石油公司工作十年，后作为著名地质学家当选美国国家科学院院士、第三世界科学院院士，退休后从事商业开发。仅仅考虑到作者这种丰富的经历，对这本书*就值得另眼相看。

谈论气候和历史，当然绕不开"全球变暖"这个话题。"全球变暖"问题当然不是一个"变暖"或"不变暖"的简单问题，它至少包括这样三个问题：

1. 全球到底是不是真在变暖？
2. 全球变暖真是过多碳排放造成的吗？
3. 即使全球确实变暖了，就真会引发灾难吗？

许多人对上述三个问题都持肯定答案，例如美国前副总统戈尔在同名的书及电视片《难以忽视的真相》中就是如此。而许靖华在本书中的观点是，迄今所发现的全球变暖现象，可以用地球历史上的周期性气候变化来解释；他对于"全球变暖是由工业温室气体排放所造成"和"全球变暖将导致地球灾难"这两个常见的"环保命题"则都持否定态度。

---

* 《气候创造历史》，[瑞士] 许靖华著，甘锡安译，生活·读书·新知三联书店，2014 年 5 月第 1 版，定价：36 元。

全球变暖与新能源产业的政治经济学

■ 许靖华是一个我非常尊敬并且愿意读其著作的人。记得前些年,三联曾出过一本他写的涉及进化论的书,当时还曾引起不少争议,特别是引来了某些科学主义的"正统进化论捍卫者"的批评。但学术的研究,其意义,也正在于提出那些有独特观点而又言之有理的论证。这次,他关于气候与历史的著作,还是观点非常鲜明,而且肯定又会有不少的争议出现。他"引用历史,主张近年来的全球暖化不是人类造成的",甚至"历史上的气候变迁不完全是温室效应所造成",如此等等。

现在,许多学者在讨论气候变化、温室效应和全球变暖等问题时,经常是将此作为一个"科学问题"来讨论的。而实际上,在涉及这样一个超长时段的复杂问题时,现在标准的许多科学的验证方法,又是非常有局限性的,因而,结合作者的地质学专业,以历史的角度来讨论这个问题,是有其特殊的意义的。

不过,如果说这本书是以气候和人类历史的关系为主题来写成的一本历史书的话,从你的专业角度来判断,是否认为它也符合一般的历史研究的规范呢?

□ 我倒觉得不必用通常的历史研究规范来要求本书,因为本书处理的并非通常的历史学课题。我们知道由于历史资料在终极意义上的不完备性,所谓的"历史真相"是不可能真正得到的,因此历史学家在建构他们的历史时,必然要依赖史料之外的东西来补充。他们所依赖的东西,包括"知人论世""以今例古"以及某些常识或常情等。而许靖华在本书中所处理的主题,即气候的历史变迁,几乎没有文字记载,只能通过地质材料间接推测,其史料的不完备性比起历史学家来固是有过之而无不及；而地球不是人类，它的行为和规律，不可能借助"知人论世""以今例古"之类的常识或常情来帮助推测。所以要讨论地球气候的变迁史，比起通常的历史学课题来，其难度更大，不确定性也更大。

将全球变暖问题视为一个"科学问题"显然是不妥的，也许这个问题可以称为"与科学有关的问题"——科学只是讨论这一问题时所需要用到的诸种工具之一，而且现有的科学知识和工具还无法对这一问题提供明确的答案。更不用说"全球变暖"这个学说背后还有更为复杂的商业和集团利益背景。

例如，许靖华给出了这样的线索，核电集团热衷于鼓吹全球变暖，因为按照全球变暖学说，烧煤或烧油的传统火力发电就会成为工业碳排放的大罪人，而核电就可以顺理成章地取代火力发电而得到大发展。而在与西方核电集团打过几次交道后，许靖华写道，"我学到了一件事，关系到获利时，核能产业是没有道德观念的"。

■ 其实，对于像全球变暖这样的问题，我自己也有一个认识过程的。因为这个命题与环保密切相关，一开始，还未及对问题本身有更多思考，而看到我以前一向喜欢的作家克莱顿居然写出了反对这一命题的小说，还有些不理解。不过，随着对更多的、来自不同立场的信息的接受，我越来越觉得这里面的不确定性很大。而且，从像对科学之应用的利益分析等研究的立场来看，许靖华所给出的解释完全是有可能的。

像全球变暖这样一个对地球上所有的人都无比重要的问题，科学竟然无法给出确切的答案，这样的案例，恰恰有力地提示了科学的有限性、不完备性和不确定性。

全球变暖与新能源产业的政治经济学

但到了许靖华这本书，又出现了新的问题。按我们前面的讨论，一是他并非完全按科学的标准方式来分析全球变暖这一问题，二是你也曾提到，许靖华用了一些地质学的材料，而他的"科学背景"恰恰是地质学研究。那么，具体到地质学这门现在还是被公认为科学的分支之一的学科，是不是也还是有一个站在什么立场上来使用的问题呢？

□ 当然有这样的问题，尽管可能是隐性的。其实这里有着类似"理论影响观察"的困境，既然全球变暖是一个科学目前无法确定的问题——如果考虑背后的政治经济学，那就更加无法得到确定结论了，那么下面的问题就更为明显。

是先有某种立场（比如否认全球变暖），然后使用地质学证据来支持自己，还是先进行"客观的"地质学考察，然后获得结论呢？

聪明人都知道，至少要在论文和书中显示出先有证据后有立场的情形，本书当然也不例外。比如在顺序上，作者就将自己立场的明确表达安排在最后一章。但实际上，究竟是先有立场后有证据，还是先有证据后有立场，还是在证据积累和立场修改的交互作用过程中得出了结论？那只有作者自己才可能心知肚明——许多缺乏科学哲学素养的作者则经常是自己并未明确意识到这类问题的存在。

■ 但是，在我们所见到的面向大众的传播中，"全球变暖"却似乎被包装成了一个在科学上有定论的命题。在这其中，或许，对于公众对科学的信任的利用，也起了很重要的作用。当然，类似的其他问题也还有许多，就像近来争议不断的转基因食品问题等。差别是在，全球变暖在面向公众的传播和公众对之的接受中，要争议更少。因而，这也是一个更为典型的可以让我们反思科学传播的案例。

虽然以往也曾提过像在传播中除了科学知识还注重科学方法等的说法，但在实际传播的过程中，如果没有一种对科学研究更加冷静的审视，而仍然选择把对科学的崇拜和迷信作为基本立场，那么，所谓对科学方法的传播，必然也是不真实的。许多像科学哲学等对科学的人文研究，则正是透过你说的那种表面上的"显示"而揭示出其背后实际的"方法"。我们在这里所讨论的问题，恰恰说明了这一点。

原载 2014 年 9 月 5 日《文汇读书周报》

霍尔顿镇压得了这场反叛吗?

□ 江晓原　　■ 刘　兵

□ 关于20世纪末期席卷西方的反科学主义思潮,以及由此引起的反击,两边都已经有不少重要著作被介绍到中国来了。本书*应该算"反击"阵营中的一种,因为出自名家之手,调门也比较高,所以值得注意。

对于反科学主义思潮,霍尔顿认为是一场"对科学的反叛",他写此书就是试图从历史渊源上全面清算这场反叛。不过,要是霍尔顿知道此书对我所产生的效果,恐怕就不无遗憾了——通过他的清算,我反而知道了更多的反科学主义的思想渊源,其中有些我以前虽然也读过,但是限于当时的视野,并未将它们和反科学主义联系起来,比如施本格勒《西方的没落》就是如此。

■ 说起来,霍尔顿可以算得上是老一代科学史家中的著名权威人士,他出身物理,后转向科学史,除了作为爱因斯坦的权威研究者,他与许多科学史家不同的地方,还在于他曾致力于科学教育的改革,为在美国的基础科学教育中引入科学史做出过重要贡献。而且,也像许多老一代的科学史家(而且是

---

*《爱因斯坦、历史与其他激情——20世纪末对科学的反叛》,[美]杰拉尔德·霍尔顿著,刘鹏、杜严勇译,南京大学出版社,2006年1月第1版,定价:28元。

关心科学文化与科学文化传播的科学史家)一样,他也可以说是非常经典的、有代表性的传统"科学主义"立场的代表人物。由这样一位资深的、有分量的人物来讨论"科学主义"和"反科学主义"的问题,其观点当然是绝对值得我们予以充分重视的。

□ 在霍尔顿看来,科学主义的敌人还着实不少呢。你看,施本格勒、弗洛伊德、浪漫主义,还有"社会学中所谓'强纲领'的建构主义,大众媒体的一部分,一小撮但却不断增长的政府官员和政治追求者,以及与先锋派的后现代运动相联系的文学批评和政治评论中的活跃部分"。这些人发动了一场"对客观世界、对客观性概念"的战争,已经"永久性地动摇了……在行为活动中对普遍的客观真理的信仰"。

霍尔顿认为,科学主义在20世纪90年代早期就已经"遭到了拒绝",知识分子对科学的"忠诚"已经消失——他当然认为这种忠诚先前曾经是存在的。他说他"十分经常"地听到这样的意见,认为"科学研究是一项讨厌的、没有灵魂的活动"。他哀叹道:"科学知识本身的追求目标并不是普遍价值的可操作系统的一个有力部分。"

总而言之,在霍尔顿眼中,这场对科学的反叛,已经如火如荼,已成燎原之势。这使我想起相传是中国历史上最著名的大反叛之一黄巢的诗句,"冲天香阵透长安,满城尽带黄金甲"。在这种局面下,霍尔顿几乎是以哀兵出战,他镇压得了这场反叛吗?

■ 是啊。在霍尔顿的总结中,这场"反叛"的波及面确

霍尔顿镇压得了这场反叛吗？

实是太广泛了。例如，他甚至把美国历史博物馆的一个永久性展室"美国人生活中的科学"也归入在内，因为那个展览"把大量的展位用于对科学危害的揭露和所谓的公众对技术的幻灭上"。在我们这里，一本颇有影响而且被人们通常看作是对学术作伪的揭露的重要译著，美国人写的《真理的背叛者》（中译本名为《背叛真理的人们》），也被霍尔顿划在了"反叛"之列。由此可见，他在反对反科学主义方面的激进性，甚至超出了我们这里的一些科学主义者。

问题是，如果局面真的像霍尔顿总结的那样，那至少从另一个视角表明，在西方世界社会文化领域里的当代普遍性的看法中，这样的"反科学主义"已是一种"共识"，其在普及领域中的表现，恰恰说明了源于学界的影响的深刻性和全面性。只靠一两个个人的力量，绝对是无法对这种超大规模的"反叛"进行有效的"镇压"的。

在这样一场霍尔顿看来如此全面的"反科学（主义）"浪潮中，像他这样坚持传统观点的人，特别是在西方世界对科学的人文研究领域中，如果不是独一无二的，超码也是极为罕见的。对此，人们真是不由得不再次想起科学社会学中那条有些玩笑性的"普朗克定律"。

□ 事实上，霍尔顿虽然在本书的开头摆出了要"镇压"的架势，并且——我想是不太明智地——扩大了他所指控的敌对阵营，但是他对论敌的反驳往往是缺乏说服力的。例如，对于一些认为科学不应该发展得过快的主张，霍尔顿说这是"要求科学暂停，要求一个科学的禁欲期。在这一时期内，人类将最终发展出一套恰当的精神或社会资源，以应付现代技术成果的非人道应用的可能性"，可是他对此的反驳却是科学家是停不下来的，因为"认为他们在追逐知识是一个错觉，而是相反，知识在追逐他们，抓住并征服了他们"。如果他说的确实是事实，那岂不是非常可怕——人类已经成为某种不可抗拒的力量的奴隶，只能听任这种力量来操纵自己的未来？

霍尔顿此书分成两大部分。第一部分是他对"反叛"的理论讨伐，第二部分是以爱因斯坦为个案来进一步说明他的观点。那么，我们当然期望在第一部分（第一至五章）中，看到他对反科学主义思潮做出有力的清算和驳斥。但是，在第一章中他勾画了敌对阵营，第二章中给出了一些并不是很有说服力的反驳，而从第三章开始，连这种并不是很有说服力的反驳也几乎不见了。霍尔顿摆开阵势之后，却并不和论敌决战，而是有点像在那里自说自话。这给我的印象是，他对我们所期望的决战缺乏信心。所以他恐怕不得不先实行"费边战略"（避免决战，缓进待机——因古罗马统帅 Fabius 而得名）了吧？

■ 如果说一定要有一场像霍尔顿所期望的"镇压"战役的话，其一，对这场战役的胜负可能就连霍尔顿本人也不敢有太多的幻想；其二，我们可以设想，如果真有这场战役的话，参战的主力军又会是什么人呢？就目前的形势来看，应该不会是来自人文阵营的大多数人士，也不会是来自对科学进行人文研究的大多数人士。科学家那边呢？恐怕也只是其中极少数的人——因为科学家那边虽然赞同或潜在地倾向于霍尔顿观点的人为数不会太少，但真正热衷于参与这样的

霍尔顿镇压得了这场反叛吗？

战事的人却不会很多，他们才顾不上这样的专业之外的事情呢！

在国际上是如此，在中国，我们则会看到，对垒同样存在，但阵营格局另有不同。不过，按照我们时下所经常愿意讲的与国际"接轨"的倾向来看，在国际大趋势下，未来的局势也很难回到霍尔顿所希望的科学主义的一统天下了——科学主义的未来，恐怕是"无可奈何花落去"了。

原载 2006 年 5 月 12 日《文汇读书周报》

学术研究之矛指向伪科学

□ 江晓原　■ 刘　兵

□ 最近几年，关于伪科学的批判已经做了大量的工作，但这些批判通常采用比较简单化的做法，至于对伪科学本身如何界定、它产生的根源、为什么它会流行等问题，其实还涉及很少。许多人还是出于朴素的感情，要求对它进行批判、围剿。而最近刘华杰博士的《中国类科学》*一书，首次从理论上对中国的伪科学状况做了系统的学术研究。这本书可以说是站在目前国内对伪科学进行学术研究的最前沿。

■ 确实，这本书的主体内容，是在讨论伪科学的问题和现状，以及有关的理论分析。但应该注意的是，这本书的书名中，却没有把伪科学明确标示出来，而是用了"类科学"这一说法。用这一概念，所论述的范围，就可以比以往我们说的伪科学更为广泛，而且，也似乎体现出更为宽容一些的姿态。我觉得刘华杰的序言是非常值得注意的——尽管它与书中的正文在"味道"上有些细微的差异，我想，这大概是由于刘华杰这些年来不断地思考，其观点也在不断地变化发展和进步有关。这也算是一种"不停步"吧。

---

* 《中国类科学——从哲学与社会学的观点看》，刘华杰著，上海交通大学出版社，2004年1月第1版，定价：28元。

学术研究之矛指向伪科学

□ 一个问题是,我们对伪科学进行研究的目的是什么?以前很多人有一个很简单想法,是为了更好地与伪科学进行斗争。就刘华杰这本书来说,当然也有这种功效。但我发现,这本书还有另外的功效。由于伪科学的历史起码不比科学的历史更短,而且眼下也还没有灭亡的迹象,在当下有时反而还更红火,甚至比科学更容易得到公众的亲近。所以,要想把伪科学斩尽杀绝,斩草除根,在可见的将来,恐怕还是不可能的。那么,我们有没有可能换一种眼光来看待这一事实呢?

■ 你这里其实是点出了一种社会现象,即伪科学通常总是比科学更容易得到公众的接受。我想,这其中必有值得深入分析的原因。表面一些讲,比如说,接受伪科学并不需要严格(其实也连带地必然是辛苦的)专业训练,又如,它显然与公众对于神秘不可知现象的好奇心相联系,以及它明显地具有相当的娱乐功能等。总之,从市场的角度讲,似乎公众对它是有"需求"的。在更深的层次上,你怎样看呢?

□ 我觉得,从伪科学的娱乐功能去分析,是一个可取的思路。并不是所有的伪科学都有娱乐功能,大量的伪科学,比如说许多民间科学爱好者搞出来的东西,并没有娱乐功能。但能够进入流行阅读的那些伪科学(或与伪科学有关的东西),显然是已经被市场发掘出其娱乐功能的。

另一方面,科学中的一些部分当然也有娱乐功能。许多优秀的科学文化著作,或者科学普及著作,实际上就是发掘这科学的娱乐功能。但是相比之下,要在伪科学中发掘娱乐功能,要比在科学中容易得多。因为公众对神秘事物天然具有好奇心。所以在伪科学当中，似乎随处都有娱乐功能——只要在形式上做得精致一点，在表达上动些脑筋，就可以发掘一些出来。而在科学中发掘娱乐功能，则是一件非常困难的事情。

作为这种说法的一个具体例证，我们可以看西方流行的科幻电影，那些电影里的许多思想资源，实际上就是来自我们这里肯定被当作伪科学的东西，比如外星人、史前奇迹、神秘的时间之门、魔法、巫术等。或者说，科幻和伪科学之间，似乎没有不可逾越的鸿沟？

■ 这就联系到了对伪科学的界定。一类伪科学，是打着科学的旗号，进行我们通常理解中的伪科学活动（或"研究"），另一类则是它们并未打出科学的标牌，但我们却同样在分类中根据内容而把它们归入伪科学之列。再者，科学哲学多年的研究，至今仍不能给出适用于一切场合，适用于各种历史阶段，乃至适用于当下的情形的有关科学和伪科学的划界标准，相反，科学史倒是在研究着许多伪科学或类伪科学的东西（比如星占学、炼金术等），只是因为它们与我们今天严格意义上的科学有着不可分割的联系。而这样的研究，总是在给科学哲学规范的划界标准提供着例外。

□ 划界的目的究竟是什么呢？是不是想划界成功之后，对一面全力剿杀，斩尽杀绝；对另一面则大力弘扬，奉之上天？以前有不少人确实是这么想的，但是假如理想的划界真的能够成功，这样做会不会有问题？比如，有没有必要保留文化生态的多样性？这和捕杀麻雀异曲同工？况且，理想的划界既然没有那么容易完成，那还有可能捕杀了凤凰。

学术研究之矛指向伪科学

■ 在这种划界的努力背后,是不是隐含着一种一元真理的前提假定。如果真理真是一元的,又相信它掌握在自己的手中,那划界的努力就顺理成章了。

另外,还有一点,即我们的研究资源总是不充分的,如果相信自己从事的是真正的科学,而另外一些则不是,那不也是对于研究资源的争夺给出一种更有利于"科学"的理由吗?站在"科学"的立场,这种做法倒也还是理性的,只是,它并不有利于像你所说的文化多元性,而且,做得不好,很可能会带来对于异端的迫害。

□ 从刘华杰这本书来看,正如他在自序中自述的心路历程,他经历了几个不同的阶段。有一个阶段,他曾是反对伪科学的奋勇斗士,而且相信他拥有科学的方法,真理在握,反对伪科学获胜是没有问题的。然而进入下一个阶段之后,也就是他目前的阶段,他已经在更高的层次上变为一个旁观者,这次是科学与伪科学这场斗争的旁观者。他坦白这番心路历程是意味深长的。

■ 我觉得,正如我们一开头所谈的对于此书的基本评价。我一直有一种说法,如果一个对于科学哲学、科学社会学和科学史进行研究的学者,特别是在他原来是科学出身的背景下,如果他真的有出息,真的进入了学术的境界,那他肯定不可避免地会逐渐加重其人文的色彩与意识。对于伪科学,或者说,对于类科学的研究,也必然是一种人文的研究,而且需要专门下功夫才行,这绝不是简单地凭着朴素的感情发些议论就行的事。

就我们迄今所见,《中国类科学》一书,显然是国内对此问题最为系统、最为专业,而且是立足于前沿的理论基础之上的最新成果。就像你曾说纽卫星是国内研究汉译佛经天文学的权威一样,刘华杰也自然可以说是国内目前对于伪科学进行学术研究(注意,再次强调,是学术研究)的权威。这难道不是一件可喜可贺的事情吗?

原载 2004 年 4 月 2 日《文汇读书周报》

进化论到底算不算科学

□ 江晓原　■ 刘　兵

□ 我们从小受的教育中，进化论当然是科学。如果我们使用较为宽泛的"科学"定义，比如"对于自然界的有系统的知识"之类，那将进化论归入科学当然也是没有问题的。尽管我知道你非常愿意使用关于宽泛的"科学"定义，但我相信，作为一个从北大物理系毕业的人，你一定会承认，进化论和那些精密科学——比如说万有引力理论——是两类很不相同的知识。

不过，在读这本《演化：跨越40亿年的生命纪录》*时，我首先想到的还不是进化论与万有引力理论之间的差异，而是另外一个令人印象深刻的事实，即进化论从它问世之后，就不断地受到来自各方的质疑，这种情形在万有引力理论之类的精密科学上是看不到的。

这种质疑，如果仅仅归咎于"宗教势力的残酷打击"，那是远远不够的。如果按照我们以前曾经很熟悉的说法，认为宗教是科学的敌人，那么它理应对一切科学理论都持敌视态度，但是"宗教势力"为什么对万有引力理论之类的精密科学就不去"残酷打击"呢？更何况，科学界内部对进化论的质疑也从未停止过，总不能将这些质疑进化论的学者一概斥为"宗教势力的走狗"吧？

---

* 《演化：跨越40亿年的生命纪录》，[美]卡尔·齐默著，唐嘉慧译，上海人民出版社，2011年8月第1版，定价：88元。

当代科学争议

■ 你开头这几段话中,已经涉及了好几个重要的问题。

首先,我虽然更愿意使用宽泛的科学的定义,其宽泛程度甚至远远超出像进化论的范围,但我当然会同意认为进化论这样的"科学",与像涉及万有引力那样"精密科学"在更为细分的层次上显然很不一样。这让我想起,著名物理学家费曼在其回忆录中,曾谈到他对于像生物分类学之类的知识在学习过程中会非常的不适应。这里面肯定是有他对生物学与他主修并且非常适应的物理学在风格上的差异有比较的背景在起作用。很长时间,其他领域的科学家们也都经常以物理学为努力追求的样板,力图让其研究更加精密,有更多的数学。如果反思一下,其实我们也可以反问,为什么所有科学领域和分支都一定要像物理学那样呢?像物理学那样的"精密",就一定是最好的吗?更何况,物理学还只是研究世界上最简单的自然对象呢。

其次,你说的"残酷打击"问题。来自宗教界的对进化论的反对这似乎是不必更多争论的事了,毕竟这与宗教的教义存在有难以调和的矛盾。但反对的声音自然也不只来自宗教界,质疑进化论的学者可以出于多种理由,这里面,既可能有宗教的背景(也许不一定都那么直接),恐怕也有对于不同科学理论类型的价值认可不一致的因素,就像前面刚刚说过的。而且,毕竟进化论涉及的是生命,而涉及生命的问题,是不是又与一些非常根本性的形而上学的、生命观等方面的理解有密切的关系呢?而在这些领域,与精密科学不同的是,从一开始,直到现在,不同的观点总是并存着、争论着。

□ 作为一个生物学的外行,我固然没有打算将这本书当成生物学的补习教材,但我纯粹是出于个人的兴趣,我希望能

进化论到底算不算科学

在本书中找到一直困惑的两个问题的回应或解答。第一个是关于"适者生存"理论的质疑。

"适者生存"是当年中国人接受进化论时最为看重的内容,为的是给自己的"强国保种"和"救亡图存"提供理论依据。当然,这个理论与社会达尔文主义之间的关系不是我们这里要讨论的问题。我的问题是,对"适者生存"理论有这样一种质疑:如果只是在事后指着那个生存下来的物种说,看,它就是适者——因为它生存下来了。这种"事后诸葛亮"能算科学理论吗?而且这只是"适者生存"和"生存者即适者"的同义反复而已。

进化论能不能在事前,比如说在今天,告诉我们,哪个物种是"适者",未来它将生存下去,而哪个物种则不是"适者",未来它将无法生存?既然本书作者自己也同意,一个科学理论要能够提供"针对这项理论之适用性所做的预测,而且可经实验证明",那么提出上述要求应该是合理的。

但是说实在的,这本书不太让我满意。因为我找不到对上面这问题的回应,作者似乎根本就不提这件事情。

■ 你说到的这个"适者生存"的问题,在达尔文的进化论的自然选择学说中,确实是占有重要地位的。问题甚至还要更复杂些,因为在达尔文之后,在进化论的进一步的发展中,还存在有从个体向种群的自然选择的观念变化。不过,这也还不是你最关心的,你最关心的问题,倒有些科学哲学的意味,涉及解释性的理论和可以以演绎的方式提出预见的理论的差别。

我们都知道,前面所说的以物理学为代表的"精密科学"的特点之一,就是可以提出预测,而且许多预测又被后来的实验观察所证明。但问题在于，为什么科学的理论就一定非得具有预测性的特点呢？这不又回到了以"精密科学"为蓝本来定义科学的逻辑上了吗？解释性的理论为什么就不能是科学的理论呢？你会对进化论这样的理论在这方面的特点感到不满，其背后的心理背景，不还是又不自觉地回到了以物理科学那种模式来定义科学的一元化科学形态说上了吗？

其实坦率地讲，也许是由于学习物理背景的影响，我长期以来一直想好好学学在科学史上如此重要的进化论，但又一直觉得进化论有些不好理解，现在反思起来，也许，物理背景的影响恐怕还是潜在地存在着的，尽管在理性上我并不赞同（包括科学理论模式在内的）一元论，而是更为倡导多元论。

看来，一些"缺省配置"要想真正消除，并不是那么容易的一件事。

□ 其实我并不反对将进化论视为科学——可以视为科学的东西多得是。我只是想指出，进化论不是像万有引力理论那样的"精密科学"，就像风水也不是像万有引力理论那样的"精密科学"一样。

我们关于"精密科学"的争论并非离题，它和本书还真有直接关系。这里我要谈谈本书的最后一章"那上帝呢"。这一章是专门反驳"智能设计论"的。作者反驳"智能设计论"的理由是，"智能设计论"不能明确预言可以用实验或观察检验的新现象——他举的例子竟然是爱因斯坦广义相对论对引力场导致远处恒星光线偏折的预言！他说"智能设计论"无法提出这样的预言，所以不是科学理论。

作者对于上述预言后来被验证一事，叙述是错误的（他

进化论到底算不算科学

重复了关于爱丁顿在1919年日食观测中验证了此事的陈词滥调），但这可以原谅，因为作者显然不是天体物理学家或科学史家。难以原谅的是，作者似乎根本没有意识到，进化论也同样无法提出类似广义相对论对引力场导致远处恒星光线偏折这样的预言，为什么他却坚信它是科学理论呢？

■ 你注意到的这一点很有意思。其实，此书作者的问题在于，除了不是天体物理学或科学史家因而在历史叙述上存在问题，还在其对科学哲学的不熟悉，因而，采用了本是来自"精密"科学的标准来定义科学，却没有意识到此标准同样无法用于非"精密科学"的进化论。

进化论这样的科学，其实提供的，只是关于已有证据的一种解释。由于其研究对象的特殊和复杂及过程的漫长，人们不大可能像精密科学那样采用在实验室中进行实验的方法来对之验证。关于何为科学，也一直是包括科学哲学在内一直争论不休的难题。在关于此我们甚至也可以提出一种说法，那些精密科学之所以能够在表面和形式上看起来"精密"（因为进一步的相关研究表明那种"精密"其实也还可争议），恰恰是因为其研究对象是世界最简单的物质。而像进化论这样以极其复杂的生命系统为对象的研究，则不大可能（至少是在目前还很难看到希望）以精密科学那样的模式进行研究。

因而，我们关注进化论就还有另外一层意义，注意在精密科学模式之外其他类型的科学，这恰恰为科学模式的多元化提供了一个证据样本。

原载2012年2月3日《文汇读书周报》

达尔文爱你，你爱达尔文吗？

□ 江晓原　■ 刘　兵

□ 这是一本相当暧昧的书。首先引起我注意的是，作者一直纠结于"祛魅""返魅"和"赋魅"这三个观念之间。简单地说似乎是这样，科学理性是"祛魅"的，因为科学对世界的解释使得世界不再具有神秘性，在传统的科学主义语境中，给世界祛魅本来是大大的好事，但在本书作者笔下，却似乎并非如此，因为"祛魅"会消解"价值"和"意义"。所以，"返魅"就是还世界以价值和意义，"赋魅"当然就是赋予世界以价值和意义。作者试图让读者相信，达尔文学说是具有"赋魅"能力的。

作者所表达的思想中，"魅"看来是一种好东西。作者在本书前的题献词中有"他们证明了，世界终究是充满魅力的"之语，可见作者几乎已将"魅"和"价值""意义"等同了起来。作者很强烈地试图表达这样一种意思，达尔文及其学说没有许多人所说的或所想象的那么坏。

■ 其实，在以前阅读有关达尔文的书时，我总是有种不得要领的感觉。当然，这次感觉略为好些，也许与书中讲述具体的进化论的细节不多有关吧。我觉得，你选择作为这次谈话的切入点，也即"祛魅""返魅"和"赋魅"这三个关键词，确实是非常重要的。而且，似乎伴随着后现代主义的兴起，像这

达尔文爱你,你爱达尔文吗?

样的修辞方式在学术著作中也用得越来越多了——尽管我一直总是对之有所保留,或者说,只是部分地承认其在描述上的意义和价值。

在读过这本《达尔文爱你》*,再看到你提出的问题,我想到,其实这里面还隐藏着一些东西,重要的在于,这里所说的"魅"是个什么东西。这也正像在日常生活中,人们都会用美、漂亮等词来形容、指称一些东西,但实际上在不同的人那里,同样的词语所指称的对象却可能是完全不同的。

你已经看出了作者的某种意思。但我却觉得,实际上作者也正如你所说的,显得颇为"暧昧"。而且,我们会发现,科学主义虽然在传统的简化说法中是被认为"祛魅"的,但在稍有不同的语境和立场下,其实科学主义也可以有其"赋魅",只不过这种所赋的"魅",与人文主义的理解中的"魅"并不相同。甚至,此书作者对达尔文的解说,在很大程度上,也不过是这种科学主义的"返魅"和"赋魅"而已。

□ 强调达尔文学说具有"赋魅"功能,是作者为达尔文"辩诬"的路径之一;另一条重要的路径,则比较老旧了,即试图证明,那些"不好"的学说,比如社会达尔文主义、种族主义、优生学、社会生物学等,并非达尔文的本意,而是它们利用了达尔文的学说。换句套话来说,在这些学说面前,"达尔文也是受害者"。

然而,本书的"暧昧"在这个问题上也有明显的表现。作

---

* 《达尔文爱你——自然选择与世界的返魅》,[美]乔治·莱文著,熊姣等译,上海科技教育出版社,2012年10月第1版,定价:42元。

者在序言中说，自己撰写本书的目的，是"试图从这位复杂的、受维多利亚时期思想束缚的上流绅士的那种带有种族主义与性别主义色彩的看法中过滤出一个纲要"，这里作者又明确表示达尔文的看法是"带有种族主义与性别主义色彩"的。既然如此，那上面所说的那些"不好"的学说，到底有没有达尔文的本意在其中呢（哪怕只是一部分）？

本书作者也注意到了达尔文在《回忆录》（本书译为《自传》，亦无不可）中那段著名的话："有很多年我都无法耐心地读一行诗：最近我试着去读莎士比亚的作品，发现它是如此令人难耐，以至于让我觉得恶心。"这段话经常被用来表明，科学已经"祛魅"了达尔文的世界。当然我们也可以给出别的解读，比如认为达尔文至少已经不自觉地意识到科学主义对人文价值的侵害——毕竟他晚年是带着遗憾甚至忏悔的心情说这番话的，而不是以对莎士比亚"觉得恶心"为荣。

■ 在目前人们还会谈论的重要的"科学"理论中，达尔文的进化论就其引起的争议和截然不同的解说而言，恐怕确实是独一无二的。从这一现象出发，我们也许会发现达尔文的理论自身的独特之处。

当人们在争论谁的解读更接近达尔文本人的原意，并声称自己的解读就是最"达尔文"的，其实已经预设了一个前提假定，即有一个达尔文理论的本真的版本（这里用"版本"也只是一种近似的比喻）。后来者所竞争的，只不过是谁更靠近那个版本而已。但这个预设其实也是可以质疑的。甚至，达尔文本人是否会觉得自己清楚地掌握着这个本真的版本与否，可能都是可以怀疑的，否则，后续那么多截然不同的解说者的存在

达尔文爱你，你爱达尔文吗？

就没有什么必要的。

更何况，一个科学理论的提出者，对于其理论的实质性含义和后来的应用价值在一开始也未必就完全了解。举个不太理想的比喻，最先发现核裂变的研究者，并非是要以制造原子弹作为其目标，但后来的原子弹又确实是其理论很自然的延伸的应用。

但尽管如此，在各类科学理论中，对达尔文的理论依然可以有相对更多的不同解读和应用，本书作者的解读，也是其中的一种而已。他觉得"达尔文爱你"，而许多其他人却未必如此感觉。这件事本身，确实是可以让我们好好想一想的事。

你觉得是什么呢？

□ 我觉得，说"达尔文爱你"时，作者的意思恐怕是"我爱达尔文"。

我注意到你在谈论达尔文学说时使用了"科学理论"这个措辞，我想你只是随意用的，并没有打算咬文嚼字。其实我一直很谨慎地不将达尔文学说称为"科学理论"，理由大体上与波普尔不认为弗洛伊德学说是"科学理论"的理由相同。对于比方说万有引力、广义相对论之类的学说，我们称之为"科学理论"那是绝无问题的；如果我们放宽"科学理论"的定义，那将达尔文学说称为"科学理论"也不会有太大问题——但是问题在于，这样一来许多人就在无形中被大大误导了，他们会误以为达尔文学说就和万有引力理论一样精密，和广义相对论一样得到了实验或观察的验证，而这不是事实。套用波普尔的标准，达尔文学说是一种难以证伪的学说，就和弗洛伊德学说难以证伪一样。所以我想，如果我们直接称之为"达尔文学说",是最为稳妥的。

援引霍金在《大设计》中提出的"依赖于图像的实在论",我们可以说,进化论是达尔文建构起来的一种图像,目前人们暂时较多使用这种图像去把握生物世界,但使用别种图像把握生物世界的尝试也一直不绝如缕。今后人类会采纳何种图像去把握生物世界,也是无法预知的。

■ 我在将"科学理论"用于达尔文时,是加了引号的。当然,我们以前关于如何定义科学的"宽、窄面条"之争,这里恐怕又浮现了出来。实际上,确实有许多争论,但在科学界,确实也是有许多"科学家"非常肯定地把达尔文的进化论视为是典型的"科学理论"的。当然我们可以讨论说,这样的理论,与像万有引力或广义相对论那样的"精密科学"的理论有所不同。在这样的咬文嚼字的背后,其实真正的区别,可能在于,那种"精密的"物理学之所以精密,只是因为其描述的对象是自然中最简单的对象,而像达尔文的理论,因其描述对象的更加复杂,不那么"精密"也自然就可以理解了。当然我也同意,达尔文的理论也只是可以用来"把握生物世界"的诸多理论中的一种。

也正由于对象的复杂,会有各种因素不可避免地掺入进来,从而导致你爱或不爱达尔文,这也都有各自的道理,更何况,在讨论爱与不爱,以及爱与不爱的理由时,我还可以进而质疑前面所说的那个"本真"的"版本"或"实在"是否存在呢?

原载 2013 年 7 月 5 日《文汇读书周报》

反对完美，意义深远
——谈桑德尔的《反对完美》*

□ 江晓原　■ 刘　兵

□ 桑德尔最近在中国红得发紫。前些时候我们决定谈这本书时，他还没到中国来巡回演讲，而来演讲之后，他很快成了媒体的宠儿，各种媒体的访谈、报道、评论、书摘等经常可见，以至于有学者发出了"桑德尔为什么在中国这样红"的疑问。

桑德尔在中国的走红，其实和这本《反对完美》并无太大关系，他主要是因为在网上广泛流传的关于"公正"的公开课而被人所知。对于中国公众来说，当此经济崛起的前夜，正逢社会转型的关口，"公正"问题恰好突显出来。无论是处于社会中下层的一般公众，还是处于社会中上层的学者，乃至处于支配、掌控地位的高官，"公正"问题都是急需关注的。相比而言，《反对完美》中所讨论的问题，上述人群中的绝大部分都还没有注意到。

而实际上，《反对完美》中所讨论的问题，和桑德尔长期关注的"公正"问题有着内在的联系。我们可以将此书中所讨论的问题视为"公正"问题的延伸——尽管这种延伸最终可能将我们引导到桑德尔未必打算到达的深度。

---

* 《反对完美——科技与人性的正义之战》，[美] 迈克尔·桑德尔著，黄慧慧译，中信出版社，2013年6月第1版，定价：36元。

■ 虽然就媒体关注的学术性人物而言，一般通常是因其言论与一些公众关心的热点问题有关系。不过，这次桑德尔在其《反对完美》这本书中谈论的主要内容，其实还是与普通人有些距离的，因为基因改良技术，至少在当下还远不像转基因食品那样更是公众的热门话题。当然随着基因技术的迅速发展，其延伸的影响很可能会涉及越来越多的人。而且，我也同意你的分析，即桑德尔在中国的走红，与其关于"公正"的公开课关系甚大。这也提示我们，其实在我们这里，人们对于"公正"问题的关心是非常强烈的，而这本书的话题，也在相当的程度上与"公正"问题相关。

我们可以注意到，此书中译本的书名与原名的差异。如果直译的话，其副标题应该是"基因工程时代的伦理（学）"，而中译则成为"科技与人性的正义之战"。虽然中译本书名的翻译更有些像那些外国电影名的翻译风格，不过倒也在注意了对读者眼球的吸引的同时，以相对极端些的方式点出了此书作者的核心立场。或许，在国内，对于像伦理或伦理学这样的问题，在公众的语境中受重视和可接受的程度与国外是有不小差异的。但应该特别强调提醒的是，我觉得，此书在其所谈论的内容的表面上似乎通俗和吸引人的背后，其实是承载了很深刻的伦理学思想的——而这正是此书的另一突出的特点。

□ 国内有些媒体也已经注意到了《反对完美》，不过他们的注意力似乎主要集中在书中关于"定制一个孩子"的部分，有的甚至还不理解桑德尔讨论这个问题的真正用意，而是停留在惊叹"科学技术新成就"的低级层次。其实"定制"孩子或利用基因工程改善自身的身体和智力，将带来一系列伦

反对完美，意义深远

理问题，其中比较容易想到的就是"公正"问题——如果只有富人才能够定制孩子或改善自身，那穷人就无法和他们平等竞争，富人就会在竞争中处于明显优越的地位，结果他们就会得到更多的财富。于是这样一项科学技术成就，就会成为加剧社会两极分化的罪恶工具。

桑德尔长期关注"公正"问题，思考当然会比较周密，比如对于定制孩子，他还考虑到了另外两个问题：一是孩子是否愿意被定制（他举了一对父母定制聋孩子的特殊例子）？二是一旦此种定制流行起来，父母将受到巨大压力（孩子或周围的人要求他们来做基因改善的工程，做不了就会有压力）。

实际上，桑德尔书中所讨论的这些问题，在一些科幻作品中早就被设想并思考到了相当的深度。这方面最典型的作品可举影片《千钧一发》(Gattaca，1997)为例，集中讨论了"定制孩子"以及由此必然带来的"基因歧视"问题，如能和桑德尔的《反对完美》对照起来看，正可收相得益彰异曲同工之效。

■ 其实这些问题，我觉得，依然还是相对表层的东西。我们要注意到他的书名中的"完美"这个关键词。实际上，这背后蕴含着很多更深层的哲学问题，包括伦理问题。比如，什么才是完美？是否有一个终极的、可实现的、唯一的完美？完美与选择的权利是什么关系？完美与人性是否对立？如此等等。你举出的科幻影片的例子，还是在1997年，而早在20世纪的30年代，在那本著名的《美丽新世界》中，也早已涉及这个话题。那个"闯入""美丽新世界"的"野人"，却要求放弃即使按我们今天的标准也会被认为是相对完美的生活，他要求:"不快乐的权利","还有变老、变丑和性无能的权利;罹患梅毒的权利;三餐不继的权利;龌龊的权利;时时为着不可知的明日而忧虑的权利;感染伤寒的权利,被各种难言的痛楚折磨的权利"!虽然,这个"野人"是以作者当作那个充斥着新科学技术而却缺乏人性的社会的对立面来塑造的,他恰恰是以这种极端方式的表述来阐发着某种对于人性和权利的认识。

我还注意到,也许桑德尔更加注重写作的通俗化。相比之下,此书中译本由中国伦理学家赵汀阳写的"序言"倒更有哲学深度(不过正因为此也许这篇序言会被不少读者所略过)。其中许多的观点都颇值得人们深思。例如,大家都追求并实现的"唯一"的完美,那就是"万物齐一",而万物齐一就不再有文化,物我为一就不再有文化。而在另一个极端,如果所有的人都追求独特的,那么结果也有问题:彻底的多元化同样导致标准的丧失,进而否定价值的存在,如此等等。

□ 你的意见我完全同意,桑德尔的思考确实有比"公正"和"基因歧视"更深刻的地方。不过,当你联想到《美丽新世界》中"野人"对不完美的呼唤时,这种思考就从俗世可见的将来的社会现实中升华起来,进入较为飘缈的思辨境界了。和这种根本性的、终极性的问题相比,桑德尔在本书中所讨论的"正义之战",则已经迫在眉睫,甚至已经爆发了。这也是我强调此书现实意义的原因。

顺便说一句,赵汀阳的序倒也没有完全被忽略——至少我见到一家周刊刊登了这篇序的删节版。总的来说,桑德尔挟其公开课所带来的知名度,引导公众思考有关基因工程的伦理问题和公正问题,无疑是我们乐见其成的。

反对完美，意义深远

■ 从我近几年的思考感觉来说，我越来越觉得，其实在我们许多现在争论的问题上，甚至于连像科学主义与反科学主义等分歧都是相对表层的，在其深层，总是不可避免涉及一些更为根本性的伦理难题。而与此同时，我又会感觉到现在虽然伦理（包括科学、技术和医学伦理）的研究也很热门，但仍然无法全然跟上现实中出现的新问题的挑战，更不用说再面向公众传播了。

也正因为如此，像这本《反对完美》的中译本出版意义就更加凸显了。只不过，虽然涉及伦理的各种案例和问题都是很鲜活的，但对于那些与之相关的更加本质也同时更加抽象的伦理思辨，要想让公众读得懂且感兴趣，又确实是向传播者的一个有力的挑战。如果科学传播者真正具有社会责任，那么，面对这样的挑战而进行努力的尝试，又是无可回避的必然选择。

原载 2014 年 1 月 3 日《文汇读书周报》

他们为什么背叛真理?
——《背叛真理的人们》*

□ 江晓原　■ 刘　兵

□ 如今,科学经常被视为神圣纯洁的学问,科学家也经常被视为神圣纯洁的人群,而科学的运作自然也就被视为神圣纯洁的过程。人们总是相信,即使科学界有舞弊事件发生,那也一定是很偶然的,人们还相信,这些事件很快就会被揭露和纠正,因为"科学有自我纠错的机制"。但是,随着科学中被曝光的舞弊事情越来越多,人们不禁要问:如果科学中的舞弊总是能够被揭露并受到惩罚,为什么那些舞弊者还如此前赴后继地以身试法呢?这仅仅是科学家个人的操守问题吗?

本书的两位作者,深入考察科学运作的过程,通过对大量科学舞弊案例的分析,得出了如下结论,"科学家获得新知识,并不单纯靠逻辑性和客观性,巧辩、宣传、个人成见之类的非理性因素也起了作用。科学家依靠的并不全都是理性思维,而理性思维也不是他们专有的"。因此,他们认为,"科学不应被视为社会中理性的卫士,而只是其文化表达的一种重要方式"。这样的结论虽然对科学似乎颇为不敬,却是符合实际情况的——倒是先前那些将科学描绘成天然神圣纯洁的读物不符

---

* 《背叛真理的人们——科学殿堂中的弄虚作假》,[美] 威廉·布罗德、[美] 尼古拉斯·韦德著,朱进宁等译,上海科技教育出版社,2004年12月第1版,定价:22元。

他们为什么背叛真理?

合实际情况。

科学是要由人去运作的,而且科学中又充满着人与人之间的竞争。在当今科学界激烈竞争、成果至上的氛围中,从竞争到贪婪,中间并没有不可逾越的鸿沟;而从贪婪到舞弊,中间也没有不可逾越的鸿沟。这真令人感到有些悲观。

■ 我们谈的这本书,其实并不是刚刚有中译本,在几十年前,科学出版社就曾出版过它的译本,译者也是相同的,这次只是由译者重新进行了修订,出版者正式买了版权,装帧上也更漂亮了。原来的那个译本,我曾早就读过,只是,今天重新再读这本书时,发现自己却有了与原来读它时相当不同的感受。这似乎也说明了它的出版在今天仍然有着重要的意义。我发现,自己原来也许只是看到了书中所说的一些具体现象,而对于作者的深意,却完全没有理解,或者说,是误读了它。

其实,这样的意思译者在新版的译后记里也有所表达:"那时读这本书多少有点像是看演义小说","今天,我们再读《背叛真理的人们》,肯定会另有一番感受"。其中最重要的一点,恐怕就是在几十年前的语境中,我们更会将那些科学中的作伪看作是因作伪者个人的道德问题而导致的不良现象,从而会忽略了原作者所要强调的那种因科学本身的性质、结构、动作方式等造成了作伪再现的一再重现。因此作者才会说,"这是一本探讨科学研究本来面目的书,其宗旨是试图更好地认识这个在西方社会被视为真理最高仲裁者的知识体系"。这实际上也就是说,通过对于科学中作伪这样一个特殊的视角切入,人们也会以特定的方式对科学的本质有另一种新的认识和了解。

当代科学争议

□ 本书以前的译本我也有（科学出版社 1988 年版，定价 2 元）。译者在新版后记中所表达的当年读这本书时"多少有点像是看演义小说"的感觉，我也经历过。我虽然是学天体物理学出身，听起来非常的"科学"（！），但那时对科学界的机制和运作其实了解很少，作为一个朴素的科学主义者，对科学只是"高山仰止"，所以看到这些科学界舞弊的事情，觉得离我们的生活十分遥远，因此也不可能获得应有的感悟。

非常奇妙的是，我这次将本书旧译本找出来看时，在书中发现一张多年前的剪报——肯定是我自己当年放进去的。这是刊登在 1989 年 2 月 26 日《科技日报》上的一篇译文《科学殿堂里的剽窃行为》（作者是另一个美国人），里面有这样的标题"庞杂的出版物体系很容易被人利用""现行学术出版体制造成的恶果"等，正好揭示了本书想要强调的、也是本书中最有价值的观点——科学界经常出现舞弊、剽窃等现象，并不仅仅是因为某些科学家个人操守不好，而是在相当大的程度上是由制度促成的。

■ 从这里面，我们其实还可以联想到许多的问题。例如，此书作者更多的是在美国的语境中讨论科学界的作伪问题，而我们经常可以从各种渠道听到说美国学术界又是如何的严谨，如何对作伪者予以严厉的处罚，如使之丧失继续在学术界从事的资格等。但即使如此，仍有此书作者举出的这些实例（当然，一本书中只能谈有限的事例，在现实中自然应该更有书中未提及的，更有许多甚至还未被发现揭露的），这恰恰为那种作伪的制度性原因的说法给出了某种佐证。相比之下，中国学术界相关的机制还远不是那么完美，而且，由于中国特殊

他们为什么背叛真理?

的文化传统和社会现实,包括人情关系之类与美国有很大差别的环境,对科学界的作伪来说,恐怕就更是一个严重的问题了。这里面,当然也有着另有特色的体制性因素。

随之而来的一个问题就是,在这种作伪严重的局面下,人们究竟应该如何面对?例如,应该如何揭露和处罚?是不是可以允许以非制度性的、非法治性的方式来对付那许许多多的作伪行为?如此等等。你是怎么看的呢?

□ 关于这类舞弊问题,我是十分悲观的。

记得以前我们在香港谈过学术界的"法治"与"人治"。我们现在的学术界流行的是所谓"法治"——讲学位、著作之类的"硬杠杠";而所谓"人治"则是信任某些个人的判断力。我早就指出,"人治"与"法治"相比,至少有一样好处:"人治"必然有人为后果负责,而"法治"则可以无人为后果负责。

但是对于舞弊之类的事情,"人治"显然更容易出问题,当然只能靠科学界的"法治",通常是指同行评议、论文审查、重复实验三条。但是这三条并不能杜绝舞弊的发生。前两条人情都可以产生作用,第三条看似客观,其实正如本书所指出的,因为实验条件不能百分之百相同,重复别人的实验既要花钱又不能再发表论文,人们往往不去做。

有人曾说:"在所有职业中,科学最富有批判性",世间音乐、美术、诗歌、文学皆需专职的批评家,唯独不需要专职的科学批评家——"因为科学家自己就可以胜任这一角色",这恐怕是欺人之谈。还是秦伯益院士的话最为持平之论:"把科技界看得过于神圣,不切合实际。"

当代科学争议

■ 这本书也许恰恰是在为秦院士的那个说法提供着实例和理论的支撑。其实,像当下流行的 SSK 等研究,也同样是在揭示着传统中我们经常会视而不见的科学界的不那么"神圣"的方面,只是因为主题的缘故,这里所专注的只是作伪问题而已。但关键在于,科技界虽然由于个人和体制的双重原因而存在着作伪,甚至在当下的情形下也无法彻底根除作伪,不过,揭示作伪(当然,关于如何揭露又会引发出另外一大堆问题,在此暂不多谈。)也仍然是不得不为之的事。也许科学只能在这样矛盾的张力中继续发展。

原载 2005 年 4 月 1 日《文汇读书周报》

保护环境：非不能也，是不为也？
——读《中国生态环境危急》*

□ 江晓原　■ 刘　兵

□ 这本书在网上至少有三个不同的书名，本文以实物样书为准，《中国生态环境危急》应该是正确的书名。

讲中国生态环境问题的书，其实并不多见。我们在本专栏谈过的书中，也许"环境绿皮书"《中国环境发展报告（2010）》是唯一的一本。现在蒋高明教授的这本专著，我认为应该是近年国内这方面著作中非常重要的一本。

我想先指出一点：作为中国科学院植物研究所的研究员，蒋高明教授是具有合格的专业背景的。考虑到有些人经常要质疑别人发言的"资格"、又总是在西南水电开发或转基因食品等问题上站在环保人士对立面，指出这一点或许并非毫无意义。

前些时候，因为日本福岛核电站的辐射泄漏污染问题，媒体在采访时问我：为何在书店很少找得到关于核辐射、核电站泄漏危害等方面的科普书（后来当然有不少出版社一拥而上炮制出许多"急就章"来）？我告诉他们，这是因为我们长期以来认为这类书籍不在"科普"的范畴之内——"科普"就是要对科学技术歌颂赞美。切尔诺贝利通常不是"科普"的话题，

---

* 《中国生态环境危急》，蒋高明著，海南出版社，2011年5月第1版，定价：32元。

它只是"环保"的话题——即使在这样的话题中,也要大讲核电站如何"清洁""高效""无污染"等。

与上述情形相仿,中国生态环境危急,也向来只是"环保"的话题。在生态环境问题上,"环保人士"与科学主义的对立和冲突,可能是最为明显的。前些年那场关于要不要"敬畏自然"的争论,就集中反映了这方面的对立和冲突。现在我们从《中国生态环境危急》一书中可以看出,这些年来,不敬畏自然的人仍然大占上风。

■ 其实,在多年前,我也曾连续几年为当时的《社会发展蓝皮书》撰写有关生态环境报告的章节。从那时的经历,以及后来在环保团体中参与活动所获得的相关了解,我知道,在我们这里,有关环保的许多话题,特别是关于环保方面有关存在的"问题"的话题,经常是非常敏感的,尤其是在为了维持所谓的"稳定"的要求之下。因而,这本书虽然所依据的主要资料来源仍然基本上是公开发表的材料,但综合写成一本比较全面的总结,就像作序者田松所言,仍然令人"感到震撼"!

如果就"科普"来说,环保方面的话题经常处于一种比较例外,也内在地具有矛盾和冲突的境地。一方面,就像你所说的,传统中的科普通常是要对科学技术歌颂赞美,这主要体现在传统的环保科普特别关注那些具体的环保科学技术知识。另一方面,从一些对生态环境问题的哲学、社会、政策和文化研究中得出的结果,即因科学技术的发展而带来的环境问题,却极少提及;而且,一个非常值得注意的观点就是,环保问题与其说是一个要用科学技术来解决的问题,倒不如说主要不是科学技术的问题,而是以更为基础性的伦理为基础的综合性问

保护环境：非不能也，是不为也？

题。但后一方面，也恰恰因为超出了传统科普的范畴，因而很少被提及。就此而言，我们绝对可以说，像蒋高明这样令人震撼的著作，才恰恰是目前环保科普中最为缺少也最为迫切需要的作品。

□ 确实如此。尽管本书在写作技巧上颇有更为完善的空间——如果适当调整结构顺序和某些叙事策略，本来可以写成更为"震撼"的作品，但看了全书内容，仍然让人无可避免地忧心如焚。本书虽然基本上没有对中国生态环境的危急状况开出什么药方来，但全面揭示出问题之严重，揭示出我们所面临的局面之危险，就已经是对当下社会的一项重要贡献了。

这让我想到另一个问题。现在国内对环境问题忧心如焚的人士固然有不少，但另一种声音却也不时能够听到，诸如"中国的环境问题其实没有那么严重""许多问题发达国家也同样有""毕竟还是发展更为重要"等。你觉得《中国生态环境危急》能在多大程度上构成对上述观点的有力反驳？

■ 我认为无论从《中国生态环境危急》这本书的书名，其内容，还是从书中内容所反映出的作者立场，都是对否认中国环境问题严重性的观点的有力反驳。

这本书除了在整体上带给读者一种对中国现实环境问题的紧迫感和危机感，其中一些分析，也更让人明白我们现在之所以会面临这种危急的背后原因。例如，在政策与实践基础方面的，关于现在主流认识上的"GDP崇拜"；在法律与规章的操作层面上，之所以企业会不怕处罚而公然违法排污的得失分析等。其中，对于在传统中对科学技术的应用甚少的少数民族在传统生活方式的价值的赞美，则体现出一种与只有大力发展科学技术并实现"现代化"才是发展目标的强烈对比，而这当然也是与主流的发展观相悖的，这不仅是一种非主流的发展观，更是一种对生活意义与价值的重新认定。

也正是因为作者的职业身份，在此书中，实际上是将有关环保的具体知识，与超出那些科学道理而且更为重要的深层思考结合在一起来介绍和讨论的。这也是此书有别于传统环保类科普读物的一大特色。

我们关注书内，也可以关注书外。作者蒋高明除了在开头部分强调的专业背景，并相应地从事有关研究工作，他还身体力行地具体进行生态农业的实践活动，并在其中得出了许多重要结论，诸如有机的生态农业与现代化农业相比的实践可行性和优越性，这也是对于以往人们无条件地作为科学技术之正面作用而赞颂的农业绿色革命的某种否定，因为作者认为，"在健康环境下才能够生产健康的食品"，而随着现代化和科学技术在农业中越来越多的应用，所带来的，恰恰是一种与传统农业相比更不健康的环境！

□ 书中关于农业的一章（第三章"吃化肥和添加剂的时代"）给人印象极为深刻。以前在传统"科普"书中经常被赞美的"第一次绿色革命"——即大量使用化肥、农药、除草剂、农业薄膜的所谓"现代化农业"（工业化农业），被揭露出了狰狞的本来面目。作者愤然质问："（中国）传统的有机农业能够坚持七八千年……跟随欧美脚步短短几十年就暴露出各种问题，难道当代中国所谓的农业科学家不感到羞愧吗？"

现在中国每年有约 50 万吨废弃的农业薄膜残留在土壤中，

保护环境：非不能也，是不为也？

而使用的化肥是 40 年前的 55 倍，作者估计，中国每生产 4.5 千克粮食就要消耗 0.5 千克化肥。这些化肥最终都进入了土壤、空气和水中，所以现在中国人不仅要"吃"化肥，而且要"喝"化肥，这就是农业"第一次绿色革命"带来的苦果。

可是在我们日常看到的关于"农业革命"的所谓"科普"作品中，农业"第一次绿色革命"仍然是被讴歌的对象——这些鹦鹉学舌的作品当然也不会忘记接着憧憬所谓的"第二次绿色革命"。比如以网上最容易查到信息为例"百度百科"的"绿色革命"条目，就是这种传统"科普"的典型样本。面对这种"科普"，总是不免让人联想到哈耶克那本名著的书名——《科学的反革命》！

■ 你所说的这些，确实是现实中最为迫切地需要的"科普"，而传统科普之所以会不讲这些，或是仅以赞美的方式来讲农业领域的第一次绿色革命，恐怕是人们对科学技术的认识的偏颇所致，这又涉及我们一直在说的科学主义问题。不过，中国科普领域中那些坚定的科学主义者们，在一方面宣传科学技术对农业发展的好处的同时，自己也不会不吃不喝，而在这种意义上，他们也同样无法逃脱"身受其害"的命运，而在某种程度上，自己的鼓吹，不也在某处意义上成为让自己更为受害的"帮凶"吗？

最后，我们可以引用此书封底所印的一段文字来作为总结。作为此书谈论的诸多危急的环境问题的重要根源之一，即对 GDP 不恰当的崇拜，而罗伯特·肯尼迪则指出："国内生产总值（GDP），并没有考虑我们孩子的健康、教育质量或者游戏的快乐；它没有包括我们的诗歌之美或者婚姻的稳定，也没

当代科学争议

有包括我们关于公共问题争论的智慧或者公务员的廉正;它既没有衡量我们的勇气、我们的智慧,也没有衡量我们对祖国的热爱;简言之,尽管它衡量一切,却并不包括那些使我们的生活有意义的另一些同样也十分重要的东西。"

这才真正是为了我们当下的利益和人类的长远利益而需要的环保科普观点!

原载 2011 年 7 月 1 日《文汇读书周报》

有假学术，无假"民科"？

——关于《水晶太阳之谜》*

□ 江晓原　■ 刘　兵

□ 对于英国学者罗伯特·坦普尔，记性好的中国读者应该不陌生了。多年前，他有一本《中国：发明与发现的国度——中国科学技术史精华》被译成中文出版，那本小书尽管被李约瑟赞许为对《中国科学技术史》进行了精彩的提炼，也被一些国内人士推荐为青少年的读物，但实际上书中颇多穿凿附会之处。

从那本书中我们已经可以隐约看到坦普尔写作风格的端倪，这种风格到了《水晶太阳之谜》中就被极度地发扬光大了。这种风格我觉得不妨称为"渊博而多情的夸张"。在这本《水晶太阳之谜》中，我明显感觉到某种"民科"的味道（书的副标题"现代人失落的宇宙奥义"也加强了这种感觉），不过即便如此，我认为此书还是堪称"民科"中的上乘之作。不知你的感觉如何？

■ 我同意你的看法。其实，当我们商定这次要谈这本书时，我想谈的话题，本来也是与你的想法类似的。而且，我与

---

* 《水晶太阳之谜——现代人失落的宇宙奥义》，[英] 罗伯特·坦普尔著，徐俊培译，上海科技教育出版社，2006年5月第1版，定价：55元。

这本书的作者还打过一点交道，也从其他渠道了解了一些有关背景，这些有可说的，我会在后面提到，有这里不好说的，就先不提了。

如果我们还是先从"民科"，或者科学史研究中的"民科"这个话题来说的话，我倒是首先有一个问题想问你：你在这本书中，是从什么地方看出了"民科"的味道呢？这本书所讲的主题，都是西方古代的事，也与你研究的方向部分有关，对此，你应该是很有发言权的。

□ 用学术研讨会上的套话来说，这真是"很好的问题"。

首先这是一种感觉——我浏览此书时就有这种感觉，及至开始阅读，这种感觉就更明显了。至于我为何会有这种感觉，这就要从我所接触的"民科"著作说起了。

你知道，我以前是在"缺省配置"下的相当坚定的科学主义者（但我从来都是主张宽容和多元的），所以我对"民科"色彩的（甚至是伪科学色彩的）书籍和学说，通常都不会采信。然而，由于工作的关系，我却收集了不少"民科"色彩的（甚至是伪科学色彩的）畅销书。这些书都有一些常见的共同之处：

比如，喜欢异调独弹，发表主流学术共同体不愿接受的学说——这些学说通常在主流学术共同体所愿意研讨的领域之外。

又如，在叙述自己的发现时，不愿意循序渐进，先叙述证据和理由，而是先要将自己的惊世之说宣示出来，并在假定了这种惊世之说为真的前提下，来叙述自己的理由。

再如，列举大量"证据"，但是将这些"证据"和自己要

有假学术，无假"民科"？

证明的论点联系起来时，则经常借助于假想、推测、联想、类比等手法。

我觉得《水晶太阳之谜》就完全符合上述特征。

如今，虽然我早已经从"缺省配置"升级——这当然意味着我更强烈地主张宽容和多元的理念，但当年养成的对"民科"色彩的（甚至是伪科学色彩的）畅销书的嗅觉并未消失。这种嗅觉可以帮助我辨别"民科"，但并不妨碍我对"民科"宽容，甚至欣赏。

■ 你讲的"民科"的特征已经很详细了。具体到这本书，它所要提出的几个核心观点，用我们时下流行的"创新"说，倒是颇有"创新"性，例如像古埃及、古希腊就已有望远镜等。但重要的是，恰恰是关于这些关键性的问题，作者并没有给出直接的证据，因为只根据一些图片，那本是可以有许多种解释方式的。

除了上述特征，也许我还可以补充一个特点，那就是"民科"的自我表扬，或者说，是在身份上和贡献级别上的自我拔高。例如，在此书的特别致谢中，提到他在清华大学科学技术与社会研究中心做了关于本书主旨的演讲，而且是"这一中国的首次披露"。其实上，那只是在我负责的科学技术史课上的一些讲课而已。

当然，我也同意你的说法，即此书在"民科"类的写作中，是上乘之作。至少，在形式上，它还保留了学术著作的规范，如引文等，不过这也恰恰说明，当我们只注意著作的形式，甚至只会以数字数、数册数的方式来考核学术成果，而忽略了更重要、更实质的学术内容时，会是如何的荒谬。

当代科学争议

说到这里,我已想向你再提一个问题。与这本书相比,中国国内的那些"民科"著作又有什么不同呢?差异何在?或者说,其实国内出版的有时也被当作"学术"著作的许多东西,也是有着很强的"民科"特色呢!

■ 你的问题一个比一个犀利。

其实国内的许多所谓的"学术著作",比某些"民科"还要不如。因为有些"民科"虽然追求的目标不对,遵循的路径不对,但至少还有某种"真情"在(哪怕只是为了写一本畅销书),而学术界为了应付量化考核炮制出来的那些学术泡沫,虽然追求的目标不错,遵循的路径不错,却至多只是重复而已(有的还是剽窃抄袭),而且语言乏味,具有催眠特效,毫无"真情"可言。

这使我想起明末冯梦龙在《山歌》序中说的话:"但有假诗文,无假山歌。则以山歌不与诗文争名,故不屑假。苟其不屑假,而吾借以存真,不亦可乎!"剥冯之句,我们也许可以说,"但有假学术,无假'民科'"。

回到这本《水晶太阳之谜》上来,虽然"民科"色彩浓烈,但作者还是有一些"真情"在的,所以我说他是"渊博而多情的夸张"。

至于和国内的"民科"著作相比,则坦普尔至少在学术包装上,在旁征博引的技巧上,明显更胜一筹。

现在,我想该轮到我向你提问题啦。你曾与坦普尔直接打过一点交道,请问他本人当时给你留下了何种印象?

■ 先做一点评论。沿着前面的话题,我想说,站在宽

有假学术，无假"民科"？

容、多元的立场，我们确实可以对"民科"们的那种执着、热情甚至献身持一种赞赏的态度，相形之下，也为我们许多所谓的正统学术在功利化追求下的平庸而痛惜。这也像我在选择学生时的一个标准，即以往已经掌握了多少专业知识固然重要，但对于学术和学术的热情和热爱则更重要，因为如果有了后者，前者尚可补救，但倘无后者，即使有了良好的知识也难以做出好的成果。当然，在有了这种"民科"的热情与热爱的同时，如果再能够有规范的学术意识，那就非常理想了。

现在来回答你的提问吧。不过对这个提问还是有些部分不太好说。如果仅就印象来说，还相对好办，其实印象与我们对他的著作的评论基本是一致的，而他在谈吐中也表现出一种"民科"风格。他对自己那本本来属于茶余饭后休闲读物（这种说法并非我之发明，但在此也还是隐去说此话的某外国人为好）《发明与发现的国度》的学术价值和教育价值极为强调，更对于有关单位对该书的推介津津乐道（其实在这本《水晶太阳之谜》的献辞中作者用所有篇幅对于宋健的盛赞也表明了一种立场和姿态，表现出他对于官本位体制而非学术共同体认可的特殊偏爱），甚至想要所有的中国中小学生都读读此书——当然我们知道如果真是这样的话，那后果将会怎样，那本书的观念和内容上的问题本来是极为明显的。除此之外，在与一些国外学者打交道时，我还了解到有关作者的其他一些背景，不过，这些就不太适合在此详说了。

□ 看来我们从几方面做出的判断都相互吻合。不过，我倒想特别指出一点，即我并不认为此书是"坏书"，相反，从文化多样性的角度出发，我认为出这样一本"民科"中的上乘之作，也是有积极意义的。关键在读者怎么去读。在这个问题上，我相信绝大多数读者会有明智的判断。所以我完全赞成出版社出版此书。

■ 是的，我也同意你的这种说法。正如我们在前面所讨论的，此书比那些只是为了像应付考核或追求其他学术之外的目的，在形式上符合学术规范而在实质内容上却毫无新意的"学术著作"，还要更为有趣一些。作为多元化中的一个品种，也有其存在的价值，包括娱乐价值。只是，当我们在一些特定的场合，比如向学生们进行学术教育时，当然还是要对于不同类型的书进行一些区分，因为毕竟我们在教学生时，目标是想让他们去做那种既符合学术规范，又不"民科"，又真正有学术意义的工作。而这是一种更高的目标了，也正与我们在另一个前不久谈过几次的栏目中所说的"学术品味"的问题有所相关吧。

原载 2006 年 8 月 4 日《文汇读书周报》

瓶中的太阳之梦

□ 江晓原　■ 刘　兵

□ 核能技术目前有两路径：一是核裂变，这个过程能释放出巨大能量，最初被用来制造杀人武器——原子弹，后来发展到可以控制这个过程，使之缓慢持续释放能量，总算可以有和平用途了，就是今天争议相当激烈的核电技术。二是核聚变，这能够释放出更大的能量，但是这个过程至今还只能用来制造更大规模的杀人武器——氢弹。科学家当然也很想将核聚变过程控制起来，使其能够为日常生活提供能源。

按照现有的主流技术方案，核聚变必须在高温高压的环境中才能进行，故这方面的研究统称为"热核聚变"。那种现在仍被有些科普作品描绘成最有希望的"托卡马克装置"（在强磁场约束中实现核聚变），也被归入热核聚变的范畴。热核聚变的研究通常需要投入巨资，并建造昂贵而庞大的设备。然而迄今为止还没有获得过任何成功。除此之外，也还有若干种别的聚变方案。这些相互竞争的方案，上演了一幕又一幕被本书作者称为"怪异历史"的活剧。

■ 这本题为《瓶中的太阳：核聚变的怪异历史》*书的作者，按照书上后勒口的介绍，应该是一位科学记者。而这本书

---

* 《瓶中的太阳：核聚变的怪异历史》，[美]查尔斯·塞费著，隋竹梅译，上海科技教育出版社，2011年12月第1版，定价：28元。

的副标题中用"怪异"一词来修饰"历史",也似乎是这类作品中不太常见的修辞用法。不过,恰恰因为作者的身份,以及作者甚至曾亲历和参与了某些事件,因而可以生动地写出历史故事。而这些历史故事,又是因长期以来人们在能源方面的迫切需求而渴望实现核聚变,并因这种迫切而为相关的研究加入了更多复杂的内部与外部影响因素,从而也让这些历史显得"怪异"。也正是这些"怪异"之处,让这本带有历史意味又兼具纪实风格的科普作品颇有可读性。

既然可控核聚变是人们力图用来解决能源问题的梦想,那我们究竟应该如何看待和评价这个梦想呢?人们当然可以从科学上来分析讨论,或就像此书那样,围绕着相关的科学工作来进行讨论。但除此之外,也许还有此书没有太涉及的一些方面,即超出其科学的内容,从发展、伦理、风险等方面对于这个梦想,以及人们追求这个梦想的相关行动进行讨论。你是否这样看呢?

□ 确实有你所说这些方面的问题。其实对这类问题本书也有相当的涉及,只是作者论述时的立场是不鲜明的,似乎力图保持"客观"和中立。

例如关于"冷核聚变"问题,弗莱施曼和庞斯两人宣布的实验别人无法重复,他们自己又难以自圆其说,却仍有许多人坚定不移地支持他们,这是一个奇怪的现象。作者的解释是"冷核聚变"这个梦想实在太美好,"仅用科学是摧毁不了的"。这样的解释尽管也无懈可击,但终究显得有点太大而化之了。

如果从"利益"的角度去看问题,也许会得到更合理的解释。谁都知道,如今科学共同体同时也是一个利益共同体,且

瓶中的太阳之梦

不说核聚变在未来的巨大商业利益，仅从当下研究项目来说，因为"热核聚变"是一种需要巨额资金和庞大设备的研究，所以在"主流科学界"的认可之下，"热核聚变"界长期享有巨额的科研经费。现在"冷核聚变"跑出来，又不需要巨额经费和大型设备，如果这个方向得到认可，"热核聚变"界能够得到的科研经费必将大大减少。

弗庞两人的"冷核聚变"没有成功，并不能构成打压"冷核聚变"研究的充足理由，"热核聚变"研究的时间更长，已经花费了巨额科研经费，不是也没有成功吗？既然利益的因素是显而易见的，就使得对"冷核聚变"的任何打压都有动机不纯之嫌。这就形成一个非常麻烦的局面——即使"冷核聚变"真的在科学上是错误的，那由谁来判定这一点同时又能取信于民呢？由"主流科学界"来判定吗？这有动机不纯之嫌。由"主流科学界"之外的人来判定吗？那又"不专业"，同样难以取信于民。也许正是这种两难局面注定了"冷核聚变"是打不死的。

■ 你上面的这段有关科学研究的利益动机及其表现的分析，真是颇有 SSK 的味道，当然，这显然不是此书作者的立场。由此，我们也能看出，无论是作为科学史的研究者，还是作为科学传播（包括以科学史为主要内容的科学传播）的实践者，如果能够更多更好地利用一些新的理论资源，会让其作品更有新意，也更有启发性。你说作者似乎力图保持"客观"和中立，其实，同样是按照科学哲学和科学编史学的立场来看，包括科学史家在内，观察也都是渗透着理论的，那种绝对的"客观"，至少在现实的实践中是不可能的。

其实，我前面提的问题，是在另外的方向上。这里也许可以再说几句。因为我觉得，仅就科学研究的技术性内容（这种"技术性内容"也包括理论等探索）进行叙述，这固然本是科学史中的"内史"传统，但稍加扩充一些，我们也会想到，在这样的分析讨论之外，还可以挖出一些更深层的东西，和一些被隐藏起来了的预设。在我们今天常见的对核能的讨论中，我们不是常常会涉及有关核能研究的风险、利益和研究者的社会责任等话题吗？像此书作者这样的讨论，似乎隐藏了一种没有明言的预设，即人类对能源的需要是天然正当而且应该满足的，核聚变能的研究为了达到这一目标，也就无须质疑其附带或是天然地就带有的其他风险和毛病了，只要专心解决实现这一目标的技术问题就可以了。这样的做法，也正是过去传统科学史的写法，正是过去传统科普常见的立场。

□ 你的直觉相当敏锐。事实上，当我们将能源问题看成一个单纯的科学问题或技术问题时，往往已经有了一个预设——我们对能源的需求永远是正当的，永远应该被满足。其实这个预设是有问题的。

先从一个比较浅的层面来看，每一次对原有能源需求的满足，实际上都会刺激起进一步的新需求。这一点经常被人们忽略，其实是毫不奇怪的——供求关系经常是相互影响的。那么这种持续不断增长的新需求是不是永远都正当呢？这就涉及更深的层面了，即我们以前讨论过的"无限发展"或"无限进步"的观念。在这种观念支配下，相信进步可以是无限的，因而对发展的追求也可以而且应该是无限的。在这两个"无限"之下，对电力或能源的无限需求才是正当的。而只要我们开始质疑"无限发展"或"无限进步"的观念，则我们对能源的无限需求也就会跟着受到质疑了。

■ 对于核聚变，如果从认识自然的角度进行研究，当然也无可厚非，尽管其风险仍是值得关注的。但现实是，人们当下往往把科学研究的目标指向实际应用，对核能的研究更是如此。要应用，就有应用的风险和问题，这既与科学技术的内容有关，也有超出科学技术所能控制的内容。后者，在传统的科普中通常是不被涉及的，而在新的科学文化传播中，则越来越成为重要的内容。《瓶中的太阳》这本书，本是传统科普类型的作品，但当我们有了不同的理念时，阅读和思考相关问题，却能走到讨论有关"发展"的问题上。这并非离题万里，因为这有关发展的问题，对于人类来说，其重要性显然是远远超出个别的具体科学技术问题的。

由此，我们既可以看到一种不同的读书和思考的方式，也可以体会，新型的科学文化传播的理想读物可能是什么样子。核聚变问题尽管离实际的应用还道路遥远，但有关的普及读物，也还是完全可以超越传统科普的形式的。

原载 2012 年 5 月 11 日《文汇读书周报》

理性：不能滥用，也不能告别

——从费耶阿本德的《告别理性》*谈起

□ 江晓原　■ 刘　兵

□ 就我所知，保罗·费耶阿本德的书被引进中国，这已经是第三本了。上距他的前两本著作——《自由社会中的科学》（上海译文，1990）、《反对方法——无政府主义知识论纲要》（上海译文，1992）——被引进，已经很多年了。这些年来，如果我们要讲20世纪西方科学哲学发展的主脉，费耶阿本德是不可能被绕过的，尽管许多人不赞成他的观点。到了今天，科学和人文的关系正在被越来越多的人关注，在这种情形下再来考察费耶阿本德的思想，似乎又有新的意义。

■ 确实如此。而且，无论是从科学哲学界自身来说，还是从由此界向社会上辐射出去的影响来说，费耶阿本德的名字及其有代表性的"怎么都行"的方法论口号并不让人陌生，但其具体的学说，却并非传播得很广泛。例如，在《告别理性》这本书中，费氏不断地对波普尔的证伪主义学说进行了猛烈的批判，而在社会文化圈中，波普尔的影响相比之下却比费

---

* 《告别理性》，[美] 费耶阿本德著，陈健等译，江苏人民出版社，2002年10月第1版，定价：22元。

理性：不能滥用，也不能告别

氏的学说要大得多，流传得也更广。当然，这里面有许多原因值得分析。比如波普尔的学说更接近于某种意义上的科学的理性，这从科学家阵营对他学说的欢迎程度也可看出一二。但费氏学说传播的有限，则同时似乎也在更深的层次上，与我们社会上强调理性的重要性，对无政府主义方法论的本能抵触不无关系。

□ 费耶阿本德学说给我的总体印象，似乎是并不否认"科学是好的"，而是强调"别的东西也可以是好的"。比如针对"科学不需要指导——因为科学能够自我纠错"的主张，他就论证，科学的自我纠错只是更大的自我纠错机制（比如民主）的一部分。诸如此类的论证，当然是和他的"怎么都行"的方法论一致的。他的学说消解了科学的无上权威，但是并不会消解科学的价值。任何一个头脑清醒的人，都知道科学并非万能，并非至善，只会更适当地运用科学，这将既有助于人类福祉的增进，对科学本身也有好处。既然如此，费耶阿本德当然也就不是科学的敌人——他甚至也不是科学的批评者，他只是科学的某些"敌人"的辩护者而已。

■ 我想这里是一个视野范围的问题。如果只站在科学的立场上，当然很可能会认为科学的一切都是最好的，有些"不识庐山真面目，只缘身在此山中"的意思。但如果把视野放开一些，放开到整个人类的活动中，那么，科学就只不过是其中一种特殊的活动而已，在这种立场上，就可以从一种外部的、更人文化的立场和视角来对科学进行审视。从《告别理性》这本书与其他常见的科学哲学著作相比有些不同的内容中，也可以大致看出费氏视野的宽泛。而那些只允许说科学的好话，认为科学万能的人，恐怕在见识和思考方面还是囿于科学自身的范围内。费氏讲理性的问题，讲科学的问题，当然并不像许多批评者会想象的那样意味着他反对科学。这里所需要的，更是一种变换视角与立场的考察。比如说，在《告别理性》这本书中有这样一句话："对科学的民主监督会排除掉某些引起科学家喜欢的东西，但请注意，在目前的形势中，科学家排除了非科学家喜欢的东西。"这似乎可以是某种更全面的分析的一种典型的例子吧。

□ 北大的吴国盛教授曾对我说：作为一个哲学家，不怕荒谬，只怕不自洽。似乎费耶阿本德也有点这样的劲头，所以宣称要"告别理性"——我想应该理解为矫枉过正的意思，不可能真正告别理性。为什么要矫枉过正呢？因为自从科学获得了巨大的权威以后，不仅"只站在科学的立场上，当然很可能会认为科学的一切都是最好的"，就是许多人文学者，也在面对科学的时候日益自惭形秽，丧失了平视的勇气。他们经常在谈到科学的时候先心虚气短地说：我对科学是一窍不通的啊……而不少科技工作者或自命的科学家，如果谈到文学的时候，却不会心虚气短。有的人甚至对人文学者傲然宣称，我的论文你看不懂，你的论文我却看得懂。所以，有些傲慢与偏见，事实上是双方共同培养起来的。

■ 这里其实有一个两难的境地，一方面，真正要"告别理性"既不可能，也不现实，理性（在它通常的意义上）毕竟成为文明的人类所不可缺少的，但另一方面，像费氏的分析又

理性：不能滥用，也不能告别

确实不无道理，你能说他的分析不是理性的吗？科技学者和人文学者之间的隔阂，其实也可以说是一种非理性所导致的，不过，这似乎已经谈到了另一个层面的理性了。也许，对理性进行某种层次的划分是必要的？我们需要告别某种层面的所谓"理性"，而在更深刻的层次上，却无法真正告别理性？

□ 将理性区分层次确实是一个可行的思路。但书名的选择，通常是有些讲究的。本书原名 *Farewell Reason*，而"Farewell"一词有"一路平安""惜别""走好"等意思。如果将书名译成《理性一路平安》，也不算错，而意思马上就和《告别理性》大不相同了。正如你所指出的，费耶阿本德的分析本身也是理性的，他又怎能告别理性？所以我想即使不对理性分层，也能讲得通——希望理性"一路平安""走好"，这不就是哈耶克所呼吁的不要"滥用理性"吗？

■ 不过，在几年前，我最初看到此书的英文书名时，最先联想到的，却是海明威的小说《永别了，武器》，海明威用的也是这个句式。我们也许可以猜想，费氏选用这个书名，就没有一丝海明威小说书名背景的影响？当然，这只是猜测而已。

□ 这是有可能的。再说，"理性"也可以有不同的定义，这就要用到你分层的想法了。技术层面的理性，谁也不会告别，因为这是我们了解自然、适应自然、改善生活最基本的工具。费耶阿本德要"告别"的"理性"，应该是在价值层面的一种"理性"——这种"理性"认为，自然科学是世间最大的价值，而其他的知识体系或精神世界，比如文学或历史等，与之相比则是相形见绌、微不足道的。由于现代科学在物质方面的巨大成就，它确实被一些头脑简单的人认为应该凌驾于所有的知识体系或精神世界之上。

■ 我还想在这里简要地提几句此书的翻译问题。先说明，我并没有对着原文看，但中译文中明显的一些误译还是很显眼的，例如，把卢里亚的《老虎机与破试管》译成《一个狭长的器械，一只破碎的管子》，把麦克林托克发现的基因的"转座"译成"变换"等。不过，尽管有这些小问题，此书能够有中译本问世，还是一件对我国学术界非常有意义的好事。

□ 据我的感觉，费耶阿本德阐述他的无政府主义知识论观点，其实还是《反对方法》（书名恰好和《告别理性》成对）一书比较清晰明白。本书有些地方读起来颇为晦涩，就连那篇录音讲稿《伽利略与真理的专制》，也没有我所期望的明快生动。通常演讲应该比文字稿生动些，因为演讲者会注意到听众的反应，尽量不让他们昏昏欲睡。不过这篇录音是他一个人在小屋子里事先录好了送交大会的，他无法得知听众的反应。

■ 经常会见到的情况是，一个人最好的著作，也许只有一两本。但也恰恰因为那一两本著作，而使得他其他的著作也引人注目。但在阅读像费氏这样的哲学家的东西时，也还是常常会感到一种东西方文化在表述上的隔阂，不过这也是没办法的事。好在像《告别理性》一书，其中毕竟还是有不少令人深思的论述与观点，虽然不及他的《反对方法》，但也绝不是随

理性：不能滥用，也不能告别

意的拼凑之作吧。可以推想，费氏任职的单位，恐怕也不会每天用对论文的数量之类的东西的考核来极度地压迫他。不过这有点说远了。就主题来说，我还是觉得，费氏的学说，对于中国相关学术界的现状来说，如果说不是什么可口的补品的话，倒更可以起到一种解毒剂的作用。良药苦口啊。

原载2003年6月6号《文汇读书周报》

科学家反对"科学研究"

——从《沙滩上的房子：后现代主义者的
科学神话曝光》*说起

□ 江晓原　　■ 刘　兵

□ 在美国爆发"科学大战"已经有十年光景了，两三年前，我们国内比较敏感的学者开始提供关于这场战争的报道，并逐渐引进了一批与此有关的书籍（本版曾评述过的《"索卡尔事件"与科学大战》《科学大战》等即是）。而"science studies"这个词汇，在刘华杰博士等人的大力提倡之下，被译成"科学元勘"，看来也得到了认同。

■ 关于"science studies"的译名，前不久在网上的同仁当中还有争论。科学元勘的译法，我个人觉得也还有些问题，可是更大的问题在于，暂时其他的译法同样也有各种不同的问题。而在《沙滩上的房子：后现代主义者的科学神话曝光》这本书中，一开始，又谈到了英文中以大写开头的"Science Studies"与小写的"science studies"之间在含义上的差别，这样一来，问题就更复杂化了。也许，最后如何在翻译上得出一个大家都比较认同，能够反映原义，而且也能反映差别的简

---

* 《沙滩上的房子：后现代主义者的科学神话曝光》，[美]诺里塔·克瑞杰著，蔡仲译，南京大学出版社，2003年6月第1版，定价：34元。

科学家反对"科学研究"

要、准确的译名,还需再等等看。

□ 作为这批书籍中非常重要的一种,这本《沙滩上的房子:后现代主义者的科学神话曝光》值得一议。我先提一个小问题:此书封面和背脊上印的副标题中都是"神化曝光",但是版权页上的副标题中则是"神话曝光",到底哪个错了呢?要是封面错了,那就不是"白璧微瑕",而是大差错了。

■ 从版权页上的原文书名看,这个副标题似乎是出版者后加上去的。按照通常的习惯来看,似乎版权页上的写法应该是正确的吧。不过,有趣的是,如果按照封面和书脊的写法,倒也能读得通,只是意思略有不同了。当涉及这种一时没有什么可靠证据的矛盾时,也许我们只能做些猜测。但无论如何,从出版的角度讲,这可以算是明显的"编校质量"问题吧。

□ 在彼岸的"科学大战"中,一边主要是人文学术阵营中的"科学元勘"学者,他们认为科学本身也可以,而且应该被研究;另一边是主流科学共同体中那些讨厌"科学元勘"的科学家,他们认为对手不懂科学,没有资格来"研究"科学,"科学元勘"只是胡说八道而已。对比国内的情形,也是颇为有趣的。在中国学术界中,与"科学元勘"血缘关系最近的是原"自然辩证法"(现在名称是"科学技术哲学",其中也包括了不少科学社会学的研究者)界——他们被划为"文科"中哲学下面的一个二级学科;另一个与"科学元勘"有着稍远一些的血缘关系的是"科学技术史"——他们被划为"理科"中一个独立的一级学科。

■ 要谈起这些话题,可说的内容就多了。首先,你注意到的国内学科划分的问题,联系到与国际上关于"科学元勘"(这里暂时也只好先沿用此书中的译法吧)的争论,倒似乎表现出一些微妙、令人可以有所联想的关系。可是,你还没有注意到与科学元勘同样关系密切的学科——科学社会学——在国内的学科位置呢。早在20世纪80年代,当西方的科学哲学开始被相对充分地引入国内时,科学史的引进工作要差许多,而科学社会学倒也曾热闹了一阵。当然,那时被引进的主要还是"经典的"科学社会学,如默顿学派的学说等。可是,在此之后,由于种种原因,科学社会学研究在国内冷了下来,也就是在这段冷下来的时间中,我们错过了对于当时国外已经很成气候的科学知识社会学(SSK)的系统引进。这种对SSK的引进与研究,直到几年来才开始有了转机。而与此极为密切相关的,也就是如今同样被关注的"科学元勘"了。

□ 如今,在国内开始出现一批"科学元勘"的同情者、欣赏者、译介者和研究者,尽管他们的总人数并不多,但是已经在社会上产生了相当大的影响。而在中国的主流科学共同体中,倒是并未出现类似索卡尔那样的对"科学元勘"的处心积虑的讨伐者,这种现象如何解释?是中国主流科学共同体的宽容?不屑?无暇及此?还是这场大战根本没有进入他们的视野?对于国内学者对科学技术所做的人文思考,网上偶尔出现的反对声音来自某些自命的"科学捍卫者"(他们并非主流科学共同体的现役成员),可惜这些反对声音主要表现为意气用事、

科学家反对"科学研究"

扣帽打棍甚至恐吓谩骂,对于学术发展毫无贡献。

■ 讲到科学元勘在国内的境遇,也确实值得我们思考,我个人的感觉是,认为国内的主流科学共同体还没有拿这些引进的东西真正当回事儿,而且,由于国内科学共同体长期以来忽视人文的习惯,现在也还没有准备好认真对待和思考引进的科学元勘并对之做出反应。这可以说是在国内以另一种形式表现出来的科学与人文的隔阂吧。

其实,不仅是国外科学共同体中一部分人认为构成了对科学的歪曲并激烈反对的科学元勘,如果剥开意识形态的外包装的话,就是那些更有唯科学主义味道、更注重弘扬科学的传统的"自然辩证法"的内容,也并没有被国内主流科学共同体所真正重视。至于近来像你所说的那些身份并非是主流科学共同体的现役成员的"科学捍卫者"(对于这个名称是必须要加上引号的)们在网上的一些反对之声,大多数本来就不是认真的学术研究,根本无须对其内容当真,如果一定要关注的话,倒是值得对这种现象产生的原因做些社会学的分析。

□ 如果国内的科学共同体对"科学元勘"之类的玩意不屑一顾,我看对于科学的人文研究也未尝没有积极的一面——起码暂时不会像国外同行那样面临索卡尔们的讨伐,使它在思想准备和学术积累都还不够充分的情况下,就遇到过于严厉的考验。另一方面,即近来某些自命的"科学捍卫者"的"怒气冲冲的思想早泄",鲁迅早有名言,"恐吓和辱骂绝不是战斗"。再说经常有人在旁边批评指责,哪怕是无理指责,也有某种促进作用。不过,与国外的情况相比,只是可惜因为"批判"者方面的非学术,使得这种促进作用是以一种被扭曲和变形的方式而出现的。

■ 回过头来说国际上的研究。虽然以往也读过一些"科学大战"中双方的争论性文献,但阅读这本《沙滩上的房子》后,还是对于这种争论的激烈,对于两个阵营之间的矛盾甚至敌意的尖锐与巨大,感到震惊。当然,还必须强调,这种充满着火药味的争论,与我们刚刚说到的中文网上的那些来自"科学捍卫者"们的"非学术"批评,虽然有着某种表面的相似,但在学术的意义上,又是有着极大的差别的。

□ 我倒觉得这两者之间,也许有着某种深层的相似——都有争夺话语权的动机。应该承认,随着社会分工越来越细,科学共同体在争夺公众话语权方面其实没有优势——因为他们离公众越来越远,他们的学问,公众既难理解,也无兴趣(公众只需享用科学技术的成果即可)。如果借助媒体,则媒体从业人员多半也是人文的血脉。所以布罗克曼要拼命强调科学家直接与公众沟通的"第三种文化"。而某些人自命为"科学捍卫者"——尽管科学共同体根本没有邀请他们,实际上只是争夺话语权的一种策略而已。

■ 争夺话语权是一个无可争议的事实。但在相关的论争中,至少应该有某些规则存在,才可以使争论变得对双方的学术发展都有利。否则,争论就变成一团混战了。可是,当一谈到规则时,居然也会让一些人恼羞成怒,那就实在没有什么可说的了。记得也还是鲁迅曾说过这样的话,大意是在争斗中无赖好用粪帚，足令勇士止步。相比之下，国外在"科学大战"中的争论，激烈归激烈，总还是在形式上有某种规则的。但是，当我们深入到争论的具体内容时，倒也还是可以发现一些有意思的现象。不过，这里我先不说了，你能不能先讲讲你在这本比较集中地反映了主流科学共同体反对"科学元勘"之观点的《沙滩上的房子》一书中所发现的有趣现象呢？

□ 这毕竟不是一本通俗读物，总的来说相当枯燥。比如，在"达尔文主义是男性至上主义者吗？"这样的章节标题下（翻译可能有点问题，一种主义不可能是人），本来人们可以期望看到一点有趣的内容，结果也是令人昏昏欲睡。诺里塔·克瑞杰抱怨后现代的"科学元勘"侵入了科学教育之类的领域，却也没有说出什么新意。

想想也是有点奇怪，科学怎么就变成了"板着面孔的妇人"（韩建民语），吸引不了人们去亲近她了呢？另一方面，后现代的"科学元勘"（它与伪科学之间，似乎也没有不可逾越的鸿沟），则像那些妖艳的女子，把公众的注意力吸引了过去。这正是令索卡尔们痛心疾首的事情。但是，原因究竟何在呢？

■ 要详细分析个中原因，恐怕就不是一两句话能讲得清的事了。但我却注意到另外一些有趣的现象。在这本书中，由于编者的立场，所收录的文章对于当下"科学元勘"中一些重要的观点，一一进行了批判。但仔细读下去，会发现这些批判并不是那么有力，而且，由于一些文章中采用了非常（在科学的意义上）学术化的论述方式，涉及许多技术性的细节，所以读起来让人感到很费力。但这也不是关键之所在，问题在于，批判者们所提出的各种论据,明显地体现出一种鲜明的传统的立场,即预先对后现代主义的"科学元勘"的有关命题持鲜明的反对态度。这确实表现出科学与人文的某种现实存在的尖锐的冲突与对立。

而且,如果注意一下作者们的身份也是很有意思的,可惜,在作者介绍中,没有作者的年龄,尽管年龄并不一定说明什么,但我猜想,其中一些也是搞人文研究(如哲学等)的人士,也许更多的是老一代学者吧(当然这只是猜想)。而且,在论及他们所批判的对象和内容时,其分析和论证似乎反而不如一些"科学元勘"的作者们那样思路清晰。

举一个例子,哲学教授平克林在其《强纲的"霍布斯—波义耳之争"的案例分析错在哪里》一文中,对经典的建构论科学史研究之作《利维坦与空气泵》的讨论,就表现出相当不专业的历史观,甚至会说出"所假设的在霍布斯的演绎主义和波义耳实验主义的二分法,在很大程度上,是夏平和谢佛颤抖意识地选择历史证据的编造"这样的话来。其背后,相当明显地隐含着"唯一"(而且只是与他的观点相一致的)的真实历史之存在的假定,其文章最后一节的标题"结论:有色眼镜",也暗示着历史研究是可以不戴"有色眼镜"的。实际上,他反而忽视了他自己的研究其实也没有能够回避"有色眼镜"的存在。又比如,对具有重大影响的"科学元勘"研究者柯林斯和皮克林的工作从实验(也许可以称为实验哲学)的角度进行批判的那位弗兰克林,以前国内举行的几次国际会议上,我就听过他的发言,感觉他虽然因其科学背景而关注的对实验的哲学研究显得有些别具一格,但毕竟给人们一种科学倾向太强而人文倾向太弱的感觉。幸好,这次在对他的简介中,是说他"爱

科学家反对"科学研究"

好研究科学的历史与哲学",这倒确切地表明了与被他所批判的那些人的"专业"研究相比,他的"爱好"在学术的意义上其实是很业余的。

□ 唯科学主义的立场本来就是一种狭隘的立场,站在这样的立场上讲话,自然就不容易展开雄辩。

我读此书,产生这样一个问题:倘若科学家对这些后现代的"科学元勘"采取听之任之的态度,会有什么后果呢?我以为,很可能不会产生什么真正对科学有害的后果。我早就说过,科学所导致的物质成就,足以保证它的权威性。有这样的保证在,就是让那些人"勘"两下,其实也无伤大雅,又何必神经过敏呢?

再进一步,如果双方采取积极对话的策略,对科学也是有益无害。

不过,如今双方都生活在商品社会,大家都有世俗利害的考虑(公众话语权的争夺只是其中一个方面),那就不是仅从学理就能判断清楚的了。

■ 你的这种说法很有意思。国内现在与它相对立的观点,大致有两种。一种是干脆认为科学就是正确,就是不能"勘"之;另一种则缓和些,只是认为科学在中国还不够发达,我们还有没"勘"它的资本。对于前一种观点,站在人文的立场上,其问题之所在很明显,这里不必多说。对于后一种观点,你的说法却提出了另一种可能,即"勘勘"也无妨。这或许是有些道理的。而且,允许人们"勘"科学,也允许人们"搞"科学,这种宽容的多元并存的局面,才是对科学与人文交流真正有益的。

　　再有,《沙滩上房子》一书,其基调是反对人们"勘"科学的,作为学术的引进,它当然是有意义的(其实,它所批判的许多"科学元勘"的内容,反而还未系统地被引进,以致人们一时还很难方便地通过阅读中文来真正对比和思考双方的观点),因为其学术性很强的内容与形式(正如你前面讲的难读),也不会对公众有很大的影响。但同样需要警惕的是,它也可以(或者说肯定)会被某些唯科学主义者用作反对在中国对科学进行元勘式反思的武器。对此书的这种利用,如果限于符合规范的学术讨论,那将是有益的,如果以不讲规则的方式不负责任地、片面地用于面向大众的传播,那肯定是有害的。除了误导公众,还会加强在中国已经过分和畸形地发展了的唯科学主义意识形态,而这无论对于国家的发展(不是那种片面追求"增长"的发展,而是可持续的良好发展),还是对于沟通科学与人文,也都是有害而无利的。

原载 2003 年 8 月 1 号《文汇读书周报》

两种建构主义殊途同归

——关于《教育中的建构主义》*

□ 江晓原　■ 刘　兵

□ 刘兵兄，我们知道，在西方科学社会学界中，"科学知识社会学"（SSK）以及关于科学知识的建构主义理论纲领，已经盛行多年，产生了大量论著。近年这些论著开始以相当大的规模被译介到国内，SSK理论开始逐渐被学术界熟悉。然而在教育理论中，其实早就有一种建构主义被引进了。这两种建构主义，相互之间是何种关系呢？

在国内，由于"科学社会学"和"教育理论"通常被认为是两个隔得相当远的领域，这两个领域的学者直接进行交流的机会很少，因此这两种建构主义之间的关系，迄今为止还很少被注意到。据我所知，你是国内最先就这两种建构主义有所论述的学者之一（如果不是唯一的话），因此很希望你就此发表高见。

■ 这确实是一个非常值得讨论的问题。因为同是一个名词，在不同的领域中，既有不同的含义，又有相当程度的联系。而且，在对科学的人文研究领域中，建构主义一方面已经

---

*《教育中的建构主义》，[美]莱斯利·P.斯特弗等主编，高文等译，华东师范大学出版社，2002年第1版，2003年4月第2次印刷，定价：42元。

开始被逐渐引进和研究，引起了一些人的兴趣，甚至在某种程度上影响了其观点，但另一方面却又遭遇到了很大的阻力，被许多人批判。但在教育界，情况却大不一样。对于建构主义教育理论的研究成为一种时尚，虽然不能说没有批判的声音，但绝大多数人却是持欢迎和接受的态度。这两种不同的待遇形成了鲜明的反差，其中原因是很值得我们探讨的。

最粗略地讲，在对科学的人文研究领域，所谓的建构主义，是关心和研究科学知识的产生，或者说生产，是如何受到了各种社会因素的影响，而不是像以往人们以为的那样，把科学的研究当作一种中性的，与价值无涉的，纯粹客观的认识过程。而就教育来说，至少在目前国内教育理论研究者们当中，所关心的建构主义，则主要是针对学生的学习过程，认为这种对于知识的学习，实际上是一种建构的过程。这样说来，两者间便有了一种区别，一是针对科学知识的产生，一是针对已有的科学知识进行学习，在学习过程中的建构。

□ 其实这两者有内在相通之处。如果学习知识（包括自然科学知识）的过程是一个建构的过程，那就意味着那些知识本身并不仅仅是对一个纯客观的外在世界的反映或表征，而是有建立这些知识的人的主观意志参与其中的。由于人类的科学知识是通过学习来继承和积累的，因此承认学习科学知识的过程中的建构，也就必然导致承认科学知识本身的建构。

但是承认知识产生过程中的建构，并不必然导致对外部世界真实性的否认。正如本书中格拉塞斯费尔德所指出的，"我们能定义'存在'的意义，但是只有在我们的经验世界的领域中，而不是在本体论的意义上。当'存在'一词运用在独立于

两种建构主义殊途同归

我们经验的世界（即一个本体论的世界）时，它也就失去了自己的意义，而且也不可能具有什么意义"。那种认为建构主义是否认客观世界真实性的指责，"是对建构主义的根本误解，它源自对认识概念转变的抵制和拒绝"。而在教育理论界，认识概念的转变早已经进行多时了。

■ 在这方面，应该是有许多话可说的。确实这两者间在深层的意义上是有许多相通之处的。而且，关键点在于，是否实事求是地承认，无论在科学的研究中，还是在对科学知识的学习中，都无可避免地要渗入一些主观的内容。另外，我注意到一个非常有意思的现象。在科学文化的领域中所谈论的建构主义，在被某些人批判时，所引用的例子，或者说被批判者构想出来的例子，经常并非那些赞同或者说仅仅是研究建构主义的人所说过的，那些人的批判方式，往往是构想出建构主义者们从未讲过的极端的例子，如你说万有引力定律是建构的，那你从楼上跳下去试试？显然，像这样的反驳和批判方式，如果说不是对于建构主义的无知的话，那就是有意的歪曲。

但是，为什么在教育界，对于建构主义的研究与传播就没有像科学文化领域中那样受到如此巨大的阻力呢？也许这与在教育的实践中，建构主义方法表现出某种实际的作用有关。作为一种有用的，甚至可以被看作是有效的教育方略的理论，当然会受到人们的欢迎。可是，在教育界，除了它的有效性，人们对于作为它的更深层的哲学基础关注得似乎还不太多。实际上，《教育中的建构主义》一书中许多内容是非常哲学化的，并不好读，但如果读者真的下些功夫思考一下，我相信，除了作为一种工具之外，这样的学说本来是可以带给人们更多、更深刻的思考的。

□ 从另一个角度来看，建构主义在教育理论和实践中得到接纳，无疑会使对科学的人文研究中的建构主义得到鼓舞。本来我们可以将建构主义看成仅仅是对已有现象的一种新的解释——很多哲学或历史的理论都是如此，它们可以改变我们对外部世界、对人类社会的观察角度和思考方式，但未必有什么实际的应用。而建构主义在教育理论和实践中得到接纳，是否可以视为是建构主义的某种实际应用呢？

从这两种建构主义之间的关联，使我想到了另一个问题：这样教育出来的新一代的学生，他们是否会不再想当然地认为外部世界是个本体论的世界了呢？我觉得只要稍作思考，就会引导到这样的疑问。这又使我想起了电影《黑客帝国》，那里的外部世界，就不是一个本体论意义上的世界，而只是一个Matrix，但是在 Matrix 中生活着的人们，如果没有人点醒，也会想当然地认为那个世界是一个不以人的意志为转移的真实世界——那些让 Matrix 按照他们的意志而运作的人则巴不得人们一直保持这种幻觉。

■ 其实，当问题讨论到这个程度，就已经很哲学化了，甚至在中国古典的文化中，"庄生梦蝶"，不也有着类似的提示与喻义吗？而且，如果仔细看一下《教育中的建构主义》一书中开头部分的文章，我们也会注意到，在那里提到的对于像与哲学上的客观（外源论）与理性（内源论）的分歧，或者说，是有关反映世界还是制造世界的分歧，以及对这种分歧进行调和的努力，关于几个世纪以来认识学者最棘手的问题——关于

两种建构主义殊途同归

怎样确定外部知识是怎样呈现于内部世界——的提法,等等,而且,对这些非常本质性的哲学问题基于不同立场的争议,也是教育中的建构主义研究者们热衷探讨的问题。

当然,在此书中,既然是作为一种重要的教育理念和教育方法来对待建构主义,自然也会涉及许许多多技术性的细节问题。相比之外,值得注意的是,无论是像作为该书作者的建构主义研究者们,还是对之持不同观点的其他研究者们,在他们那里,无论是对技术性问题的争论,还是对有关哲学基础的争论,基本上都是作为一种学术的争鸣来进行的。相比之外,在我们这里,在科学文化领域,那些反对建构主义的观点,在提出时,却明显具有着意识形态负载。之所以还会有这样的现象,也是一种非常典型的"社会建构"吧。

□ 将学术讨论异化为意识形态斗争,是某些人持久的恶习——有这种恶习的人已经越来越少了。这些人当自己在争论中理屈词穷时,就竭力将问题引导到意识形态方面去,企图以此剥夺对方的发言权。此种捣鬼之术,在当年"文化大革命"中曾经屡屡奏效,但如今已经改革开放几十年,此法早已失灵。正如鲁迅所言,"捣鬼有术,也有效,然而有限",依靠上述捣鬼之术压制学术讨论的时代早已过去,当年刘禹锡"沉舟侧畔千帆过,病树前头万木春"的诗句,描述的正是这样一番景象。

原载 2003 年 10 月 3 号《文汇读书周报》

哈丁阿姨在中国

——关于科学的文化多元性

□ 江晓原　　■ 刘　兵

□ 科学有没有文化上的多元性，在很多情况下是一个可以回避的问题。从理论上说，要否定科学的文化多元性也不容易。但我总觉得维持科学的文化"一元性"，能够使科学更"纯洁"，考虑问题时也更容易得到清晰的思路。或者说得更简捷一点，我们就说现代科学的血统是希腊的。也许这又是"缺省配置"在起作用了？

按我的理解，这本《科学的文化多元性》*中所谓的多元性，实际上又和科学的定义直接相关——我看只有拓展了科学的定义，科学的文化多元性才能够成立。但这样一来就会引起许多理论上的问题。记得你对哈丁此书评价颇高，你主要着眼于哪一点呢？

■ 确实如你所说，只有拓展了科学的定义，科学的文化多元性才能够成立。从目前国际上许多从事科学元勘，甚至以明显或不明显的方式带有科学元勘倾向的科学史研究，也都已经在其实际的研究中应用了这种"拓展了"的科学定义。比如

---

* 《科学的文化多元性——后殖民主义、女性主义和认识论》，[美] 桑德拉·哈丁著，夏侯炳等译，江西教育出版社，2002年版，定价：18.50元。

说，如果不做这种拓展，中国科学史（当然也包括印度科学史、拉美科学史、非洲科学史、阿拉伯科学史等）学科研究的合法性就会是一个严重的问题。但反过来想，我们原来的科学定义其实也并不完备，因而，在科学哲学中，划界问题才会一直是一个有争议而无普遍认可答案的问题。只是我们由于"缺省配置"在起作用，往往不自觉地把原来并没有定义明确的东西给暗中加上了一元的限定。

哈丁的这本书确实非常有意思，我曾推荐给一些人看，包括一些学生看，有人一开始不是那么欣赏，但当看过几遍，深入进去后，都觉得很有启发。其中值得注意的要点其实有许多。但我首位关注的，是她把后殖民主义思潮作为其科学史和女性主义研究的重要背景这一点上。而且，由此出发，就会带来许多许多我们以前几乎未曾想过，甚至不会敢于去想象的新观点。

□ 哈丁在此书的中译本序中说，因为她来自另一个世界、另一种文化，所以书中的"论证和主张，在其他文化中的相关科学技术语境中可能具有迥然不同的含义"，确实，只有非常关注文化多元性的人，才会强调这个问题。

那么，拓展科学的定义，使得科学的文化多元性能够成立，在现今中国这样的语境中，其积极意义何在呢？我担心未见其利，先见其害——因为其消极作用是显而易见的。

首先，接受宽泛的"科学"定义会给当代的伪科学活动开启方便之门。如果古代种种性质暧昧的学说和活动都可以纳入"科学"的范畴，那么今天许多类似的学说和活动——往往和伪科学很难划清界限甚至结着不解之缘——也就可以据此为自己争取某种合法地位了，而这恰恰是坚持科学立场的学者们所不愿意看到的。

其次，接受了宽泛的"科学"定义，就会直接引导到"中国古代有科学"这样一个结论，而这个结论显然会助长一部分中国公众在科学问题上的虚骄心理——如果宣称我们古代早就有了科学（而且还"长期领先于世界"），这就好比一个学习成绩很差的孩子，父母正在为他的学习问题忧心如焚，这时却来了一个阿姨——也许她是好心的——说道，"啊呀！你们小宝这样的学习成绩已经是很好很好了呀，他在小学里早就是'三好学生'了呀……"那父母会怎么想？哈丁来到中国，会不会在客观上成为这样好心办坏事的阿姨呢？

■ 倒过来说吧，先说你的"其次"。其实，那个阿姨的做法，倒更符合现代教育理念。而担心她的教育有问题的家长，虽然不能说没有道理，却在不知不觉中顺从了本来并不一定是合理的现实教育体制要求。至于讲中国古代有科学，我只是说那样会给中国科学史的学术研究带来合法性。其实，同样地，也会为我们从更宽的视野来理解文化的多样性和复杂性提供更大的可能。说到公众的心理，那是与传播相关的，讲学术研究中承认中国古代有科学（其实因为已是学术研究，这种科学与狭义的欧洲近代科学的区分自然是不言而喻的），与以进行爱国主义教育为出发点面向公众笼统地讲中国古代有科学，这本来是两码事。如果说公众在这方面有误解，那也只能说是普及传播工作没做好。当然，如果说某些学者在研究中竟然也抱有这样的心理背景，那就是另一个严重的问题了，那就是学者自身的问题，而不能说是这种视角的问题。

哈丁阿姨在中国

其次（这是指我这段谈话的其次，不是你上段的其次），关于科学多元性立场与伪科学流行的问题，也可以做与上面的分析类似的讨论。还是反过来想，如果科学的多元性真的能够确立，那实际上将是对一元性科学所具有的特殊神圣地位的某种削弱，有了这样的削弱，称自己为科学就不会像现在这样只是"增光"。当然，伪科学的问题又是非常复杂的，就算没有科学多元性的说法，它们还不是照样蓬勃地发展着？再者，如果没有了多元性的立场，我们还会失去更多本可获得的东西。就算是对于那种狭义的一元的科学自身的发展，也未必就真的是件好事。

这里，作一个不一定恰当的类比，那就是生物多样性对于整个生物系统的意义。

□ 看来，哈丁阿姨的学说颇得你心，你为她做的辩护也是有道理的。但是我感到还有问题：哈丁主张历史上欧洲之外的文化也曾对现代科学有贡献，以及某些自外于当今主流科学理论的行为或学说也可以对今后的科学有贡献，但是能够为这种主张辩护的例子，似乎都是实用技术方面的。也就说，只有模糊了"科学"与"技术"这两个概念之间的界限，她的学说才可以成立。而我们知道，包括你本人在内的许多中国学者，都认为我们现在将"科学"与"技术"这两个概念混淆起来（我们特别喜欢用独特的"科技"这个词汇），是非常有害的——现今最大的害处是用管理、评价技术的标准，来管理、评价科学（甚至延伸到人文学术的管理和评价）。既然如此，哈丁阿姨在中国，就仍然有可能好心办坏事啊。

当代科学争议

■ 对此,我还可以做些辩护。首先,我同意你说的问题的存在。但那些现象的一个隐含的前提,是基于现代意义上的主流的科学和技术。如果按照后殖民主义科学观的看法,把科学和技术的观点有了充分合理的拓展,那么,原来的那种说到科技就只想到唯一的现有主流的科学和技术,并把其中的某些做法,特别是把现代技术研发的管理方式不分青红皂白地应用到包括人文研究在内的各种学术研究的管理和评价中的做法,也许反而会因为科学和技术的广义和多元而得到消解。当然,我也知道现实中的存在在现实中的巨大影响和惯性,我的上述说法也许在很长的时间内只能一种理想化的理论情境中才成立,但是,面对现实的问题,难道我们连一种带有理想追求的美梦都不能做吗?

原载 2003 年 12 月 5 号《文汇读书周报》

有没有"科学人类学"?

□ 江晓原　■ 刘　兵

□ 人类学（anthropology），一个历史不长的学科，最初是和殖民主义和传教士的活动联系在一起的，所以通常一说到人类学，人们首先联想起来的都是对太平洋小岛上原始民族的调查之类。这种活动后来有了相当完备的一套理论和方法。然而，人类学的理论和方法，如今已越来越多地被应用到别的领域。本书作者将人类学方法应用于一个高能物理实验室，这就得到了非常新颖的结果。在科学知识的成长过程中，"人"的主观因素究竟起了多大的作用？科学知识真的是所谓的"社会建构"的吗？要思考这类问题，本书是一个有价值的个案。不过，本书作者在这类问题上的观点好像并不很激进，而是试图尽量做持平之论？

■ 其实，现在无论就一般历史学而言，还是特定地就科学史而言，应用人类学的方法已经是一个很值得注意的发展趋势了。早在多年前，美国的中国科学史研究权威席文就力倡"跨越边界"，而在他所倡导的跨越中，就包括了对于在科学史和人类学之间的边界的跨越。后来，果然也有了一些把人类学方法应用于科学史的具体研究，甚至是应用于中国科学技术史的具体研究。

其实就人类学自身的发展来说，由于可供研究的那些"未开化"的、非主流的原始社会正变得越来越少,早就已经有人开始把人类学的研究方法用于研究当代的主流社会,不过,这种研究与历史研究还有些不同。而在科学社会学领域中,像拉图尔那样开创性地把文化人类学的方法用到对科学实验室的观察和研究中,也曾得出了极为令人惊异的结论,并成为经典之作。像这样的例子当然还有一些。而一些人类学家自身,也曾尝试把目光投向历史。因此,在这样的背景下,将人类学方法用于科学史研究,也就不是什么令人惊奇的事了吧。

□ 人类学著作最初给我的印象,似乎是以观察、描述、记录等形式为主,当然观察什么、描述什么、记录什么是有选择的,这种选择也就是有理论在起作用。就我个人目前的兴趣来说,我对《物理与人理——对高能物理学家社区的人类学考察》*中描述物理学家的人际关系、物理学知识"产生"的过程等等问题比较感兴趣,可惜作者的主要兴趣好像不在这些方面。

这使我想起一个问题:人类学家进行上述选择时,究竟能不能保证其合理性呢?选择时有没有某种刚性而且明确可操作的规则呢?人类学毕竟不是精密科学。

退而求其次,我对书中"博士后物理学家"一节发生了兴趣。这一节给我的印象,似乎博士后在小组里的地位还不如研究生。"他们经常有这样的感觉:他们的作品常被研究小组急切而贪心地拿去使用,却很少得到感谢或好评。做研究生时出

---

* 《物理与人理——对高能物理学家社区的人类学考察》,[美]沙伦·特拉维克著,刘珺珺等译,上海科技教育出版社,2003年6月第1版,定价:17.50元。

有没有"科学人类学"?

色完成同样任务所能得到的认可,他们不能再有了。"书中对这类细节的注意,还是很有人类学色彩的。

■ 当把人类学方法用于科学史的研究时,至少可以有这样三个方面影响:

其一,是人类学观念的影响,因为按照一般的人类学观念,通常是对于"异文化"的存在及其合理性的承认,并在这种前提下,努力去了解那些异文化。当用于科学史的研究时,一些原来不主流科学史范畴中的东西,也就自然地进入了视野,这与科学史研究对科学(当然也包括技术和医学等)在文化上的多元性的认可是一致的,也是对传统的一元科学的一种消解,是一种对于人类文化多元性的认可。

其二,与第一条相关,它与像后殖民主义等思潮也是一致的,是有利于科学史学科的发展和视野的拓展。它无疑也极大地拓展了研究领域和对象,把一些原来不属于传统科学史研究的对象(如按照严格正统观念会被归非科学或伪科学的内容因而不予研究的对象)。

其三,是研究方法上的影响,它无疑极大地拓展了科学史研究的方法。除此之后,一些人类学家出于自身的兴趣,也开始写出一些很有影响,也很有特色的另类科学史著作(如最近由商务印书馆出版的《玻璃的世界》),在那些著作中,也明显地渗透着来自人类学领域的极具启发性的、与我们通常见的科学史著作中迥然不同的有趣见解。

□ 你说的上述三点,我都非常赞成。另外,此书虽然标举"人类学考察",其实有很强的科学社会学色彩,这正好表明两者是有密切关系的。一个类似的例子，是我多年前的《天学真原》，如今被列为在"社会学纲领"下成功的科学史著作，而实际上人类学理论中"功能学派"对我写此书有很大影响。人类学的某些方法或理论，被人们移用到和科学有关的事物上时，似乎就很容易出现科学社会学的色彩。这种现象背后，是不是有着某种有趣的联系？

■ 当然可以这样说。不过，当人类学方法被用于科学史的研究时，所能体现出来的，似乎并不仅仅是科学社会学的色彩。我觉得，它甚至可以拓展我们对于科学的理解。以往我们研究科学和历史，往往是采用主流的定义，这样就把那些非主流的东西排斥在外，而人类学的视角，恰恰可以在这方面起到一种解毒剂的作用。从外文的文献看，这样的研究已经有了许多，如前几年美国学者对中国古代民居的研究就立足于突破，其实只是在很晚近才出现的技术的现代定义，而把技术概念大大地拓展了，并同时强调意识形态和文化的功能。国内目前也有人在此方向上努力。不过我觉得，应用人类学的方法于科学史，不应只局限于像田野调查这样的技术性的方法，更重要的，还是一种思想观念的突破。

原载 2004 年 1 月 2 号《文汇读书周报》

哥本哈根：1941年之谜

——关于科学历史剧《哥本哈根》*

□ 江晓原　■ 刘　兵

□ 按照我喜欢用的一个比喻，有一类历史谜案属于智力操练项目——不必指望得到一言九鼎的公认结论，但可以让人不断来尝试解谜，也就是说，可以让人不断用它来操练。我甚至认为，谁要是真正将这类谜案中的某一个搞出了一言九鼎的公认结论，反而是煞风景之事，因为那样就"杀死"了这个谜案，使后人少了一个智力操练项目。

那么，1941年，当世著名的物理学家海森堡和玻尔两人在哥本哈根的那次秘密会谈，就是一个这样的谜案。英国人迈克尔·弗雷恩（M. Frayn）就可以说是参与解谜操练的人之一，不过他参与的方式比较与众不同。通常的参与方式，是发表学术论文或出版学术著作，来讨论这类谜案，而弗雷恩的方式却是撰写一个剧本，即著名的科学历史剧《哥本哈根》。而且这个剧本在世界各地许多地方曾经上演，这些地方包括北京和上海，也算与中国颇有渊源了。

■ 当然，如果从解谜的角度来看待此事，也未尝不可。

---

* 《哥本哈根——海森堡与玻尔的一次会面》，[英] 迈克尔·弗雷恩著，戈革译，上海科学技术出版社，2004年1月第1版，定价：10元。

不过我倒是有点怀疑弗雷恩撰写此剧的内心动机是否主要是为了尝试解开此谜。或者，我们是不是可以设想，他撰写此剧本更是为了以戏剧的形式来探讨一些他所关心的与科学相关的问题，而剧情的依据，只不过是表达他的这些观念的一种载体而已。相应地，此剧在国外曾引起过不小的轰动，在北京上演时也反响甚好。观众之所以喜欢此剧，倒也不一定只是为了再次体验解谜的愉悦（其实绝大多数观众可能在此之前完全不知科学史上有此悬案），而只是在作者编写的剧情以及在此剧情中所表达的思想、观念和情感中，在演员对此的演绎中，去做一次艺术的欣赏而已。

不过，必须承认，这只是一部或许可以称为历史剧的戏剧，它显然不等同于历史，但也绝不等同于现在电视屏幕上所充斥着的各类对历史的"戏说"。也曾有人对其历史真实性等问题提出过质疑和批评，但其实那本是无关紧要的。戏剧就是戏剧，在一定限度内，戏剧（哪怕是历史剧）当然不必完全等同于严肃的，甚至是学究式的历史，如果真的把戏剧搞成了后者，恐怕也就不会有人到剧场来看戏了。

具体到《哥本哈根》这部戏，与众不同点，在于它涉及了科学、科学史、科学家、科学与社会关系、科学家的社会责任感和伦理困境，当然也涉及了人性，只不过是把这一切放在海森堡与玻尔在历史上的那次会面的背景中去体现罢了。

□ 即使作者本意不在解谜，但有此谜在，还是会让这出戏更受某些特定群体的关注。比如说科学史界，大家通常不会认为某个戏剧是和科学史这个行当有直接关系的事件，但是

哥本哈根：1941年之谜

《哥本哈根》就不同了，科学史界将它看成一个和自己直接有关的事件。

另一方面，剧本后面的"后记"和"后记补遗"占据了58页的篇幅——是剧本正文的百分之六十还不止。从其中的内容看，剧本作者弗雷恩对于"解谜"显然不无兴趣。为此他阅读了关于剧中三个角色——玻尔、玻尔夫人马格丽特、海森堡——的大量文献，使他自己成为一个对于量子力学的发展史、盟国和纳粹德国之间在制造原子弹方面的竞赛、"二战"时德国物理学家是否与纳粹当局合作等问题都有相当深入了解的人。我相信在这些问题上，弗雷恩了解的情况要超过一般的科学史研究者——除非这个研究者是专门研究上述这些问题的专家，而且自己是学物理学出身的。

■ 你说的是有道理，但我还是坚持认为，一部戏剧即使有其专业上的背景，仍然需要唤起专业之外的普通观众的欣赏热情，才能够说是取得了成功。而且，在这种唤起中，一些问题即使仍然有着与某个专业领域密不可分的联系，也仍然是有着某种人类的普遍性。例如说，此剧通过具体的情节，以及主人公的交谈与反思，一直在向观众提出的一个很难给出简单答案的难题：即使在战争中，科学家为了本国的利益而研制像原子弹这样的大规模杀人武器，在一般的道义上以及在个人的选择上，是否就是合理的？

这里其实已经涉及科学及其社会应用的伦理学问题。我们前面曾说过，此剧在国外国内都曾产生不小的影响，但相比之下，国内对此剧的接受似乎还是相对要小众些。在这方面，也许可以从一般观众的知识背景和相应关心和思考问题的差异有关。其实，这部戏对于观众最重要的、最基本的背景知识要求，应该说是有关二次大战，以及在二次大战中原子弹被研制出来并被使用的历史。如果对于这段历史及其有关的争议没有通过教育和其他传播途径成为普通公众的一种知识背景，那绝对会影响到观众对此戏的接受与理解。但我们知道，这种知识背景，也与社会上有关如何发展和利用科学与技术的讨论的普及是密切相关的。

□ 在这方面，我们的情形显然要落后得多。以往我们对这方面的思考，通常都是刻意回避的，即使被允许有一点，通常也都流于简单化。

海森堡积极与纳粹当局合作，甚至向玻尔等人表示，物理学家应该积极与纳粹当局合作，以证明自己是"有用的"。他这样做是因为他相信纳粹德国的胜利是指日可待的。虽然他在量子力学上有伟大贡献，但是他在政治上的失足，成为事后难以交代的事情。

■ 你所讲的，依然是历史，以及如何对历史人物做评价的问题。不过，我想绝大部分观众在看了这部虽然也会涉及如何评价海森堡的问题历史剧后，留下更为深刻印象，思考更多而且更有心灵冲击力，也许倒还不是对海森堡如何进行具体评价的问题——毕竟那应该由更有专业知识背景的历史学家来做，而是贯穿于此剧所反映的事件之中更为深刻的科研、国家、民族、正义与伦理的冲突。

比如说，在我们这里进行科学教学的课堂上，或者甚至科学史的课堂上，教师会不会抽出一定时间认真地讨论像此剧中所涉及的与科学研究应用和伦理相关问题呢？当我们只是一味地强调科研中的人"创新"和竞争时，是不是在一定程度上忽略了对这些创新的结果可能会带来的社会问题，以及科研人员是否应该从事某种研究的伦理思考呢？

　　当然，在此剧中，由于二次大战和原子弹的背景，将主人公置于尖锐的矛盾冲突之中，使人比较容易意识到问题的严重。其实在更多的场合，在许多科学研究还没有明确地显示出像原子弹那样给人类以威胁前景的情况下，科学家们对其研究的问题与在以后可能的应用也许会带来的问题，并非都会非常自觉地思考其伦理学寓意，并非都会鲜明地表现出其本应具有的社会责任感。在这两种极端情形之间，像转基因、克隆人等相关生物技术应该如何发展的争论中，那种认为只要能出科研成果便可不顾其应用之潜在风险的声音，不正是一些科学家缺乏有关的人文伦理意识的一种表现吗？

　　□　关于原子弹的问题，很难处理：本来，科学家应不应该帮助政治家研制大规模杀人武器，这是一个伦理问题，这个伦理问题是可以有普世意义的，比如，爱因斯坦晚年就号召世界各国政府放弃核武器。但是，当人们发现敌对的政治力量已经开始研制这样的武器时，"我们要抢在敌人前面造出来"就成为一个正义的要求，这时有普世意义的伦理观念就会改变，或者自动退场。因为当纳粹德国已经在研制原子弹时，谁再对盟国政府主张"不要研制大规模杀人武器"，就会在道德上成为罪人。所以当年爱因斯坦也是主张美国尽快研制原子弹的。科学家的"人文伦理意识"，在这种场合恐怕也就会无能为力了吧？

当代科学争议

至于作为物理学家的海森堡,应不应该和纳粹当局合作,这仍然是一个具有普世意义的问题,尽管不同的答案也可以各有自己的理由。要求当时德国的科学家公然拒绝与自己祖国的政治当局合作,毕竟也不是一件容易的事情。

■ 你说的虽然也是一种道理,但更根本的道理也许在于,为什么会有原子弹。当原子弹被研制出来后,也许人们就只好按照你讲的办法去行事了,但那毕竟是一种无可奈何的办法,当地球上人们只能生活在可以将地球本身毁灭几十次数量的核武器的潜在威胁下时,人们自然会想到,倘若这个世界上根本就没有原子弹会有多好。否则,也就不会有如此耗费人力物力而且如此艰难的核裁军和尽量销毁核武器之类的努力了。而这一切的源头,却是可以追溯到对于原子核的物理学研究。因而,难道这不正是科学研究在结果上可能带来负面效应的一个最有力的例证吗?近来,居然有人在网上写文章,说什么"科学是双刃剑"的说法"完全是建立在谎言的基础之上",说什么科学的负面效应是被"捏造"出来的,在原子弹的事例面前,人们看见了什么"谎言"和"捏造"?至于那种到现在还理直气壮地讲什么原子的使用大大减少了"二战"期间日本人民的伤亡之类做法,恐怕也难得到日本人民的认可吧,更不用说其背后在伦理上的残忍。

世界上的政治冲突、民族冲突乃至战争,确实有很复杂的背景和原因,不是一两句话可以分析得清楚的,但在另一方面,我们却可以清楚地看到,那些"二战"中在美国因为参加原子弹研制而事后痛心反省并投身反战的和平事业的那些科学家们,不正是在很大程度上因为认识到正是经他们自己的手

哥本哈根：1941年之谜

才为这些冲突提供了更有效的杀人手段吗？可见，原子弹的案例是非常典型而且令人反省的，在西方国家，也正是在这种长期、普遍的反省的传播背景下，才会使得《哥本哈根》一剧引起如此反响吧。

原载 2004 年 5 月 12 日《文汇读书周报》

看科学家如何看科学

□ 江晓原　■ 刘　兵

□ 如何看待科学,在这个问题上,中国和西方的科学家可能是有很大不同的。这本《怎样当一名科学家——科学研究中的负责行为》*中译本已经出版了一段时间,还引发了不少争论。我因为向来对于这类争论不感兴趣,所以也没有太关心。最近阅读此书,发现它的附录非常有价值,值得讨论一番。

本书附录了两个文献:附录1是《1999年世界科学大会(WCS)文献选编》,附录2是《中国科学院院士科学道德自律准则》。而附录1的篇幅几乎占了全书的一半,其重要性至少在出版者看来是不言而喻的。

我得到的印象是,这个附录中的某些观点,其实已经被我们的高级科学官员接受,至少是愿意考虑了。前些时间,科技部长徐冠华,中国科学院院长路甬祥,他们公开发表的讲话中,都有与这一文献相一致的观点,不知你是否注意到了?

■ 是的,我早就注意到了你说的这个问题。不过,你提出的这个问题还可以再细分析一下,即其中"某些观点"已为"我们的高级科学官员""接受"或"至少愿意考虑"。对此,我

---

* 《怎样当一名科学家——科学研究中的负责行为》,[美]科学、工程与公共政策委员会编,刘华杰译,北京理工大学出版社,2004年1月第1版,定价:18元。

们可以说，在中国现有的体制下，高级科学官员接受了这种代表了国际科学界主流观点这件事，是很有意义的，尽管也本应该是正常的。但与之形成对比的是，我们国内的科学家共同体，对于类似观点的张扬却不那么明显，而一些号称代表科学家群体的人，却在大力地抨击着其中的一些观点，并力图把他们自己那些与这种国际主流看法不同的观点，说成是真正代表了科学界的观点，其做法给人一种逆历史潮流而动的感觉。随之而来的问题就是，我们国内广大科学家对这些已为高级科学官员接受的观点又持何态度？更为广大的公众呢？在我们的科学文化传播领域中又是否已经充分地体现出了这些观点呢？

□ 我的看法可能要比你乐观一些。

比如《科学和利用科学知识宣言》第39款说："从事科学研究和利用从中所获得的知识，目的应当始终是为人类谋幸福，其中包括减少贫困、尊重人的尊严和权利、保护全球环境，并充分考虑我们对当代人和子孙后代所担负的责任。有关各方均应对这些重要原则做出新的承诺。"像这样的观点，我觉得在我们当下的科学文化传播领域中已经不时可见——当然和"充分体现"还是有一些距离。

至于有少数"号称代表科学家群体的人"，确实发表一些保守、荒谬甚至恶意的言论，但这些言论基本上只出现在无须负任何责任的网站上（比如自己个人的网站上），在严肃的平面媒体上，其实并没有多少市场。

我们国内的广大科学家，对待这些已为高级科学官员接受的观点的态度，我推测应该是接受的人非常多——如果他们曾经注意到或有机会接触到这些观点的话。但是我担心可能很

当代科学争议

多国内科学家不一定会去关心这些事情，因为像"世界科学大会（WCS）文献"这类东西，在我们这里通常会被认为是很"虚"的，而中国人总是强调"务实"。

■ 这正是很关键的一点。因为就科学文化传播来说，至少在专业的科学文化传播工作者还几乎没有，或者说人数极少的情况下，科学家阵营本应在这方面起到很大的作用。而且，对于公众来说，科学家们的观点，也经常会更有影响力。如果科学家共同体对这些先进的有关科学与利用科学的看法不感兴趣，没有了解，那肯定会极大地影响到公众对此问题的认识。

由此似乎可以说，对于像《科学和利用科学知识宣言》中的观点，我们既要向广大公众传播，与此同时，也更要向广大的科学家们传播。尽管后者在中国现实情况下，可能由于对"虚"的问题不感兴趣，再加上目前体制所要求的相当极端的"务实"（比如只是追求成果的数量，追求经济的效益等），会对于这些问题持有一种很淡漠的态度。但实际上，我们会看到，《科学和利用科学知识宣言》实际上正是国际上的科学家群体们提出的，其中的许多观点与科学史、科学哲学、科学社会学中的当下的主流观点是很一致的。这似乎也说明，在这些领域中的观点，至少在国际的意义上，对科学家阵营来说并不是没有影响的。

另外一点值得注意的是，在中国传统的科普领域中，由于过分注重对具体科学知识传播，再加上比较传统的科学观，也很少传播类似的观点，因而，这也从另一个方面更说明了在某些方面与传统科普有所差别的科学文化传播工作的重要性。

看科学家如何看科学

□ 这么说来，西方的科学家群体恐怕比我们这边要超前一些，或者说，他们已经有了更多的人文关怀——《1999年世界科学大会（WCS）文献选编》基本上就是一个这样的人文关怀的标本。这些文献表明，西方科学家群体已经开始关心这样一些事情：他们自己所掌握、所探索的知识，到底对人类的幸福起着或将要起着什么作用？

正是这种关心，促使他们提出："敦促科学界、各国政府和各有关机构保证无条件地尊重社会和人的尊严。科学家应当遵从基本的社会和道德义务，始终恪守尊严、平等和尊重个人及反对无知、偏见与剥削人等民主原则。"（《科学议程——行动框架的解释性说明》第30款）

联想到当年某些西方科学家与纳粹德国当局合作的历史，以及当代大量欧美科幻影片中对未来独裁者利用高科技统治和管制人类的前景想象，上面这段话之有所指，就很容易理解了——他们始终担心科学知识被坏人利用所带来的巨大灾难。

■ 在《科学和利用科学知识宣言》中，还涉及了"现代科学与其他知识体系"的问题。认为"现代科学不是唯一的知识，应在这种知识与其他知识体系和途径之间建立更密切的联系，以使它们相得益彰"。这也是一个很重要问题，我们在一些西方近期重要的基础教育改革文献中，也会看到类似的说法，即我们应对那些在西方近代主流科学之外的其他"科学"知识体系，也予以一定的承认和重视。

其实，这也是一种宽容和多元的观点，在这种观点下，不容易形成强科学主义，也不会把许多我们还并不太明白的知识过分轻率地抛弃或斥为伪科学或反科学，而是作为人类多元认识中的成员来审慎地看待。

　　扯开些说，这样的倾向，与那种反对或者说不强求一元真理的观念，与那些认可多元文化的价值的取向，与像后殖民主义中的那种否认西方近代主流科学是唯一正确、唯一可让人接受、唯一值得学习的倾向，与科学哲学、科学史和科学社会学中许多前沿的观念（这些观念之间是确有很多相通之处和共同倾向的），也都是相当一致的。而这些，在我们传统的"主流"科普中，不也正是缺少的，因而也正迫切需要补充的吗？要知道，这可不仅仅是来自"少数"研究科学的人文学者的"偏见"，而是来自权威科学家阵营的正式宣言！

　　你看，这些科学家们也用了"宣言"这两个字，不过好像也没惹出什么麻烦。

原载 2004 年 8 月 6 日《文汇读书周报》

与国际接轨：科学的社会研究

——《科学技术论手册》*

□ 江晓原　■ 刘　兵

□ 由42位致力于科学的社会研究的西方学者撰写的《科学技术论手册》(Handbook of Science and Technology Studies)，是一本内容丰富的书。这些内容，根据有些人士的说法，"就是西方世界的自然辩证法"，因而可以给国内那些为了自然辩证法（现在的正式名称是"科学技术哲学"）的学科地位和生存前景而忧心忡忡的人士以"极大的安慰"。对这样有趣的说法，吾兄有何高见？

■ 我不完全同意这种说法。因为，这种说法只注意到了表面上的相似性，而忽略了在表面上相似性背后深刻的差异。实际上，自然辩证法究竟是什么，在学科的意义上，在研究领域的意义上，以及（用吴国盛早年的说法）在社会活动的意义上，都是有着鲜明的中国特色的。而这本《科学技术论手册》，讨论的其实是STS，通常被译为"科学技术与社会"，而且，是那种后期的，有时被译为"科学元勘"或"科学技术元勘"的领域，在译法上，近年来也有人提议译为"科学技术学"，有支持者，也有反对者。此书将它译成"科学技术论"，

---

* 《科学技术论手册》，[美]希拉·贾撒诺夫等编，盛晓明等译，北京理工大学出版社，2004年9月第1版，定价：78元。

应该是一种折中的译法。但这些译法也都还有问题。像"元勘"之类的译法,虽然生僻,但至少能提示人们这是一个全新的领域。

除了在译名上反映出来的问题,还有研究的实质,这种实质并不只是说表面上论题的相似,确实,在表面上,此书中涉及的一些题目仿佛与我们传统的"自然辩证法"或现在的"科学技术哲学"(其实这个称呼的变化已经给研究内容带来了很大的改变)相似,但在实质上,我们不能忽视一个最根本的差别,即此书中所讲的STS,正像该书第一章关于回顾与展望的总论中反复提到的,核心的精神是一种批判的态度(此书有时译为"批判主义",应该是不太好的译法)。

□ 不过,STS的名称,在国内不是也已经有很多年了吗?而且,许多大学设有"科学、技术与社会"研究所或研究中心之类的机构——通常是从原先的"自然辩证法教研室"发展而来的。一些"科学技术哲学"专业的硕士点或博士点,通常也设立在这类机构中。这些机构不是也经常讲论STS的学问的吗?

■ 虽然STS从名称的意义上被引入国内也有些年了,但在根本倾向上,却与国外的STS(这里还不是说science, technology and society,而是指science and technology studies)有着本质性的差别。例如,我们可以引用此书总论中的几句话:"这一批判性的视点向萦绕着科学的那种'显然而又确然之真理的光环'提出了挑战。这样一来,它不仅受到持有政治承诺的人的非难,同时也遭到一些颇有影响力的科学家团体的

与国际接轨：科学的社会研究

攻击，他们把它说成是一幅荒谬不堪的图景，并且很有可能降低（因而有必要维系）公众对科学活动的信心。"而在提到任何一个 STS 的研究者可资利用的技术分析技巧时，则涉及"政治和文本的（修辞的和话语的）分析"，以及"'批判的'和'政治的'目标分析"等。就此而言，这不正是一些传统自然辩证法的捍卫者们坚决反对的立场、倾向和方法吗？如此，怎么能和国内的自然辩证法画等号呢？

□　你的这番分析我完全同意。不过，虽然不能画等号，从更高的层次上来看，你说的两种对立的观点，仍是同一领域中的分歧。对于国内的研究者来说，这一点也许正是此书的重要价值所在。现在不是到处讲"与国际接轨"吗？科学技术哲学（自然辩证法）如果要和国际接轨，至少也应该了解国外学术界与此相关的思考和成果，对此这本书就是非常有用的了。再说，将某一个学科附加上强烈意识形态色彩的做法，也已经和"与时俱进"的要求格格不入了。

■　那就要看我们如何发展一个学科了。因为，一个表面上相似的领域如果在基本倾向上有着本质差异，其实很难被视为是同一的东西。不过，毕竟还是有这样的可能性，即依然是在很大程度上在我们传统的自然辩证法研究的人员中，发展起来像这本《科学技术论手册》中那样的研究。而且，也有一些类似的"证据"可以类比：现在仍然作为研究生公共课的"自然辩证法"中教授的内容，与现在"科学技术哲学"研究者们实际研究的内容已经有了很大的差别。在这种意义上，是可以有你说的那种"与国际接轨"的可能性的，只是我们应该意识到这种接轨由于在基础倾向上与传统的差别,还是有巨大困难的,而且,需要更多的新一代研究者的进入。

至于你讲的意识形态色彩的问题,我觉得,其实不要说这种对科学技术人文研究,就连科学技术发展本身,按照现在的一些观点,也经常是无可避免地要受其影响的。只是《科学技术论手册》中的那种意识形态色彩与我们以往的相比,彼此间又是很不一样的。

□ 《科学技术论手册》中对中国的情况也有所注意,在"欠发达国家的科学技术"一章中,谈到中国的自然辩证法,有这样的描述:"这个领域开始于20世纪30年代对恩格斯著作的翻译。这个领域主要被科学家占据着。它一直被哲学问题、苏联的影响以及20世纪以前的文献所把持着,这种状况直到'文化大革命'结束时才告一段落。……新的专业协会和博士课程得以建立。自然辩证法现在成为3000多位专业人员的保护伞,他们从事的是科技史、科技哲学、科技社会学以及科技政策的研究。"这段描述倒也与我们的实际情况有些吻合呢。

不过,《科学技术论手册》这一章对于欠发达国家的科学技术一味追求"与国际接轨"的倾向,似乎有所保留。作者认为,"欠发达国家接受西化的科学和西方的组织形式虽然有助于提高可比性和兼容性,但却无助于解决当地的问题。……发展道路具有历史偶然性,不要去寻找一种普遍的发展模式。"这一见解值得我们注意。

■ 这涉及欠发达国家发展学术所面对的一个比较有普遍

性的问题。确实,我们经常面临着要"与国际接轨"的压力,不过,重要的是在学术规范上的接轨,而不是亦步亦趋地追在人家屁股后面。不单科学技术的发展如此,对以科学技术为对象的研究也是如此,对于一般的人文社会科学的研究更是如此。也就是要发展真正有我们自己特色的东西,才与那种理论的多元性目标相一致。但是我们要有自己的发展,一个不容回避的必要条件,是对人家已有成果不能视而不见。《科学技术论手册》这样重要的参考著作的出版,可以视为提供这一条件的具体步骤。

原载 2004 年 11 月 5 日《文汇读书周报》

困境因何而生？
——谈《诺贝尔的囚徒》*

□ 江晓原　■ 刘　兵

□ 刘兵兄，大部分时间我们都在谈论所谓的"学术著作"，也许你已经有了腻味的感觉？这次你提议来谈一本小说，真是大得我心。

一个号称"人工避孕药之父"的著名美国化学教授，晚年告别科学研究生涯，开始游戏文学（据说是为了追求后来成为他第三任太太的女文学家），写了一部号称"学术生态小说"的畅销书，仅这些背景就足以引起读者的注意。

小说原名 Cantor's Dilemma，直译是《康托的困境》，但是中译本打算定名为《诺贝尔的囚徒》，也许是为了利用诺贝尔奖这个概念的知名度，因为小说讲的就是关于获得诺贝尔奖的故事，但这样改名很可能得不偿失。

小说主人公康托所遇到的困境（为了获取学术荣誉，他与同行钩心斗角，甚至在违规、作假的边缘行走），实际上是今天千千万万科学家都可能遇到的，尽管程度上肯定各不相同。所以随着这部小说的畅销和流行，"康托的困境"很可能成为一个流行的典故，一个对科学家普遍遇到的这类问题的文学表达。但是改名之后，大大削弱了原书名的普遍意义，变得似乎

---

* 《诺贝尔的囚徒》，[美] 卡尔·杰拉西著，黄群译，百花文艺出版社，2004 年 10 月第 1 版，定价：25 元。

困境因何而生？

只和诺贝尔奖有关了；而且"囚徒"一词也容易带来误导。

■ 我觉得我倒是能理解出版者的苦心，即打上诺贝尔的牌号，书也许会更好卖些，此书也确实与诺贝尔相关。当然，你讲的得不偿失，也不是没有道理。不过，毕竟我们还是以内容为重吧。

此书我用了两个晚上读完，觉得如果从情节上讲，它是一部较为可读的小说——当然较为可读的小说是有许多的，但如果从主题和立意等方面来讲，由于有了科学家的工作和生活作为背景，又将现实中科学界的种种现象与问题以小说的形式来表现，则对于你、我以及许多关心科学界的事情或身在科学界的人来说，此书另有一种特殊的吸引力。

相应地，我提出一个问题，想听听你的看法：此书会吸引哪些读者，以及在理想中，你认为哪些人应该读读它，而且会有所收获呢？

□ 我认为此书会吸引不少科学技术工作者和研究者，看看国外同行是怎么过的；至于你我这种对科学与人文的关系有特殊兴趣的"一小撮人"，当然也会很有兴趣来读它——我们今天来谈论它，这一事实本身就说明了这一点，不过这可能没有什么普遍意义。

谁应该读此书并有所获益？我认为，对于国内刚刚进入科学领域的年轻人，比如研究生来说，此书会使他们有所获益，因为如今国内学术领域的生态，至少在东部经济发达地区，其实已经和国外相差无几了。就年轻人来说，进入科学领域之后不久，对于自己所在的学术生态环境就会有一个比较真实的了解，但对这些表面现象背后的运作机制和驱动力量，往往还要等到进入较高层的圈子之后才有机会逐渐领悟。而阅读此书,可以"快速入门"——就仿佛听一个过来之人现身说法。

■ 对于你有关获益者的说法,我非常同意。对于那些有志于在学成之后从事科学研究的学生们,甚至对于那些在学习过程中就已经进入实际研究工作的学生们,更早一些熟悉这些科学界的"潜规则"又是十分重要的。只是我们长期以来缺少这样的教育。正因为如此,像这样的小说,反而倒起到了某种"科学规范"教材的作用。

不过,我想是不是还可以补充另外一些可以从中获益的读者,即那些对了解科学家和科学界有兴趣的普通公众。在西方,近似(实际上也不那么"近似"而且有着相当的差异)我们所谓"科普"的领域,就是以公众理解科学为名。但理解科学,并不仅仅意味着了解科学的知识,更包括对于科学的产生和生产等内容的理解。没有科学家,当然就没有科学。不了解科学家,也谈不上理解科学。因此,我想,通过像这样的小说,应该是能够起到让公众认识真实的(尽管小说的内容情节是虚构的但在更高的意义上却相当真实)科学家的作用的。这样的科学家的形象,也与我们传统中树立的那种不真实的科学家形象大为不同。

□ 嘿嘿,你当心又被指责为"贬低科学家的形象"。许多人习惯的科学家形象是苦行僧式的,或者是只会工作不懂生活的弱智型的——他们认为这才是科学家的"崇高的"或"光辉的"形象,康托那样的人如何要得?

科学家在发达国家中的地位,或者说在那里的民众心目中的地位,恐怕和我们这里颇有不同。我们从理论上给科学家以"崇

困境因何而生？

高的"地位，但实际上不一定真的如此，而"崇高的"就要更多的奉献、更少的索取，文艺作品中的科学家形象也经常是根据这个原则来塑造的，弄得很多人对科学家的职业生涯望而生畏，即使在口头上歌颂科学家几句，却绝不希望自己的孩子去当科学家。

现在中国的科学家当然也有已经富裕了的，不过那是很少数的幸运儿，而大量青年科学家或者说候补科学家，比如高校中的年轻教师，还是很清贫的，而且业绩考核、晋升职称之类的压力却很大。读读这部小说，恐怕也别有会心吧？

■ 我想，不仅仅是那些仍很清贫的年轻教师才需要读此小说，我前面讲的有一层意思就是，此书甚至可以作为某种理解科学界的实际运作状况（或者说"潜规则"）的辅助读物。这样讲，并不仅仅是对于科学家的"崇高形象"的"贬低"，而是实事求是地让人们理解作为人的科学家在科学研究中以及和科学研究相关联的生活中的行为方式。

我们记得那部由本来是科学家出身的齐曼写的《真科学》一书，本是以科学社会学的视角来分析科学界的规范，但又对于传统中过于理想化的规范给出了许多在实践中会有的修正的描述。不过，那毕竟还是理论性的著作，而这本小说，却是对于其中一些相关的对规则的遵守、违背和踩线行为给予一种生动的、形象化的描述。对于不是专门研究科学社会学的人（包括那些现在或未来的科学家），当然这样的描述当然会更容易接受。也正因为如此，恐怕这本小说才有其特殊的意义吧。

原载 2004 年 12 月 3 日《文汇读书周报》

后现代与科学：说不尽的故事

□ 江晓原　■ 刘　兵

□ 巧得很，刚要开始我们的对谈，突然收到我的一个博士生给我发来的电子邮件，说她"某次和一学哲学的人讨论问题，他张口闭口后现代，弄得我烦躁不安——因为我根本不知道后现代确切所指的是什么，而他充分意识到我的这个缺陷，并把其变成了打压我的重要手段。我曾要他好好给我解释一下后现代，结果他避而不谈"。这段话生动地反映了"后现代"概念的模糊和流行。如果这位同学读过这套丛书前面的总序和"汉译前言"，也许就不至于被"打压"了。

这套"后现代交锋丛书"*，选题新颖，短小精悍，确实颇有价值。虽然正文前金吾伦的序和王治河的"汉译前言"，就这套丛书每一本的篇幅而言显得很长，但这两篇都是认识"后现代"理论不可多得的入门文章，能够将许多人说得云山雾罩的那些关节，讲得非常清晰明快。

■ 在国内的人文学界，关于后现代问题的讨论、研究、引进等等，已经是非常普通的事了。然而，在与科学有关的研究领域，后现代的命运就远不那么幸运了，有关科学与后现代的书籍也非常少见。正因为如此，好几年前，美国人格里芬的

---

* "后现代交锋丛书"，北京大学出版社，2005年3月第1版。

后现代与科学：说不尽的故事

一本关于科学与后现代的译著曾风行一时。我也曾对之做过比较激进的评论，现在想来，其实说激进，只是因为看到那本书之影响巨大，而又未能充分代表对科学的后现代人文研究，所以才说了些不敬之词，其实，那本书也是后现代科学研究的重要著作。

相当时间以来，国内对于科学的后现代研究之所以不那么盛行，也许是因为后现代对科学的看法与我们传统的科学观有较大冲突有关。其实，后现代科学研究的主要任务之一，就是对现代科学的神圣性的解构。自然，这样的观念在科学主义盛行的环境中的传播会有很大困难和阻力。当然，现在情况还是有些改变的。像这套"后现代交锋丛书"的出版就是一例。而且，这套丛书的重要性还在于，它将本来主要限于学界的后现代研究，以相对普及的形式向范围更大的读者群进行传播。

□ 这套丛书每册的选题也别具手眼，比如《库恩与科学战》，库恩1962年出版的《科学革命的结构》一书，虽然篇幅不大，但在现代科学哲学的理论序列中，也可以算经典著作了，有20多种文字的版本，销售上百万册，是20世纪最有影响力的学术著作之一。而"科学战"（Science Wars），正式得名于1995年《社会文本》杂志一期专刊的名称，因为许多人认为，科学正在遭到来自"文化研究"的批评和攻击，需要起而应战，保卫科学。

先前人们很少将库恩和"科学战"联系在一起，但这套丛书就是喜欢做这样的新颖联系，比如丛书中还有《海德格尔、哈贝马斯与手机》《柏拉图与因特网》《艾柯与足球》等。相比之下，这本《库恩与科学战》已经算是非常中规中矩的了。理由是,"库恩揭开了潘多拉的盒子"——他给了逻辑经验论以致命的打击,他的科学观极大地破坏了传统的科学哲学,动摇了人们关于科学的传统图景,他的学说事实上启发了后来许多激进的观点(他本人想洗刷这种关系也无济于事),以至于被斥为"真理的叛逆"。当然,历史表明,正是这些叛逆有可能给我们带来新的真理——如果我们承认有真理的话。

■ 说起这套丛书,出版者将其大致分为科学和人文两类,不过,我倒觉得,在被分到人文类中,有几本倒与科学很有关系,如你提到的《海德格尔、哈贝马斯与手机》《柏拉图与因特网》等。而在被分到科学类的第一批七本书中,像《霍金与上帝的心智》以及《爱因斯坦与大科学的诞生》两本,后现代的味道到很淡。这也是很有意思的一个现象。

□ 你提到的《霍金与上帝的心智》和《爱因斯坦与大科学的诞生》两书,简直就是我们传统的"科普著作",讲的都是物理学,而且与后现代毫无关系——事实上,在《霍金与上帝的心智》一书的正文中,我没有看到一处有"后现代"字样。不过,作为科普著作,我觉得这两册都是相当不错的作品,把事情讲得简洁明了,让人读了有收获。但是放在这套丛书里,确实显得有点离题和不和谐。

■ 但尽管如此,我还是觉得,如果不谈这两个特例,从这套丛书中其他一些书的选题,或者说,直接从书的标题上,我还确实还是可以体味到某种后现代的意味的。例如像前面提到的《海德格尔、哈贝马斯与手机》和《柏拉图与因特网》,

后现代与科学:说不尽的故事

以及像《维特根斯坦与心理分析》《哈拉维与基因改良食品》和《麦克卢汉与虚拟实在》等。

开头你说到你的研究生的邮件,挺有意思的是,也在前两天,我与一位在国外大学中任教从事文化研究的中国学者谈话时,谈到学科和研究方法,那位学者说到,在西方国家,特别是在人文研究领域,几乎很难看到像我们这里精确的学科划分,甚至还要分成一级、二级学科等。他们那里,像传统的文学、哲学等,几乎并不是在做那种传统中学科意义上的研究,而更多的是用一种后现代的思维背景和方法,在对更多贴近现实社会的问题进行着跨学科的研究,于是,也就有了像 Cultural Studies,Science Studies 等这些在我们这里无法明确给出相应学科定位的东西。从这套丛书中一些书的论题来看,这种风格也是非常明显的,这也是一种后现代学术研究的典型方式吧。

□ 说句开玩笑的话,我们或许可以用"后现代"的观念来看待这套丛书本身——体例的不一致、内容的多样化甚至矛盾,是不是后现代作品中常见的现象?因为我们通常所习惯的情形,是一套丛书在体例上大体一致,各书的主题大体在同一方向,这样才显得比较"科学",而这种标准是不是"现代性"的体现呢?"后现代"是不是要和这种标准作对呢?

这其实又引导到科学是不是"万能"的问题上了。许多人虽然在嘴上或理性的层面表示"我从来也没有说过科学万能",但是遇事却总是自然而然地往规划、量化、统一等"科学"的思路上想,总是自然而然地拒绝宽容和多元,包括总想把工程技术的那套标准用到人文和科学基础理论研究的领域中来。而后现代的方法和风格，可能正是这种偏狭思维方式的解毒剂？

■ 关于后现代研究的意义，可以有多种不同的辩护，不过，就后现代与科学来说，虽然因为后现代立场对于正统科学之客观性和唯一性的消解而具有一种批判性，但与此同时，却因为视野的开阔和对于多元的认同，而具有一种包容和宽容。这后一种心态，对于一种更为人性的社会建构，对于更为人性的科学、技术及其理解和应用，应该是非常有益的。相比之下，那种唯我独尊的自大，却显得是那样的狭隘——这也是我的一位学生在学习相关课程后的感受。

原载 2005 年 5 月 6 日《文汇读书周报》

布尔迪厄：哲学家的科学观

□ 江晓原　■ 刘　兵

□ 布尔迪厄在解释为何将科学定为他在法兰西学院最后一年的专题讲座题目时说：这是因为"它如此严肃，我无法给出一个仅以辞令见长的回答"。他认为"今天的科学世界正面临着可怕的倒退的威胁"。不过，他当然不会为科学进行科学主义的辩护——事实上，他对于那些激进的反科学主义学说十分赞赏。不知道他讲座的听众都是些什么人，我猜想，应该主要不是科学家。让我们设想，如果他的听众中有某些人——比如前一次我们讨论过的霍尔顿，那布尔迪厄说不定会面临听众站起来怒斥他荒谬的局面呢。

■ 你说的情况确实是有可能的。在对科学的看法上，彼此间在基本立场上的不同甚至截然相反，不仅在一般人当中普遍存在，在专门以科学为研究对象的人文学者们当中，尤其是在（像霍尔顿那样）传统的学者和更为"新潮"的学者之间，更是存在着而且针锋相对着。不过，在以往对于"新潮"（这里之所以打引号，一方面是指其实就其产生的年代来或者从它们在西方的发展来说它们已经不应算是新潮了，而另一方面，则是指在我们这里还颇有新潮的意味）的科学社会学（其实严格地讲应该是科学知识社会学，即SSK了）的介绍中，虽然已经有诸多大家的著作被引进，但是像法国著名学者布尔迪厄这样的人物的著作,却还是首次被翻译成中文,而以往我们虽然经常会在不同的学术场合(包括在论文、会议等场合)看到听到他的大名,却往往是因为他有关其他问题的观点。

因而,这样一本书对于我们还说,即因为其主题的"新潮",也因为在其著者上的"新",是非常有意义的。

首先可以提到一个关于书名的问题。"科学之科学",在科学社会学界的习惯译法中,通常被译为"科学学",而"反观性",则通常被译为"反身性"。此书的这种译法,有些容易引起混淆,也许这是因为译者不是专门研究科学社会学的学者的缘故吧。

□ 很可能是这样。不过如果书名被译成《科学学与反身性》,我想倒还不如译成《科学之科学与反观性》*,因为有一阵子"科学学"的名声似乎不佳。

此书的翻译确实有你所说的问题,我发现了更严重的例子:正文第一章第三节的标题,译成"据说是强有力的规划",可是从内容看,谈的却是讨论科学知识社会学的人再熟悉不过的"强纲领"(Strong Programme,或 Hard Program),我不懂法文,也未见到法文原版,但是可以猜想,这一节的标题恐怕应该译成"所谓强纲领"。有时这种学术翻译,真的是专业第一,外语第二啊。更激进的说法是"专业第一,汉语第二,外语第三",我看也不无道理。

---

* 《科学之科学与反观性——法兰西学院专题讲座2000~2001学年》,〔法〕皮埃尔·布尔迪厄著,陈圣生等译,广西师范大学出版社,2006年4月第1版,定价:16元。

布尔迪厄：哲学家的科学观

■ 如果以这样的方式来挑译文的错误，恐怕我们这篇对谈就没有篇幅说别的问题了。所以，尽管译文上有些不专业，但总是比没有中译本要好些吧，毕竟我读不了法文原著，代价，只是在读此书时，要不时地想着标准的译法应是怎样。

那么，我们还是来谈谈此书的内容吧。这本书分为三部分，第一部分，是对于像建构论的科学社会学或科学知识社会学等已有成果的一种回顾。因为对这部分内容比较熟悉，因此，读来还是很有些亲切感的。而此书在作者以自己的观点（尤其是以其"场"或"场域"的概念为核心来）讨论科学的第二部分，和讨论社会科学的第三部分，读起来就很有些陌生感了。也许，这与我们对像布尔迪厄这样的法国学者的有关著作读得少很有些关系吧。但无论如何，在讨论中，作者所表现出来的对于科学的看法，在倾向上，却还是可以引起一些我们的共鸣的。不知你以为如何？

□ 这种共鸣我也很强烈，这当然和我们近年一直关心这方面的问题有关。不过，我倒是更感兴趣于布尔迪厄对"社会科学"（这应该是包括在本书书名中"科学"一词的含义中的）的看法。这主要集中在本书的第三部分。

在这一部分中，那些哲学概念、术语上的弯弯绕，难免有点使人眼花缭乱，况且还有术语翻译方面的问题。但是大体给我的印象是，布尔迪厄认为"社会科学"的社会建构比自然科学的社会建构更为严重——这当然是不难想象的。他说："社会科学是一种社会建筑的社会建筑"，在结语中他还说："各种社会科学的特殊性都强制性地要求他做出努力，以构建一种科学的真理，这一真理能把观察者的视角与行动者真实的实践视角整合为自在自足的、并且在绝对的幻想中自我证实的观点。"

联想到我们这里，也习惯于将"社会科学"尽量往"科学"上靠，这就恰好将"社会科学"送到布尔迪厄对着科学的枪口上去了。

■ 布尔迪厄这本书的书名强调反观性（即反身性），而他对于社会科学的讨论也涉及这点。其实，对此如果做学术性的争议，那还是大有可讨论的。不过，在这里似乎不必陷入这种学理的争论中去，而且问题也相当复杂。

值得注意的是，有一些人，在对我们的一些观点进行恶意批判时，总是愿意扯出社会科学的问题来，总是强调说我们认为社会科学不是科学。这里隐含的模糊不说，其实也经常是一种想象式的攻击。不过，在布尔迪厄对于社会科学的讨论中，确实是将社会科学与（自然）科学置于相当不同的地位，特别地强调其特殊性（当然也包括其问题）。而且，他却并没有像我们这里的一些人更愿意那样说到社会科学对什么科学方法的移植和借用。可是，还有一个值得注意的问题是，在他讨论社会科学部分的行文中，也经常是在不同的意义上使用"科学"这个词。

□ 确实是这样。其实布尔迪厄就是认为社会科学是对科学方法的移植和借用，也不会颠覆他的基本观点，因为既然对强纲领之类的反科学主义学说都那么欣赏，社会科学在他看来又是更为社会建构的，他当然不会对"在绝对的幻想中自我证实的观点"抱有不切实际的幻想——这种幻想倒是我们这里很多人一直抱着舍不得放下的。

布尔迪厄：哲学家的科学观

我读布尔迪厄这本书的另一个联想是，好像我们这里的哲学家（或者用我们习惯的表达方式是"哲学工作者"）通常都不去关心本书所论述的事情。即使是专搞西方哲学的，似乎也不关心这些问题（当然，介绍布尔迪厄学说的或许有之）。在如何看待科学这个问题上，他们中的许多人恐怕还处在刘华杰所说的"缺省配置"状态吧？

■ 你所说的国内哲学家对这类问题之不关心，可能会有许多原因。"缺省配置"当然是其中之一，但也还会有其他的原因，例如像对"客观性""真理"等本来需要仔细分析的概念不加分析的默认使用等。不过，对于那些真正研究像 SSK 之类问题的人，在真的弄懂了（或者在一定程度上弄懂了）相关理论研究的成果之后，不发生"缺省配置"的转变，那几乎是不可能的事。这里，倒也许有一个可用的判据。即，一个长期研究人文社会科学的人，而且是从事前沿工作的人，在接触到了那些真正有影响的对科学的最新人文研究工作之后，却毫不动摇地坚持强科学主义立场，那也许只能说，这样的研究者，还没真正入人文的门呢！

原载 2006 年 7 月 14 日《文汇读书周报》

创新与伪创新

□ 江晓原　■ 刘　兵

□ "创新"如今又变成一个时髦的词汇了，这本来没有什么不好。但是一种将"创新"庸俗化的趋势也正在形成。

今天在各种各样的申报、评审、推荐等的学术活动中，甚至在批改学生作业时，"创新"或"创新性"（也不管这个词汇颇为不通）都成为一个重要指标。通常事情到了这一步，庸俗化的过程就会开始——几乎人人、事事、处处都标榜自己是在"创新"。

创新难不难？先前不难，如今很难。

在亚里士多德的时代，人类的知识系统尚在草创阶段，筚路蓝缕，自然容易见功，所以才会出现像亚里士多德这样的全才人物。那时要想有所创新，用今天的标准来看，简直易如反掌。不幸的是从那以后已经过了两千多年，这两千多年间人类知识的产生及积累实在太快了，而且有着明显的加速度。到了今天再想在学术上有所创新，其难度实际上远远超出人们通常的想象。

我念大学是在南京大学天文系，一进学校，系里的老师就向我们灌输这样的观念：我们这十几个人是"名牌中的名牌，尖子里的尖子"，搞得我们飘飘然，就有点不知天高地厚了。有一天宿舍里的同学各言志向，其中一位说，"我也没有多大奢望，只是想在将来的教科书中，有一个以我的名字命名的公

创新与伪创新

式就行了"。当时大家感到他野心太大，他自己却觉得不算离谱。想想看，大大小小的数学物理公式，已经有了多少，他只是想再加进一个，可是如今几十年过去，他的志向当然未能实现。这个真实的故事，经常让我联想到创新何其难也。

■ 如果从这个词的使用上来说，我是对之有着很大的反感的，也许是某种偏见，我对那种用旧有概念本可理想地描述而又并没有带来什么不可替代的新意的那种"新概念"（也许这也是一种"创新"），一直没有什么好感。实际上，这个主要来自经济学领域中的概念，在国内被用在与科学相关的领域，如果就最开始科学院提出"知识创新工程"来说，那还可以算得上是一种创新，不过也还不是后来经常被人们使用的含义。再往后，到无论什么都要和"创新"连在一起时，对这个概念的使用就愈发显得庸俗化了。比如说，在科学研究中，从科学发展的历史来看，哪一步不是由于"创新"，可过去那么长时间，人们并没有专门用这个词来讲科学（尽管有相近的概念，如独创性等），科学就没有发展吗？当我们今天不断地用"创新"来描述、形容、规定甚至规划科学时，科学就真的更好更理想地发展和"创新"了吗？实际上，当人们只会用"创新"来解说一切时，这种做法本身就是极度缺乏创新性的突出表现。

不过说到"创新"问题，近些年来，除那些在日常研究中不断遇到的令人生厌而又几乎无意义的反复使用外，令我感触最深的事例之一，就是我们在指导研究作学位论文，包括从开题到答辩的整个过程中，不断地被"创新"概念所干扰，甚至破坏的情况。这里，我的用词可能有些激烈，但这个问题反复地遇到，实在是让人太有感慨了。具体说来，在学校里不知从什么时候开始,形成这样一种观念,在评价一篇硕士或博士论文时(姑且先不说本科生论文),总要问这样的问题:在这篇论文中有多少"创新点"?如果找不到所谓的"创新点",那论文自然就很难过关或被认为达不到要求。对此,我暂时不展开评论,想先听听你的看法。

□ 这就要涉及对"创新"的定义了。

一篇论文要求有所谓"创新点",从理论上说似乎没有错。但是在我们关于学术论文传统标准中,本来就包括类似的要求。通常,我们希望学生的论文中,在论题、材料、方法这三个方面的某一个或两个方面有新的东西;我们还对研究生建议,避免在上述三个方面同时搞新的东西——因为这样的话论文就很可能无法顺利被学术界接受。在我们原先习惯的语言中,这些被称为"新的东西""新意"之类,如果将这些用时髦的新词称为"创新",当然也无不可。

但问题在于,在人文学术研究中,我们对"新观点"的偏爱已经太久了。

举例来说,如果研究生用文化人类学的描述方法,处理了某个事物(比如《中国当代的民间改历运动》),这首先在论题上就是新的,在材料上也是新的——因为先前从来没有人研究过此事。然而这样的论文,很可能遭到你所说的"不断地被'创新'概念干扰,甚至破坏的情况",人们会认为这篇论文"没有创新点""没有新观点"等。我猜想,像《科学主义的惯性——对〈基因工程——美梦还是噩梦〉争论事件的反思》这样的论文,很可能也会遇到类似的质疑。这类论文中,可能没有人们所企盼的、由作者自己所表明的"新观点"——比如对

创新与伪创新

历法改革方案的观点,或是对基因工程利弊的观点。但是这种企盼本来就是不合理的。

■ 因为近些年来,我不断地遇到类似的问题,所以对此深有感触。我觉得,你刚讲的那种对于"创新"的要求是正常的,但走到极端,就会有问题了。比如我们可以设想,在无数多篇最后过关了并被认为具有"创新点"的学位论文中,随着时间的流逝,有多少这种所谓的"创新点"能够存留下来并具有真正的学术价值?其实,其中大多数不用很久,在刚被"创新"之后,就已经死亡或者说终结其寿命了,它们的意义只在于换取了某个学位而已。为了这样的目的,从教育的角度来说,学生们被训练成这样一种习惯或者认识,即"创新"就是为了与他人不同或某种目的而生拉硬扯出来的某些貌似"新颖"的一、二、三、四条"新观点",却不管这些观点究竟在学术上是否真正具有可以存留的价值。这实际上是在教初入学术领域的新手从一开始就学着做伪学问,其危害是不可估量的。

而且,在这样的标准下,那些具有在更广泛的意义下的创新,而且对于周边的学术发展真正有意义有影响的工作却会遇到麻烦,得不到认可。这里我说周边,是指具体的环境,例如,对于中国学术界的现实有意义的"创新",可能对于美国学术共同体的意义就不一样。

这里还可以举出一种比喻,除像你说的上面那个具体的例子外,有时还会有这样的情形,就像认为在文学领域,只有直接的小说、诗歌、散文等的创作还算是创新,而文学评论就不是一样,因为在那种观点中,人们会说,你并没有对文学的直接创新贡献,只是在对别人的东西说三道四,那算什么创新呢?

□ 我们现在实际上是极会赶时髦的,任何一个新的"提法"出现,大家就一窝蜂地将原先早就有的东西攀附到这个新的"提法"上去。如果仅仅是在修辞上借用一些时尚话语,比如"将……进行到底""都是……惹的祸""与……零距离"之类,我当然没有意见,甚至还挺欣赏。但是动不动将一些官式的"提法"也这样搞,不仅是将某种认真的事情庸俗化,毫无审美价值,而且确实有引导新手误入"伪学问"之途的危险。

这样说并非危言耸听,而是有至少两个层面的理由:

首先,是我们将"创新"当作一个包装所谓的"学术成果"的咒语,不管该成果实际上有无创新,先将这个咒语念诵若干遍,总有好处——这和以前经常念诵的"填补了……空白"的套话实际上是一样的。用惯了这种套话,学生就会以为,学术成果真的可以依靠这类套话"强行"包装而获得成功。

其次,是源于认识上的误区。前面我们举例说到,在那些使用文化人类学的描述方法的论文中,可能没有人们所企盼的、由作者自己所表明的、对描述对象本身进行判断的"新观点",而这种企盼本来就是不合理的。为什么这种企盼不合理?因为即使仅仅是对某些事物的观察和描述,也可以是有"创新性"的——如果以前没有人对这种事物做过观察和描述,那现在你做了,这就为后人进一步分析、研究提供了基础,这就为学术界提供了新的东西,这难道不就是创新吗?

至于对"新观点"的偏好,实属好大喜功——你以为提出

创新与伪创新

一个"新观点"很容易吗?想想我前面提到的大学同学的故事吧,其实许许多多所谓的"新观点",早就有人提出过了,只是我们读书不多,见闻不广而已。况且,观察是依赖于理论的,而你所依赖的理论,必然包括某些观点;你既使用这种理论,你实际上也就采纳了那些观点——所以你并非没有观点,只不过这只能是旧观点而已。

■ 在以前的教学中,我经常会让学生做一个想象中的"实验",即让他们放开想象力去设想,提出一个"新观点"或"新说法",无论多么荒谬都不要紧,只要是别人没有说过的。结果是,大家都会发现,要真正说出别人没有说过的话,实在是一件极难的事。何况,这还是没有要求什么学术、合理性、意义等的条件下。所以说,像我前面说的那种让学生在学位论文中强行地提出多少多少"新观点"来用作"创新点",无论是在学术规律还是在现实可能性上,都很难是有什么意义的。你说有时人们用"创新"来包装学术成果,那还算是好的,因为那还可以有些"情有可原"的理由(尽管实际上并非如此),但当把这种要求用在教育中,从一开始教给学生以这种"恶习",那简直就是不可宽恕的。

不过,让我由此想到的一个问题就是,究竟为什么在我们的教育体制中会形成这样的问题和习惯。为了有具体的理解,我来举一个实例吧。我的一个学生,我给她布置的论文题目,是对国外有关布鲁诺的经典研究进行一个编史学的考察与分析,并与国内情况进行对比。背景是,国内科学史著作中通常会把布鲁诺作为一个科学的殉道者来赞扬,而西方20世纪60年代的研究,就已经破除了这种"神话",我希望的是这样的研究，首先，能在国内最先系统地梳理国外的有关研究，将其成果介绍给国内学界，以期纠正长期的误解。当然，在这个研究过程中，会涉及国外有关研究产生的背景，国内的现状，国内外的比较，以及国内现实的各种思想、文化、观念、体制根源。这是一项典型的面对中国现实需要的科学编史学研究。我以为是很有意义的，但当我将它说与别人听时，有人就提出了这样的疑问，"在这样的工作中，你的学生自己的工作是什么呢？"言外之意，或者说潜台词，显然就是说，在你学生这样的工作中，有什么"创新"，或者"创新点"是属于她自己的呢？

□ 这是一个相当典型的事例，值得我们专门讨论一番。

首先，在不同的环境、不同的时代，创新的意义是不同的。比如关于布鲁诺的死因问题，国外在 20 世纪 60 年代已经解决，即他是因为被视为宗教异端而被烧死的，如果他们那里已经不再存在广为流传关于布鲁诺是为日心说而献身的神话，再谈这个话题就没有意义了，当然也就谈不到什么"创新点"了。但是在我们国内，上述神话迄今还在广泛流传，那么将西方学者这方面的工作介绍进来，就是有意义的，或者也可以说，就是有"创新点"的。关于这种情况，我还可以再举一个更有说服力的事例。

几十年前，已故紫金山天文台台长张钰哲，曾经发表过一篇关于中国历史上哈雷彗星回归记录的论文，其中指出，如果武王伐纣时所出现的大彗星是哈雷彗星的话，那么武王伐纣之年就是公元前 1057 年。由于这篇文章发表在《天文学报》上，很长时间在历史学界无人知晓，后来有一位历史学家注意到了

创新与伪创新

这篇文章，大为叹服，就写了一篇介绍张钰哲这篇论文的文章，发表在《历史研究》上——这可是被视为中国历史学界最高级的刊物。《历史研究》上的文章发表之后，在张钰哲的上述观点就在中国历史学界产生了巨大影响（尽管我们现在已经知道张钰哲的结论是不能成立的——因为我们无法判断那次彗星记录是不是哈雷彗星），并且给了历史学界们很大的启发。

你说，《历史研究》上的这篇文章有没有意义？算不算创新？如果不算，那它值不值得发表？如果值得发表，那是不是就表明，文章有"创新"不应该是发表的必要条件？如果不值得发表，那是不是就表明，为了要所谓的"创新"，我们既可以将没有意义的文章发表（如今这样的文章实在太多了！），也可以将有意义的文章枪毙？

说到这里，我开始怀疑，我们的"创新"，到底是为了什么？

■ 确实，这个问题提得非常关键，也非常尖锐。我们为什么要"创新"呢？难道就像是说"少年不识愁滋味，为赋新词强说愁"的那般，非要像"强说愁"那样地"强说创新"，才算是做了学术？或者说，才算是做了有意义的学术？这里，显然是存在着一个应该区分目的与手段的问题。

我们也可以把问题转化为：我们为什么要搞学术？发展学术，本是为了人们的文化发展，为了给人类带来有意义的知识，为了让人类能过上更有意义，尤其是更有精神意义的高质量生活。如果把这些目的忘到脑后，把所谓"创新"这种手段当成首位的东西，那就是一种本末倒置。在这个过程中，如果适当合理的"创新"是有利于达到这些目的，那我们当然必须坚持，但这种"创新"归根结底不过是手段而已。因此，我们应该明确提出：

创新不是学术的目的，而只是学术的手段之一，我们不应该为手段而手段，为"创新"而"创新"。

相应地，其一，我们必须改变对于"创新"的那种狭隘的、片面的理解；其二，如果一定还要用"创新"这个词，那么也必须扩大其内涵，使其服务于文化发展的目的。这样，才会使我们的学术质量和我们的生活质量都真正有所发展和提高，从而避免打着"创新"旗号的"伪创新"。

原载《文景》2004 年第 10 期

没有弗洛伊德，人类能生活得更好吗？

——关于《弗洛伊德批判》*

□ 江晓原　　■ 刘　兵

□ 看到这本《弗洛伊德批判》，我一下想到好几个问题。

首先是"社会科学"这个习惯说法。以前我曾经发表过关于此事的看法，认为这个说法甚至可以废除，还是用"人文学术"这样的表达更好，结果还遭到某些科学主义人士的批判，因为他们希望将科学方法应用到一切方面。当人们带着这种期望来看待人文学术时，当然愿意将人世间所有学科都以"科学"名之，所以人文学术就叫"社会科学"，人文学术研究的项目也叫"科研项目"，而"什么什么是一门科学"的说法也就可以加到几乎一切学问之上。按照这样的思路，"弗洛伊德学说是一门科学"的说法似乎也就顺理成章了——至少是"社会科学"嘛。

我因为涉足性学研究领域，很早就关心弗洛伊德学说，他的著作只要有中译本的我几乎可以说是收全了。其实中国人很早就开始接触弗洛伊德学说了——例如，早在20世纪30年代，施蛰存等人就开始创作反映弗洛伊德思想的历史小说了。而从20世纪80年代开始，几乎所有弗洛伊德的重要著作都已经引进中国，我们甚至开始习惯于将弗洛伊德与马克思相提并

---

* 《弗洛伊德批判》，[法] 卡特琳·梅耶尔主编，郭庆岚等译，山东人民出版社，2008年1月第1版，定价：68元。

论，视其为对20世纪人类社会最有影响的思想家。

在这样的氛围之下，国内出版物中对弗洛伊德学说的批判是相当少见的。我唯一注意到的一点，是从波普尔的学说出发，指出由于弗洛伊德学说是不可证伪的，所以它没有资格进入科学的殿堂。这一点我当然早就同意。但世间不是只有能进入科学殿堂的学说才具有存在的价值，弗洛伊德学说即使不是科学，也仍然可以有其价值，所以这一批判尚不足以动摇弗洛伊德学说的地位。

这样看来，现在这本全面批判弗洛伊德学说的《弗洛伊德批判》，对于中国读者来说就有"大开眼界"的作用了。

■ 确实，弗洛伊德无论在中国还是在外国，长期以来一直都是一个热门话题。就个人经历来说，我大概是从20世纪70年代末上大学开始，虽然是学物理，但在当时大的社会文化环境的影响下，我也已经开始读一些弗洛伊德的作品，甚至与心理系的同学就他的学说进行很激烈的争论。在20世纪90年代初起，因为研究科学编史学的需要，开始关注心理史学，于是重新阅读一些弗洛伊德的著作。正是在那时，给我留下很深印象的一本书，恰恰也是对弗洛伊德的理论以及主要以其理论为基础的心理史学进行"科学主义"批判的著作，即美国人斯坦纳德所著的《退缩的历史——论弗洛伊德及心理史学的破产》，那本书早在1989年就出版了，不算厚，但在当时的国内似乎没有产生太大的影响。

当然，当时读到那本批判弗洛伊德理论的书，一方面好像被其有关弗氏理论不"科学"的论证所说服，而另一方面，又因为对心理史学颇感兴趣，又不能那么轻易地放弃弗洛伊德的

没有弗洛伊德，人类能生活得更好吗？

全部理论，因而似乎是处于一种比较矛盾的心态。在多年之后，再阅读这本新出版的《弗洛伊德批判》，觉得自己在对于何为科学等相关问题有了更多的思考时，问题似乎相对想得清楚了一些。

其实，说到这里，有许多问题是无法回避的，例如：我们如何定义科学，科学的定义是否有宽有窄，人文学科、社会科学和自然科学的关系究竟如何，人类在认识自然以及人类自身时，需要用到什么知识？这些认识是否一定限定于唯一一种类型？这样的认识是否可以是多元化的？在对上述问题的不同回答中，才可能对弗洛伊德的学说给出定位。对此你以为如何？

□ 我倒觉得这不一定有多重要——随着对"科学"定义的宽窄不同，弗洛伊德学说的"科学"资格也就可能得到或失去，但这归根结底只是定义问题。而这本《弗洛伊德批判》中对弗洛伊德学说的批判，大部分似乎与这个问题无关——全书共分五部分，只有第三部分与此有一些关系。

本书的作者们试图从根本上质疑和否定弗洛伊德学说。例如，本书第一部分就对弗洛伊德学说当初形成的某些基础性案例，诸如著名的安娜·O小姐的病例等，进行质疑和否定。这一部分给我的感觉是关于这些问题的争论，本来从一开始就是存在的，只是后来弗洛伊德学说大行其道之后，这些争论就渐渐被人们遗忘了。如今本书作者们重提旧案，再次对这些争论进行考察。

当然，仅仅否定安娜·O小姐的病例等是不够的。要批判弗洛伊德，就不可避免地要对弗洛伊德学说后来为何能够如此盛行做出解释。而这就是本书第二部分试图完成的任务了。

当代科学争议

■ 我想,问题在于,如果仅就弗洛伊德学说建立于其上的基础性案例的真实性进行讨论,那当然是很重要的讨论,不过,在过了这么多年之后,这种探索的困难将会很大,而且,也许更属于是心理学史家们的工作了。但正如你说的,要对为什么弗洛伊德学说后来会如此盛行做出解释,那就是另一个问题了。

在科学界,经常有这样的情形,即一种理论的提出,在其初始阶段,也许建立其上的出发点和相关依据,后来人们会发现实际上是有问题的。但这样的理论却并非因提出时所依赖的基础不恰当而被抛弃,甚至会在后来流行起来,被后来的研究者重新给予新的基础。因而,在你说的后一个问题中,我想到的是,当弗洛伊德理论在后来如此流行时,当它被众多的心理分析医生所用作理论基础时,到底它是否起到过有效的作用?因为确实很难设想,当一个从根基上有问题或者根本就不成立的理论,会在如此长的时间中一直蒙蔽如此众多的医疗实践者和被实践者(也即患者)。

不过这又会涉及何为一个理论的有效性的检验标准的问题。而当说到检验标准的问题时,就无法回避何谓科学,以及按照哪种科学的标准进行检验了。比如说,我觉得,许多对弗洛伊德理论进行批判的人,所采取的标准,正是那种当代精密的实证科学的标准。而问题又在于,偏偏弗洛伊德本人最先用科学这个词来指称其学说(见该书256页)。于是,也就有了将其学说作为伪科学的批判。

□ 这就是我以前常说的"伪科学皆自成其伪"了。弗洛伊德自己确实说过"精神分析是一门科学"这样的话,这当然

没有弗洛伊德，人类能生活得更好吗？

是授人以柄。其实在今天看来，承认精神分析不是一门科学，并不妨碍它仍然是一门学问。

不过，这本《弗洛伊德批判》给我的印象，有些像弗洛伊德敌人的一面之词。本书作者们将弗洛伊德描绘成经常撒谎、嫌贫爱富、趋炎附势、自我包装的伪学者。而他的学说又都是建立在虚假病例和谎言之上的胡说八道，既不能用来治愈病人，也不能在分析小说电影时带来什么积极作用。如果真是这样，弗洛伊德学说怎么可能在全世界获得如此巨大的成功，产生如此深远的影响？

随着我对本书的阅读接近完成，我对弗洛伊德的同情反而开始滋生起来了。我觉得本书的立场过于极端，例如，在反复谈到的那些弗洛伊德的著名病例时，本书作者采用的叙述都是单方面的，而不是力求在陈述中做出判断。换句话说，本书基本上是"主题先行"的产物——已经预先定好了弗洛伊德的罪，然后去寻找罪证以证成之。

■ 我非常同意你的看法。不过，好像我也有些"主题先行"，在没看此书之前，就已经很有些不同意那些极端的看法了，当然这也许和我以前读到过类似的读物有关。

说到弗洛伊德的理论是不是科学，其实就又回到了我们多次谈过的老问题上来。或者，也可以说它是科学，但它又不是像物理和化学那样典型的精密实证科学，这样，我们可以把科学的定义拓宽，让科学"多元化"。或者，你也可以仍然坚持只有像物理和化学那样的学问才是唯一的、真正的科学，尽管对于其他不属于这种科学的东西，仍然充分承认其意义和价值。前一种做法，应该是我和一些朋友鼓吹的在科学之定义上的"宽面条",而后一种做法,则是你和另一些朋友所坚持的"窄面条"。在这方面,我们又是有些分歧的。

但在上述分歧的前提之下,我们似乎又没有太大的分歧,因为,我想你肯定会同意,弗洛伊德的学说之所以在全世界获得如此巨大的成功并有如此深远的影响,那自然也是因为它本身具有在理论和实践方面的价值所致,换句话说,也就是人们对于这样的学说,是有其需求的,而它也恰恰具有满足这些人类需求的功能。在此意义上讲,回到我们这次谈话的标题上来,那么,结论显然就是:如果没有弗洛伊德,人类恐怕未必能生活得更好。如果用中式语法从正面以肯定句来讲,那就是,因为有了弗洛伊德,人类也许会生活得更好些。

原载2008年4月4日《文汇读书周报》

找不到外星人的75种解释

□ 江晓原　■ 刘　兵

□　人类谈论外星人已有数百年历史，进入20世纪又有了多种科学的探测努力，但外星人迄今为止从未现身。本书正标题就是费米悖论的简要表述，本书可以视为解答费米悖论的集大成之作，尽管并非完备无缺。

多年前，穆蕴秋在我指导的博士论文《地外文明探索研究》中，曾参考过本书2002年的英文初版，那时的书名是《如果有外星人，他们在哪：费米悖论的50种解答》*（*If the Universe is Teeming with Aliens, Where is Everybody? Fifty Solutions to Fermi's Paradox and the Problem of Extraterrestrial Life*），到2015年的新版中，50种增加为75种了。

50种或者75种，听起来都挺吓人，其实是可以进一步归类的，本书作者斯蒂芬·韦伯也是这样处理的，他归纳成三个大类：第一类，他们就在或曾经在这里（包括10种）；第二类，他们存在，但是我们还没有看到或听到他们（包括40种）；第三类，他们并不存在（包括24种）。最后提出他自己的一种作为第75种。

当然，作者自己也表示，"我并不认为这里所列的解答

---

* 《如果有外星人，他们在哪：费米悖论的75种解答》，[英]斯蒂芬·韦伯著，刘炎等译，上海科技教育出版社，2019年12月第1版，定价：98元。

清单已经详尽无遗",例如在我看来最有思想深度的一个大类——"大寂静"(Great Silence,又译"大沉默"),就没有出现在作者论述的清单中。这个未出现的大类中,应该包括特别引人注目的斯坦尼斯拉夫·莱姆(Stanislaw Lem)的解答,以及刘慈欣的解答。但本书作者似乎不认为"大寂静"是一类认真的解答:"但这并不意味着费米悖论可以以一种开玩笑的态度对待。我相信支持'大寂静'理论的声音正在变得愈发响亮……"这让我颇出意外。

■ 对于许多人来说,外星人的存在,和发现外星人,都是很有吸引力的问题。而且对此感兴趣的,不仅是那些狂热的业余爱好者,应该也包括不少专业科学家,所以才会有那些寻找外星人的研究项目。费米悖论当然也可视为科学家对此问题关注的一个例子。

在你刚刚谈到的这位作者对回答费米悖论答案的分类中,如果从另一个角度来看,是不是又可以这样来分:第一类,更接近于那些热爱神秘现象和地外文明的业余爱好者,像对UFO现象抱有极大兴趣的"民科"之类;第二类,主要是比较中性、比较谨慎的对此问题感兴趣的人,但对外星人的存在,还是抱着一种先在的信念;第三类,似乎接近于对费米悖论的否定,因为其前提可能就存在问题。对于对作者分类的这种再分类,不知你是否同意?

我本人也觉得作为科幻领域中最有思想性和想象力的莱姆,其观点应该得到重视,而不是将其置于分类系统之外。更何况刘慈欣如今在中国影响巨大,他的想法自然也颇为值得分析讨论。另外,你所说的让你"颇出意外",这又是为什么呢?

□ 你从学说主张者出发的分类法,对于我们分析问题非常有建设性,我们后面应该还会有机会谈到。这里先对莱姆的设想和"大寂静"做一点说明。

我们以前一直习惯于将宇宙(自然界)视为一个纯粹"客观"的外在,它"不以人的意志为转移",至少在谈论"探索宇宙"或"认识宇宙"时,我们都是这样假定的。

这个假定被绝大多数人视为天经地义,但是莱姆提出了另一种可能——"宇宙文明的存在可能会影响到可观察的宇宙"。莱姆的意思是说,人类今天所观察到的宇宙,会不会是一个已经被别的文明规划过、改造过了的宇宙?

莱姆设想,既然宇宙的年龄已经如此之长(150亿—200亿年),那早就应该有若干高度智慧文明发展出来了。这些早期智慧文明开始博弈(比如争夺宇宙资源)之后,经过一段时间,他们为什么不能达成某种共识,制订并共同认可某种游戏规则呢?所以我们今天所观察到的宇宙,很有可能是一个已经被别的文明规划改造过的宇宙。

对于这种宇宙规模的规划或改造,莱姆是这样设想的:

工具性技术只有仍然处于胚胎阶段的文明才需要,比如地球文明。10亿岁的文明不使用工具,它的工具就是我们所谓的"自然法则"。

换言之,所谓"自然法则"只是在初级文明眼中才是"客观"的,不可违背的,而高级文明可以改变时空的物理规则,所以"围绕我们的整个宇宙已经是人工的了",莱姆宣称"宇宙的物理学是它的社会学的产物"就是此意。这种改造,莱姆至少设想了两点：

一、光速限制。在现有宇宙中，超越光速所需的能量趋向无穷大，这使得宇宙中的信息传递和位置移动都有了不可逾越的极限。

二、膨胀宇宙。莱姆认为，"只有在这样的宇宙中，尽管新兴文明层出不穷，把它们分开的距离却永远是广漠的"。

莱姆认为，早期文明（即他所谓的"第一代文明"）来到宇宙游戏桌开始博弈并达成共识之后，他们需要防止后来的文明相互沟通而结成新的局部同盟——这样就有可能挑战"造物主群"的地位。而膨胀宇宙加上光速限制，就可以有效地排除后来文明相互"私通"的一切可能，因为各文明之间无法进行即时有效的交流沟通，就使得任何一个文明都不可能信任别的文明。比如你对一个人说了一句话，却要等 8.6 年以后——这是以光速在离太阳最近的恒星来回所需的时间——才能得到回音，那你就不可能信任他。

这样莱姆就解释了地外文明为何会"大寂静"——因为现有宇宙"杜绝了任何有效语义沟通的可能性"，所以玩家们必然选择寂静。由此莱姆也就对"费米佯谬"给出了他自己的解释：老玩家们在制订了宇宙时空物理规则之后选择了寂静，所以他们在宇宙大游戏桌上是隐身的，地球人类自然不可能发现他们。

我感到"颇出意外"，是因为"大寂静"这样思想深刻的费米悖论解答，竟被本书作者隐隐归入"开玩笑的态度"之列，不予考虑。

■ 基于这样一种宇宙图景对费米悖论的回答，当然也是

找不到外星人的 75 种解释

很有想象力的。其实，在此书中列举的 75 种回答中，有不少回答还是让人觉得很幼稚，很像是"开玩笑"且并无太多道理的。相比之下，莱姆的"大寂静"说，确实更有从另一个完全不同的出发点试图在根本上回答费米悖论的感觉。显然莱姆的说法应该是出现在刘慈欣的《三体》之前，如果有更多的人知道莱姆的想法，不知对《三体》中的宇宙设想的震惊感是否会有所减少。而且我也很好奇，刘慈欣在撰写《三体》时，是否知道莱姆的观点，抑或是他自己独立的原创？

接着再谈你的"颇出意外"。为什么"大寂静"这样思想深刻的费米悖论解答，会被此书作者归入"开玩笑的态度"之列呢？你对此有什么猜测和解释？或者，这是否会连带使得人们对于此书的价值产生怀疑呢？

□ 这就和你前面提到的从学说主张者出发的分类有关了。我注意到，本书作者在列举各种对费米悖论的解释时，似乎有刻意回避科幻作家的倾向：在 75 种解释中，来自科幻作家的不到十二分之一（我只找到了 6 种）。本书作者显然更喜欢来自学者、官员、科学家所提出的解释。被本书作者选中的 6 位科幻作家中，有的人也有双重身份。

虽然中译本相当可惜地删去了索引，但通过对 75 种解释的阅读，我相信本书作者没有提到过莱姆的名字。在科幻圈子里，莱姆不是名不见经传的小人物。但本书作者既然有回避科幻作家的倾向，没有让莱姆进入他的视野倒也不难理解。

本书作者的上述倾向，虽然出自我的猜测，但对于理解他为何会将"大寂静"这样一类对费米悖论最有思想深度和力度的解释弃之不顾，是有帮助的。也许在他心目中，科幻小说作为虚构作品，是很难和"开玩笑的态度"拉开距离的？

至于刘慈欣，他阅读过大量前贤的科幻小说，相信莱姆的作品进入刘慈欣视野的概率要大于进入本书作者视野的概率——尽管如果真是如此，对于本书作者来说是不应该的。刘慈欣在《三体》中设想的"黑暗森林法则"，明显可以归入"大寂静"类中。而他脍炙人口的"降维攻击"所想象的宏大场面，完全是对莱姆"（先进文明的）工具就是我们所谓的自然法则"即改变时空物理规则的具象描绘。顺便说一句，"降维攻击"这个说法现在经常被各界人士用来表达"不可抗拒的攻击"之意，堪称"降维使用"——忽略了刘慈欣创造的这个表达的大部分精妙之处。

■ 基于你的这种猜测，也就是说，科幻作者从身份上似乎很难入得作者法眼，但在我的感觉中，那些被归入学者、官员和科学家阵营的回答者，甚至这个悖论本身，也都是很有科幻意味的，此书中的一些回答，看上去也颇有科幻感，因而，将科幻作者的回答排除在外显然是非常不恰当的。

之所以说这个悖论，或者说它隐含的前提，就很有科幻意味，在很大程度上是因为对它的回答显然与常规的科学假设及其对之要求的证明的根据有所不同。通常人们会说，要证明一件东西存在，这相对还是容易的，因为只要找到一个证据就可以，而要说某种东西不存在，则要困难得多，因为人们几乎永远也没有办法证明自己已经穷尽了所有的证据。对于外星人存在的猜测正是如此。

尽管如此，至少是对于一部分人来说，外星人的存在还是非常具有吸引力的想法，尤其是众多的科幻作家。当然，在这其中，也还存在着一些可以讨论的问题，毕竟我们看到的科幻作品中对于外星人的呈现，大多还是以地球人作为样板，只是稍加变化而已。但外星人为何非要如此，却是很可以讨论的问题。在《三体》中，"三体人"就几乎没有以真正具象的方式出现，而就我有限的科幻阅读所见，像莱姆的《索拉里斯星》中，那个"大洋"那样几乎完全超出地球生物模板的构想，也差不多才算是真正超越性的想象力的创造。也许，这部分反映了大部分科幻作家的想象力还是不够超脱吧。

但无论如何，外星人的存在，以及寻找外星人，一直是有趣而经久不衰的话题，那么对外星人的研究和探索，包括各种大胆的猜测和想象，可不可以成为一种广义上的科学研究，与现有的那种主流的科学规范有所不同，但仍然值得人们重视呢？更何况外星人的存在，又在原则上被认为与地球人的命运紧密相关因而非常重要。这样想来，也许我们又可以给涉及外星人的科幻一种新的定位？

原载 2020 年 8 月 12 日《中华读书报》

2. 科普问题

来，给总统上物理课啦！

□ 江晓原　■ 刘　兵

□ 穆勒是美国加州大学伯克利分校的物理学教授，他还是美国政府的顾问，同时也经常出现在一些电视节目中。几年前他以自己给文科学生开设的课程为基础，写成这本《未来总统的物理课》，已经出了平装本。在他自己的博客上，也以显著位置介绍了此书。他自己对此书的定位是普及作品——更适合人们"阅读"而不是"研究"用的。

我们经常听到人们在谈论中国的科普出版不景气之类的话题，我则经常鼓吹"科普需要新理念"，看了这本《未来总统的物理课》*，我感到十分兴奋——这恐怕已经是我心目中理想的科普著作了。

我的"科普新理念"第一条，就是要平视科学，不再将科学神化成顶礼膜拜的对象，而是进行全方位的普及，包括科学技术本身的局限，它的负面价值，以及它被滥用可能带来的危害等。本书基本上做到了这一点。

我的"科普新理念"第二条，是提倡开发科学的娱乐功能。这似乎与本书内容无关，但本书采取了相当夸张甚至有点搞笑的形式——对总统讲课的形式。而且，作者故意将这种"御前进讲"的口吻频繁使用，口口声声"作为总统你应该知道……"；

---

* 《未来总统的物理课》，[美] R. A. 穆勒著，李泳译，湖南科学技术出版社，2009年9月第1版，定价：32元。

而每章的总结则写成"总统备忘录",如此等等,这就大大加强上述包装的效果。你能说这里没有一点娱乐的功能吗?

■ 在原则上,我基本同意你对此书的评价。我之所以用"原则上"这一限定,是因为作者虽然有某些你说的倾向,如在你说的第一条科普新理念中所包括的对科学技术本身的局限、负面价值及被滥用可能带来的危害的普及,但却做得并不彻底,并不十分理想。当然,作为一位物理学教授,能够有此书中的那些与上述理念相关的认识已经很不容易了,但我仍然要说,这样的科普,还是站在科学立场上的科普。

例如,在讲核能那部分时,我们会联想到日本福岛核电站事故。甚至,此书中对于核电站事故的可能性分析,几乎与日本发生的情形非常的相似。但是,作者却认为,"公众对核能的恐惧来自无知而不是知识",并希望总结能告诉公众这一观点,甚至还要告诉公众"放射性武器的威胁不像看起来那么可怕"。在结语的相关部分,他明确提出自己的看法,"我会鼓励开发核能,特别是裂变电站。我会努力让公众相信核废料储藏问题已经解决……"。"政治家认为核废料问题从本质上说是技术的,而科学家和工程师相信问题是政治的"。诸如此类的观点,实在是基于某种科学家的狂妄,因而是不可接受的。

当然,就你说的科普新理念的第二条,倒是基本成立。此书选择的问题,确实是人们普遍关心、在社会上有诸多讨论和争议,需要做出相应决策的热点问题。但是,这也是那种仅仅注重娱乐的科普作品的另一软肋之所在。如果没有恰当的人文立场和反思,这样的娱乐性反而只会给受众带来某种对科学技术盲目的乐观。部分地,为此娱乐性目的,此书采取了给总统上课的形式，尽管这只是技巧性的形式，因为此书实际上源自他在加州大学为文科生开设的课程，而非真的给总统上课（当然乐观些说，也许那些文科生中会有未来的总统）。这倒让我联想到，你倒是真的给国家领导人上过课，虽然是科学史课，那也算是广义的一种科普吧，而且后来你与其他讲课人的讲稿还结集出版了。那么，你在上那样的课时，是否想到了我们刚刚讨论的那些科普新理念了呢？

□ 我觉得，作为一个物理学教授，在书中有你说的那种倾向就不错了——当然这种倾向如能够更强烈就更好。其实本书关于"核能"的部分，我认为是相当不错的，特别是在福岛核电站泄漏事故闹得沸沸扬扬之时，读读本书这个部分（III），还真是简明扼要，相当管用的呢。至于鼓励开发核能，相信核废料储藏问题已经解决，那可以理解为学术观点的分歧。而你引的"政治家认为核废料问题从本质上说是技术的，而科学家和工程师相信问题是政治的"之语，我觉得也不算错误。

我当年讲的是天文学史课程，虽非"科普"，但上述新理念的第一条，我还是积极贯彻的——"全方位"的介绍，包括天文学在古代中国社会中的"政治巫术"功能也没有回避。但新理念的第二条则无法贯彻了，那毕竟是比较严肃的事情。

本书中引起我更大兴趣的是最后那部分（V），"全球变暖"。近年我们一直听到"全球变暖"的说法以及由此引起的争议，所以2009年春节长假中我读了一些有关的书籍和材料。现在读本书的这个部分，感觉尚属持平之论。作者对戈尔所搞的影片和书籍，称为"有力的宣传"——我们知道，在西方语境中，"宣传"一词经常是贬义的。作者讲了一个八卦，说戈

当代科学争议

尔居然在一项民意测验中成为被提名最多的"在世的科学家"。作者暗含讽刺地表示,由于戈尔事实上不是科学家,"他可以更有效地成为公众的代言人,因为他不必遵从科学的标准"。这里穆勒确实站在科学的立场上。

■ 你确实很宽容,认为一个物理学教授能够有那种倾向就不错了,尽管倾向的强度还不够。但这也正说明了只由科学家做科普的局限之所在。至于鼓励开发核能,相信核废料储藏问题已经解决,我倒不倾向于认为仅仅是学术观点的分歧,而大有保护集团利益的嫌疑。

你一方面大力倡导科普的娱乐化,而在你的讲课中,却又认为那是件"比较严肃的事情",可这不是正好与给总统上物理课的娱乐方式不一样吗?当然,在中国的国情下,这也还是可以理解的。

至于全球变暖的问题,我基本同意你的看法,认为作者讲得不错。他的结论,就是不确定性。这是可以接受的。面对可持续发展问题,他认为,节能是重要的,但与此同时,他又把未来可能的风险放在了发展中国家身上,当然,这也未必没有道理。可是在他的言谈中,我们还是可以看出,他此时表现的,既像一个科学家,又有些像政治家了,是很为美国的利益担心的。他提出的方案,都是采用技术措施来解决问题的方案,但却没有触及人们生活观念上的改变,或者耗能最多的美国人的生活方式上的改变这样的重要问题。这不是再一次地表明了,这位以娱乐方式科普的科学家,却很少有人文的好立场吗?

□ 但我们也不能过于苛责，一个美国教授为美国利益着想，毕竟是无可厚非的。

我还觉得此书的书名有点问题，《未来总统的物理课》是据原文直译的，但作者为何要取这个书名呢？因为本书五个部分：恐怖主义、能源、核能、空间、全球变暖，很明显只有中间三个可以算物理。也许这和作者自己是物理学教授有关？其实本书是五个科学专题，书名如果用《未来总统的科学课》说不定还更确切些。

■ 你最后提的这个问题，我倒可以宽容些理解，而且作者在"开场白"中也解释了，对第一个主题，"当你明白了物理，世贸中心发生的事情就会更加清楚了。当你明白了相关的物理，就连生物武器也会更容易理解了"。对于最后一个主题，"它跨越了很多不同的物理学领域"。当然，叫科学也许更合适些。可是，谁让作者是个物理学教授呢？

在科学的各个门类中，物理学，或者更准确地说，近现代物理学，因其很强的抽象性和理论性，是公众相对难以把握的，因而也经常让人望而生畏。作者在利用物理学来说明那些摆在人们面前的紧迫的世界性问题方面，显然是成功的。阅读这本书的人，也许是未来的总统，但更主要的是公众，这些问题对于他们同样重要。

原载 2011 年 5 月 6 日《文汇读书周报》

未来的物理学课程会不会包括打坐？

□ 江晓原　■ 刘　兵

□ 一个美军前越战特种兵军官，退役后居然变成心灵导师，还成了心灵指导类畅销书的作者，比如他最著名的畅销书是《灵魂之心》和《灵魂所依》——听着就特别类似于熬制心灵鸡汤的。这本《像物理学家一样思考》，要不是你一力推荐，我就会将它当成我们平常所说的"民科"之作了。

然而看了之后，发现这书倒不是我先前想象的那样。祖卡夫对物理学还真的略懂一点，这让我对他有了初步的欣赏。这本书当然不是写给物理学家看的，而是写给外行人看的。"外行"们似乎对它评价不错；而物理学家是不是看得上这本书，我虽不得而知，但可能也没有认为它太烂。所以它还得了一个"美国科学图书奖"呢。

■ 说起我接触此书的时间，倒是挺早的。早在多年前，我在美国做访问学者，有时，周末朋友开车，去周围的 yard sale（一些住户把不用的东西在自家院里门前摆出来甩卖）转转，当时在这样的场所，我还买了不少旧书，其中就有这本书的英文原版。那还是本平装本，而且是从一个非专业学者的家中所买的。由此可见此书在美国还是很普及的，其作者，也与那本更早些时候在我们这里就有了中译本的《物理学之道》和《转折点》的作者大致相当吧。

未来的物理学课程会不会包括打坐?

又过了几年,朋友送了我此书的台湾版,至今我也还收藏着那个版本。如今这个大陆出版的中译本,用的也是台湾的译本。

也部分地由于这些原因,我倒没有想到此书是否"太烂"这个问题。其实,对于科普书的评价,有时专家们和普通受众的标准是会不一样的。物理学家们是不是看得上一本物理科普书,有时对真正自己买书的受众的影响,也是有限的。你说呢?

□ 爱书之人常说"每本书都有一个故事",你当年得到这本书的情景,会不会让你增加了对此书的好感,比如怀旧之类的。不过你说专家们是不是看得上某本书,对买书之人的影响有限,我是同意的,我自己有时也会买被"专家"贬斥的书。不过我还有一个判断标准:如果某人写过我确实认为"太烂"的书,那我通常就看不上他写的别的书了,我相信有不少人也会使用这样的判据。当然,祖卡夫的书,我看的这本是第一本(可不可以说,幸好他那两本"心灵鸡汤"我没看过?),所以和上述判据并无冲突。

我觉得这本书中谈论量子力学的部分比较有趣,祖卡夫似乎弄明白了不少概念,又似乎没有完全弄明白,但是他强调需要全新的理念和图像才有可能正确理解量子力学,"实相"(Reality)不再能够保有经典物理学中的地位,当然是有道理的。而他将量子力学与东方宗教联系起来,甚至说"21世纪的物理学课程将包括打坐在内",虽然会给人一种过于玄虚的感觉,但我觉得也还是可以接受的——他只是试图强调量子力学给我们带来的那种全新的、充满不确定性的世界图景,而理解这种图景需要"悟"。

■ 你说的也有道理,细想一下,我接触此书的最早经历,确实可能会在一定程度上影响后来对此书的判断。不过,又过了这些年,再看此书,这些年的思考还是会加进来再起一些另外的作用。比如像你说的作者似乎弄明白了许多概念,又似乎没有完全弄明白。前者,我们可以据之判断,认为这是在物理学标准的意义上尚可接受的,而后者,则恰恰既说明了作者的某种"民科"身份,又在一定程度上成为此书的特色。例如此书对东方哲学的某种理解(或误解?),这与那本《物理学之道》倒有某些相似之处。而且,一般性的有关物理学的普及性著作实在已经出版得太多了,而这本书之所以能在国外成为畅销书,我想,恰恰是因为后面的这一特色吧。

进而再延伸一些,也许可以类比一下国内养生类的"科普书"。之所以给科普书打上引号,是为了表明在严格的、传统的意义上,那些书并不够科学。但我们会发现,那些真正在市场上畅销的养生书,其实都在某种程度上以专业的标准看不够严格,而且有个人的理解和特色。这似乎也再次说明了前面提到的那个有趣问题,读者对科普书的需求,往往与专家们的标准是不一致,甚至在某种程度上有冲突的。

□ 到了今天,如果是一本"科普书"的话,在我看来,"严谨"已经不再是优点(如果它曾经是优点的话)。今天人们看所谓的"科普书",绝大部分是出于娱乐的目的,而"严谨"的书面孔死板,语言乏味,没有娱乐价值,读者就不愿意去读它。既然没有人读,普及又从何谈起。反而是那些不甚"严

未来的物理学课程会不会包括打坐？

谨"的著作，比如这本《像物理学家一样思考》*就是这样的典型，拥有相当多的读者，甚至成为畅销书，让那些坚持"专家标准"的、"严谨"的人徒唤奈何。

这里有一个颇具广泛意义的问题："严谨"的著作普及不了，要普及就要牺牲"严谨"，牺牲"专家标准"。以前我们的许多科普工作者一直试图将这两者兼顾，其实纯属幻想。这两者"兼不顾"的作品倒是产生了不少。我们应该坦坦荡荡地放弃这种幻想，并且坦坦荡荡地承认娱乐性是成功的"科普"的必要条件之一。

另外，像祖卡夫这样，将自己的"外行心得"以别出心裁的方式表达出来，与读者分享，也不失为"科普"的功臣。我觉得"严谨"的物理学家们应该欢迎《像物理学家一样思考》这样的书，因为这样的书能够唤起人们对物理学的好奇心，有了好奇心，不就有可能再接着去读"严谨"的书了吗？

■ 我近来一直在想一个关于科普的问题。因为最"严格"地讲，所有的科普作品都是不"严谨"的。最严谨的作品，只能是用最专业的术语以最专业的方式写给同行看的。科普，就要通俗，这应该是科普最起码的要求，姑且还不说像文采、可读性等更高要求。但通俗，就必然要以非专业的方式来近似，因而，讲科普书的严谨，只能是一个不可能最终实现的幻想。

在现实中，既然各种科普书都不够严谨，但其中"不严

---

* 《像物理学家一样思考》，[美]盖瑞·祖卡夫著，廖世德译，海南出版社，2011年3月第1版，定价：32元。

谨"的程度还是可以分级的。面对现实中那些不严谨的科普书,特别是畅销者,科学传播工作者的任务之一,也包括提醒读者,让他们在一定程度上认识到这种差异——这里只是说差异,并没有依据严谨的判据给出价值判断。而像我们这样的对谈,也正是这样的工作一部分吧。

不过反过来想,一本科普书,无论严谨程度如何,无论是否为专业科学家所赞赏,只有让读者喜欢读,才是其成功的硬道理。至少在国外,祖卡夫的这本书达到了这一基本要求,因而也构成了我们选择它来对谈的理由。

还是希望我们这里也有更多这样能吸引人的科普书吧——尽管它们不一定"严谨"。

原载 2011 年 3 月 4 日《文汇读书周报》

将科学的娱乐功能开发到底

——关于《这本书叫什么》*

□ 江晓原　■ 刘　兵

□ 以前我经常鼓吹"开发科学的娱乐功能",还曾受到某些老前辈委婉的批评,他们认为"科学是很严肃的事情,怎么能和娱乐搞在一起"。其实我这样主张,原是为了科学好。因为科学已经越来越远离公众,越来越无法引起公众的兴趣了,以致"一本书中有一个公式它的销量就减一半"之说。而现代社会正越来越浮躁,公众虽然日益沉溺在科学技术带来的物质享受中,却没有兴趣了解科学技术本身。所以,如果能够开发科学的娱乐功能,或许就有机会让公众对科学亲近一点。

现在这本《这本书叫什么——奇谲的逻辑谜题》,就是一本极力开发科学的娱乐功能的书,本书的译者又深谙这一宗旨,所以在译文中也极力推波助澜——将作者的文笔译得像耍贫嘴的搞笑之作。这下总该能得到一心想找乐子的读者一瞥青眼了吧?唉!一本有学问的书居然写到这种地步,也真是学问的悲哀了。

■ 先就两个问题来抬一抬杠吧。

其一,你说此书是一本"极力开发科学娱乐功能的书"。

---

* 《这本书叫什么——奇谲的逻辑谜题》,[美]雷蒙德·M.斯穆里安著,康宏逵译,上海辞书出版社,2011年8月第1版,定价:30元。

但我又知道，在关于科学的定义方面，你是坚持严格定义标准的"窄面条"派，而我却是"宽面条"派的，主张把许多"窄面条"派不认可以东西也按照多元科学文化的标准归入"科学"。不过，在我这个"宽面条"派来看，也还是不认为逻辑属于科学（虽然此书书后的"上架建议"中在逻辑学之外还加上了科普读物，但那是另一个问题，我暂时先不讨论），而你这个"窄面条"派却说这本讲逻辑的书是开发科学的娱乐功能，这里面是不是有逻辑上的悖论呢？

其二，姑且假定你说的这是本有关科学，而且是极力开发科学娱乐功能的书，我也知道，你一直在努力倡导开发科学娱乐功能，但你与此同时，却又说这样的译文（即像耍贫嘴的搞笑之作，这显然也是为了娱乐的目的）让你感到学问的悲哀，在这之间，是不是也有着某种逻辑上的矛盾呢？

□ 我倒觉得也没有什么矛盾。

第一，我将此书归入"科学"类中，主要是从出版者给它的定位而言的——所以上架建议中有"科普读物"一项，这和我本人所主张的科学定义没有必然联系。而出版者给它的定位，相信也会被多数读者所认可。

第二，我确实主张开发科学的娱乐功能，对此书在这方面的努力，我是持赞成态度的。只是一时感慨，忽然冒出一丝悲哀来——如今有学问的书竟如此没人爱看，以至于竟要如此搞笑吆喝起来。这有点像一个极力要在课堂上吸引学生注意力的教师，他满头大汗不停地讲着一个又一个笑话。

本来在我思想上的审美图景中，学问是不用这样极力迎合读者的。"君子中道而立，能者随之"——学问就摆在那儿，

将科学的娱乐功能开发到底

你爱看不看,随便你。你不看是你自己的损失和遗憾。昭明太子有言:"自炫自媒者,仕女之丑行;不忮不求者,明达之用心",也是此意。回想多年前,我和你一起在中国科学院研究生院听课时,我们的世界还处在那样的图景中;而曾几何时,学问竟变得那么急于"自炫自媒"了!

■ 那我就继续和你辩论吧。或者不叫辩论,但提出一些略有不同的看法。关于科学与否,我们先不谈,而关于娱乐功能,我觉得,现在我反而持更宽容些的态度。尽管我也同意,在严格的科学意义上,科学对于普通人是不具备娱乐功能的,甚至于,连过去人们总是强调的那种"既通俗又准确"的普及也在根本上是不可能的。因为毕竟严格的科学,只有在以最专业的语言、概念和理论的表述中,才可能是准确而少歧义的。

但是,确实在专业的科学界之外,那些非专业的普通人中,也会有一部分人对科学有兴趣,这样,他们所需要的,而且是可以理解的读物,便必然与那些严格学术性的东西有所不同。如果想要吸引更多这样潜在的爱好者(或者读者),那么作品娱乐性就成为面对这样的读者群的必要前提条件。如果我们真想更加扩大受众范围,扩大科普的对象群体,我们就不能把这些读者排斥在外。但我们也无需对他们有那么高、那么严格的学术性的要求。

因而,讲娱乐性,一是需要有层次,而且是多个层次,要想有更多的受众,就要娱乐性更强,更非学术,就像电视上面对大众的肥皂剧不同于小众的艺术影片一样;二是,如果分清了这种层次,似乎我们也就没有必要性感觉到那"一丝悲哀"了。

上面说的是科学,对于这本书讲的逻辑,在道理上,我想也是一样的。

□ 其实我们的基本观点并无不同，我也同意《这本书叫什么》这样的书是有相当一部分读者会欢迎的，而且我也不是不乐意看到这样的局面。

也许我们的分歧来源于我思想上的某种不彻底性——我虽然一直鼓吹"开发科学的娱乐功能"，但是我心目中所谓的"学术尊严"，到底能让我对学术娱乐化容忍到何种程度，其实并未经过足够的考验。现在这本《这本书叫什么》，我认为尚未突破我的心理底线，但是它确实已经"接触"了我心目中的红线，所以引起了我一番有点迂腐的感慨。

回到这本书上来，当然也有引起我的兴趣之处。比如，那篇译者写的"代后记：25年后的'空嚼'"就很有意思。译者所谓的"空嚼"，虽是用以自嘲的，倒是有着一定的思想深度。其实书中的不少悖论例子，道理是一样的，只是故事不同，看着玩玩，自无不可，但确实有着"空嚼"之嫌。又如，作者毕竟也在全书最后一章的最后一节，谈到了"哥德尔定理"这个谈逻辑必定要谈的话题。这个话题是如此的缺乏娱乐性，以至于作者的插科打诨也终于黔驴技穷了，他终于不得不用比较"严肃"的语句来谈论它了。

你和我"抬杠"了半天，我倒是很希望你能对这本书给一个基本的定位。

■ 谢谢你的理解和信任。如果要让我给此书一个定位的话，我愿意说此书是一本对普通公众尚有一定难度，但在普及逻辑知识方面仍然很有价值的普及读物。如果要再补充一点，

将科学的娱乐功能开发到底

其实我也有一点与你类似的感觉,即译者在翻译时,及在像书前书后写的文字中,有调侃太过之感。当然,也许会有些读者会喜欢这样的风格,毕竟没有任何一本书是可以讨所有读者的欢心,让所有的读者都百分之百的喜欢。在普及读物中,这也算是多元化风格中的一种吧。

如果是在进行更加学理性的讨论,也许我还会提到像逻辑的适用性与局限性的问题,但毕竟这是在谈论普及的问题,也就先不说这个话题了。在普通人的日常生活中,毕竟还是要以讲逻辑为主流吧。

我还用了"尚有一定难度"这一说法,是因为我自己的某些阅读感觉。也许是因为读得太急,未得充分思考,我发现其中一些涉及逻辑的问题,我还没有完全想明白。这也许提示我们,要读逻辑著作,哪怕是普及性的逻辑著作,最好还是能更加静下心来。

另外一个感觉是,在书中举出的大量有趣的逻辑问题(这也是该书突出的特色之一)中,一些问题颇有现在市井中尤其是青少年中流行的"脑筋急转弯"风格。由此我们亦可联想到,其实在一些"脑筋急转弯"中,确实是涉及一些逻辑问题的,但人们通常却并不这样联想。但如果把它们放到这种逻辑普及的著作中,那似乎就在性质上,有了某种有益的提升了。这也应该是此书的有趣与有益之处之一吧。

原载 2011 年 10 月 7 日《文汇读书周报》

来吧,听一曲科学八卦的饶舌乐

□ 江晓原　■ 刘　兵

□ 刘兵兄,我有一个印象:在开发科学的娱乐功能方面,我们其实比欧美发达国家落后很多。比如前几年《上帝掷骰子吗:量子物理史话》这样的作品,先在网络上走红,后来出版纸质书,在我们这里已经算开发科学的娱乐功能方面的领先之作了,但和欧美的同类作品相比,在形式、方法的多样化的探索上,仍然难免给人规行矩步之感,远没有西方的作者那样放得开。

比如这本《线:现在世界意外起源的双重轨迹》*,中译本封底上印有"上架建议:科普读物"字样,这显然是出版社对它的归类,至少出版社是指望读者将它看作一本"科普读物"的。谁知我阅读它的时候,却有一种非常奇怪的感觉:有点像听以前大众曲艺节目中的"快板书"——如果一定要在西方文化中找一个类似比喻的话,我想应该是"痞子阿姆"(Marshall Bruce Mathers III,艺名是 Eminem)的饶舌乐。我当然不懂 Rap 这种玩意儿,不过影片《八英里》(*8 Mile*,2002)总算是看过的,那是阿姆自己出演男一号的。

这本《线:现在世界意外起源的双重轨迹》,首先在形式上玩了新花样——要求读每一章时,都先只读每页的上半部分

---

* 《线:现在世界意外起源的双重轨迹》,[英]詹姆斯·伯克著,张大川等译,上海科技教育出版社,2011 年 8 月第 1 版,定价:36 元。

来吧，听一曲科学八卦的饶舌乐

"第一轨迹"，再回过头来读每页的下半部分"第二轨迹"，最终再读故事的结尾。全书共25章，都是如此。

其次是叙述的内容也与众不同——每章的标题都是极度"不搭"的，比如"从冒牌史诗到器官移植""从石器时代的男孩到静电复印机"等，而每章的内容，则是从标题的前一项，通过一个个线索（主要是人际交往的线索），逐渐联系到标题的后一项。这种联系通常没有任何科学上的意义，纯粹是为了叙事而建构起来的，而且其节奏又非常快，所以让我有听痞子阿姆说唱的感觉。

■ 这次，我几乎完全同意你的判断和说法。这确实是一本很有些文字游戏意味的书。在书中，每一章都是以开头结尾两个事件作为标题，先从前一个事件出发，就如中国传统说书一般，"花开两朵，各表一枝"，沿着两条发展线索演进，最后，这两条叙事线索汇合在后一事件上。当然也正如你所说，在沿这两条线索展开的叙事当中，事件之间的联系"没有任何科学上的意义"，甚至，在因果性的意义上，其联系也不是很严格的，经常是沾着边就算的弱联系。在叙事线索中的各个子事件，也不完全都是科学事件或与科学有关。

出版社会把这本书当作"科普读物"，恐怕是因为其中毕竟还有许多故事与科学有联系。也许，不同阅读者眼中的同一本读物带来的读后印象可以是如此的不同。你联想到的是"快板书"或是"Rap"，但让我有突出联想的，却是与编史学相关的历史的叙事与历史因果性问题。

其实，在实际上是对从某件事到另一件事的历史的演进的叙述中，作者的这种表述方式在强调历史发展中事务之间的普遍联系之外，亦暗含了不同的因果联系可以带来不同的历史叙事（尽管在作者刻意只写出了两条平行的叙事线索，但这并不是最关键的，因为这也暗示着还有更多的历史发展的因果链），或者说，在历史学家写出的历史中，历史的因果性的构成可以是多样的。遗憾的只是作者太注重这种形式，而让他具体讲述中的因果性关系过于松散、过于随意、过于（在历史研究的意义上）非专业了。我以为，要是更精心一些，专业一些，以同样的形式，这一遗憾在相当的程度上本应是可以避免的。

除此之外，你是否还可以就你一直关心的科学的娱乐化，来谈谈此书与科学娱乐化的关系吗？

□ 如果允许我稍微吹毛求疵一点，我想先提请注意，我经常说的"开发科学的娱乐功能"和你的措辞"科学娱乐化"之间，是有一点区别的。"开发科学的娱乐功能"并不意味着对科学本身进行改变，而"科学娱乐化"就意味着有可能对科学本身进行改变。考虑到几个"科学作家"事实上不可能对科学本身造成什么改变，所以我认为还是用"开发科学的娱乐功能"这种说法更符合实际情况。

这本书当然是彻头彻尾的"开发科学的娱乐功能"之作。它让你联想到"编史学相关的历史的叙事与历史因果性问题"，那倒真是有点属于"不虞之誉"了——我的意思是说，这书既然纯属娱乐之作，作者本来无意于在书中思考编史学之类的严肃问题，它只是引起了习惯于思考严肃问题的你的联想而已。

在我看来，此书居然能将科学和历史上的八卦，串连成一曲饶舌乐，这对于习惯上认为"科学是严肃的事情"的人们来说，很有可能引起他们的义愤，因为科学的崇高在这里被无情

来吧，听一曲科学八卦的饶舌乐

地消解了。

■ 如果我也吹毛求疵一点，我倒愿意说，其实在这里被无情消解的，首先还不是科学的崇高，而是科普的严肃。因为在传统的科普观念中，要求科普一是要通俗，二是要准确。后者，也隐含着要把准确可靠的科学知识传达给受众的意思。但在这本书中，作者通俗倒是确实足够了，而在准确方面，由于作者的这种饶舌说来说去把各种与科学相关或不相关的东西连在一起，即使在说到科学的内容时，由于风格的限制，也不可能真正透彻准确地讲清楚，所以，虽然它被出版者归入科普读物之列，但它与传统的对科普的认识和要求实在是大相径庭了。

那么，我们倒是可以想一想，这样的"科普"传达了什么，以及有什么样的好处。

至少，在我这里，我可以说，它更是让读者在轻松的心态中，以像听流行歌曲一样，获得了包括科学和非科学内容的许多信息。还是在 Rap 的类比中，听众在听 Rap 时，甚至像时下在青少年中追捧周杰伦这样的歌星的歌唱中，往往歌词的内容倒是不一定非得听清楚的。而此书起码在 Rap 的风格中还是传达了大量的有效（当然也要看你如何界定"有效"的含义）信息的。

此外，你还能就此种科普的优劣再做出什么样的分析和评论吗？

□ 在我眼中，这样的书已经不再是"科普读物"了（我没有贬低它的意思）。因为对历史事件和人物进行这种饶舌乐般的"连连看",早已脱离了学理的约束,它所建构起来的"因果链"也已经完全不必认真对待。所以我觉得此书的书名实有误导读者之嫌。这个书名向读者传递了这样的信息:现代世界是"意外"起源的,而起源的"轨迹"将由书中的内容来说明。而事实上,作者以游戏心态随意建构起来的"因果链",至多只是在形式上如此,实际上几乎没有内在的逻辑关系,因此根本不能构成通常意义上的所谓"轨迹"。

站在我一贯主张"开发科学的娱乐功能"的立场上,我对此书当然没有任何反感,而且也乐意看到将科学八卦开发成"饶舌乐"的新成果。只不过我们既然在这个专栏里是做"替人读书"的工作,那就应该将这本究竟是一本什么样的书如实告诉读者,好让他们自己判断值不值得去读这本书。我的判断是,这是一本好玩的书,但不要指望从书中得到什么可以当真的"科学知识"——就像听众通常不会指望从痞子阿姆的说唱中得到科学知识一样。

■ 在原则上,我同意你的看法。但在更加宽泛的意义上来定义科普书的话,也许我们也不妨把它当作一类新奇的"科普书"来看待。

其实,这又回到了科普为什么的老问题。如果,以科学的(或者面对公众来说就是科普的)题材,虽然只是表面地涉及了其中一些有限的内容,同时又具有很强的娱乐性,又可以在阅读过程中获得更多(哪怕是八卦的)信息,那我们还是可以在新的意义上说它是一本"科普书"吧。

如果读者读着很高兴,又没有什么不良的后果,还部分地获得了科学的信息(你应该记得,在你谈一般读者恐怕都读不

来吧，听一曲科学八卦的饶舌乐

懂的霍金编的那本《站在巨人的肩上》时，认为虽然读者很可能看不大懂，但也"亲近"了科学一把的说法吗？)，这也是一种有益的阅读吧。

如果不把公众当科学家来看待和要求，既与科学有关，又让公众娱乐，这至少也是"科普"书在新立场上来看的功能之一吧！

原载 2011 年 11 月 4 日《文汇读书周报》

谁要重出江湖？谁能再振雄风？

——关于"科学松鼠会"及其科普写作

□ 江晓原　■ 刘　兵

□ "隐匿多年的帮派老人决定复出，燃一缕狼烟……正在田间耕种的老汉、街头被人欺负的小贩、喝酒赏花的公子哥，原来都是默默隐忍的江湖高手，他们伸个懒腰，挺起身，念叨道'该出发了'。于是我们就聚到一起了。"姬十三在本书*"后记"结尾所写的这段文字，语句有点接近古龙的武侠小说，但听上去口气倒也不小。解读起来，似乎是这样的意思："科学"已经"默默隐忍"许久了，在"帮派老人"的召唤下，终于决定重出江湖。"帮派老人"是谁并不重要（姬十三和科学松鼠会的成员几乎都是年轻人，大抵接近"喝酒赏花"的公子小姐），重要的是"科学"要重出江湖。

"科学重出江湖"是什么意思呢？这就要联想到前些时候那本名为《科学是怎样败给迷信的》的书了。那书中说，过去的一百年，是科学从公共媒体和公众话语中逐渐退出的一百年，科学已经败给迷信。看来这就是科学的"默默隐忍"了。现在"科学松鼠会"的这帮寂寞高手决定代表自己的"帮派"来重出江湖——他们自己都是年轻人，挺身出来进行科普写作似乎也是初入江湖，但是如果他们是代表了已经"败给迷信"

---

* 《当彩色的声音尝起来是甜的》，科学松鼠会编著，上海三联书店，2009年1月第1版，定价：25元。

谁要重出江湖？谁能再振雄风？

的科学，那就确实可以比喻为科学共同体的一次"重出江湖"，即试图夺回自己曾经拥有过的公众话语权。

■ 我觉得，你的分析有些过于沉重了。也许，换一个角度来看你引用的那段话会更好。我就宁愿只把它当作是一种时尚的修辞。

说起时尚，可以有很多类型，在这本由"会"里的"科学松鼠"们写作的书中，就体现出了不同的时尚倾向。而那只"大松鼠"姬十三的后记中模仿武侠的语言，也完全可以视为一种时尚化的修辞，而不一定非要担负起那么强的意识形态责任。当然，这样的说法，还要求证于书的作者，不过如果愿意争辩的话，不管作者怎样说，又都可以有其他的分析，比如像潜意识之类的，但这就有些像那本书里某类文章的风格了。

因此，从我不愿以"科学"重出江湖来理解这本书后记的说法出发，进而就带出了新的问题。我刚刚看过刘华杰对此书写的一篇书评，我倒很愿意接受他在那篇书评中的观点。刘华杰也突出地强调了此书的时尚特征，这种，或者说，这种时尚的特征，恰恰是区分不同代际的一种方式。相应地，我想，在此书的阅读者中，也恰恰会因这种在时尚风格审美趣味上的相同或相近，而引起与其同代读者的某种共鸣。用一个学术些的说法，这大概也可以算作是一种"身份认同"的连带效果吧。

如果你能够部分地接受我的说法，我们是不是可以先从这本书的若干特征谈起呢？我这里提到的我认为突出重要的第一个特征，就是其与作者代际相联系的时尚性。

□ 将姬十三后记中的仿武侠语言理解为时尚修辞，固无不可，但是我的"沉重的分析"却也并非我一个人有此特殊爱好。本书有两篇序，一篇是连岳的，一篇是梁文道的，都在引导人们往"沉重"的方向思考。

连岳呼唤"用爱科普"，本来很平常，但他序中明显的反科学主义倾向——或者说对科学主义明显的疏离感——已经让那些喜欢将人"以科普的名义暴打一顿"的人，让那些喜欢用别人的无知来衬托自己"英俊的科学面庞"的人，感到十分恼火。有的人向来以科学的"正牌代言人"自居，看到别人要代表科学重出江湖自然就很恼火——本"正牌代言人"早就在江湖中替天行道久矣，还用得着你们再来"重出"吗？至于梁文道，他看到这群松鼠非常喜欢，指望松鼠们帮他改变"书评杂志上找不到人谈科学的窘况"，但是对于那种"火气十足的一个人的战争"（这个修辞表达与连岳序中说的"以科普的名义暴打一顿"堪称异曲同工），他显然也无好感。

接下来让我们回到你的问题上来，松鼠们写作的时尚特征。我以前说过一句相当非理性的断言，时尚本质上是反科学的。我最初的意思是说，从事与"时尚"密切相关工作的人，比如时尚报刊的编辑记者之类，通常都很容易接受人文主义的观念。联系到本书来说，作者们恰恰就是这样一类人，所以他们应该很容易接受连岳在本书序中所表达的观念。尽管本书作者们是不是都完全赞同连岳的序，也许不是没有疑问的。

■ 你提到这本书的两篇序言，说其中是有某种"沉重"的负载，这我同意。但值得注意的是，这种"沉重"的负载，恰恰只是体现在他人写作的序言中，并未直接、具体、鲜明地体现在正文中，而正文的文本，才是代表科学松鼠会成员们的

谁要重出江湖？谁能再振雄风？

本真倾向。当然，他们比以往那些在序言中被批评的人士，显然要开明得多，能够在某种程度上接受或容纳序言中这种意识形态的沉重。这当然是非常好的倾向。

另一面，就你所说的时尚与反科学的问题，我估计，松鼠们大概不一定会认同。在年轻一代中，时尚是一种潮流，并不一定涉及反科学主义与否的问题——这样的问题也很可能并不在松鼠们的优先考虑之列。这种不考虑，也正是相对于我们所说的"沉重"而言的轻松，这种轻松，甚至会带有某种游戏的性质。在理想情况下，说他们可以接受某种程度的人文主义观念，也许是对的，但说"容易"接受，恐怕就不一定严格了。这时，同时也就引出了下一个问题，即这些松鼠们在以时尚轻松来品味、欣赏、传播甚至游戏科学的同时，他们通常并没有很深的人文主义背景，没有受过系统的对科学的人文研究的训练，这就成为他们的另一个特点。

□ 你的判断我大体上是同意的。你所说的"另一个特点"，其实也在我的思考范围之内，本文标题中的"谁能再振雄风？"，正与这个问题有关。既然"不管作者怎样说都可以有其他的分析"，那么我们不妨再回到姬十三的后记中来"深文周内"一把。

姬十三用了"复出"这个词汇，不是没有深意的。这个措辞表明，在他心目中，在科普这个领域，"世无英雄，遂使竖子成名"的状态已经持续得太久了！真正的高手们"默默隐忍"了许久，某些自命科学"正牌代言人"的"暴打"和"战争"想必也令他们齿寒，所以他们感到"该出发了"，决定亮出兵刃竖起旗帜出来闯荡江湖了。我猜测，这应该不仅仅是姬十三一个人的想法，至少也应该是松鼠会若干核心人物的想法吧。

当然，我们可以说，松鼠们的旗帜是"轻松"，松鼠们的兵刃是"游戏"。但接下来的问题是，和以往载着意识形态重负的传统科普相比，或者与意在衬托自己"英俊的科学面庞"的"暴打科普"相比，松鼠们的"新科普"前景如何呢？他们能不能将科学逐渐从公众话语中退出的局面一举扭转呢？或者说，他们能不能让科学在公众话语中重振雄风呢？说实在的，我对此还是有疑问的。

载上意识形态的重负，曾经是传统科普最务实、最可取的策略，但是现在时代变了，形势变了，公众不想再这么沉重了，于是传统科普衰落了。"暴打科普"其实也是师前者之故智（只是载上了另一种重负而已），所以也难免被公众冷落的结局。从这样的角度来考虑，松鼠们的新科普能靠什么来重振科普的雄风呢？

■ 我想，关键之处也许并不在于科普是否有意识形态负载，松鼠们目前的利器，我们已经看到的，大致有科学的背景，休闲的情致，时尚从而可为新一代时尚爱好者所欣赏的风格，以及非功利的热情，等等。当然，松鼠们不会，也不可能掌握江湖上所有的武功和兵器，但有了自己合手的兵器和量身定制的武艺，也就足够拼杀一阵子了。松鼠们现身江湖，绝对是科普界的一大幸事。关于松鼠们的前景如何，我不知松鼠们自己是怎样估计的，也许是比较乐观吧。

其实，谁也不可能永久地在江湖上称大，如果沿用江湖的隐喻，那江湖上就应该是门派林立，新人辈出才算兴旺。在科

谁要重出江湖？谁能再振雄风？

普的江湖上，有更多的松鼠出现，有不同品种的松鼠出现，那绝对是好事，才能构成彼此互补的多元化的科普的局面。这种在江湖上群雄竞争并存，各司其职，又彼此促进，恰恰是我们应该期盼的。反之，如果从消极的方面来想，如果科普的江湖上只有某一派单打独斗，那江湖也就不再成为江湖，科普也就寿终正寝了。

原载 2009 年 2 月 5 日《文汇读书周报》

看美国人怎样开发科学的娱乐功能

——关于《〈生活大爆炸〉之科学揭秘》*

□ 江晓原　　■ 刘　兵

□ 你一贯在接受时尚作品时比我思想解放，包容性也比我好。那个美剧《生活大爆炸》(The Big Bang Theory)，是我们这里许多研究生和青年教师喜欢看的，他们多次向我推荐此剧，我努力看了三集，实在看不下去，主要是那些笑料对我毫无作用，我觉得它们根本就没有什么好笑的地方。现在这本《〈生活大爆炸〉之科学揭秘》，我看完全就是为该剧的粉丝们准备的，没想到它居然会得到你的垂青，看来你也是该剧的粉丝了。

不过既然你建议我们谈谈此书，我就找了一本来看——这书我倒还是看得下去的。我比较感兴趣的是它的第五章和第七章，其余五章都是为粉丝们准备的，我既对该剧无法欣赏，这五章的内容对我来说也就难免毫无感觉了。第五章非常简短，仅有10页，我真正感兴趣的是最后一章（第七章）："A到Z，照亮暗物质"，这一章长达60余页，是《生活大爆炸》剧中的名词解释，因为涉及大量科幻小说、科幻电影、奇幻文学和流行艺术，我这才看出一点感觉来了。

---

* 《〈生活大爆炸〉之科学揭秘》，[美] 乔治·毕姆著，韩准等译，世界图书出版公司，2012年12月第1版，定价：49元。

看美国人怎样开发科学的娱乐功能

■ 这次我们谈这本书，倒是有一个我挺有兴趣的特殊切入点。因为，就科幻（或者说科学）影视，一直是你近些年来突出关注的东西，热情甚高，而且一直鼓吹科学的娱乐化。但《生活大爆炸》却是一个有趣的例外，你一直说对其不感兴趣。我想，讨论一下这其中的原因，应该是件挺好玩的事。

确实，这部作为喜剧连续剧的美剧，虽然没有在电视台正式公开放映，但由于网络的传播，在青年学生等群体中影响巨大。在大学中，不仅理工科学生，连众多文科学生也对之非常熟悉。我就记得在数次坐火车或飞机时，看到旁边的人用电脑看片，那片子就是这部连续剧。我曾想带学生就此作篇学位论文，但由于种种原因，一直未能做成。不过，前不久，在中国科学院大学参加那里的科学传播专业研究生的学位论文答辩，倒还真是有学生做了类似的论文。当然，对于这样一部在民间流行而且在青年人中很有影响的连续剧，进行科学传播的研究（当然视角可以很多样），肯定是有重要的学术意义的。

你刚才说到，你觉得此剧的笑料对你并非有趣，这我可以理解，也许这种情景喜剧的类型本身就不在你的欣赏之列。其实，我也一样，但《生活大爆炸》却是少有的例外（这甚至让我联想起好几年前我们曾对周星驰电影的评价而存在的分歧和争论）。而且，我觉得如果不管它的类型如何，仅就其内容来说，也还是颇为符合你所倡导的科学娱乐化的要求的，而且实现得非常彻底，就此而言，为什么也还不能构成对你的吸引呢？

□ 照常理，我应该是可以喜欢该剧的，因为说句大话，第七章名词解释中提到的科幻小说和科幻电影，竟然没有一部是我不知道的，剧中提到的科幻电影，我更是几乎每一部都看过，其中有多部我还发表过影评。而且我知道，许多喜欢看该剧的年轻人，对剧中涉及的不少幻想作品并不熟悉——本书第七章就是为这样的人准备的。不熟悉这些幻想作品的人还能够喜欢该剧，看来我之所以无法欣赏该剧，是个人的审美趣味不同之故。

如你所说，我一直主张开发科学的娱乐功能，而本书第七章表明，《生活大爆炸》非常努力地实践着这一主张。而且从该剧广受欢迎来看，这个努力是成功的。对这一点我当然持赞赏态度。

开发科学的娱乐功能，并不是传统科普老生常谈中的所谓"寓教于乐"，哪怕说成"寓乐于教"也能比前者更接近事实一些。事实上，这类作品根本就没有"教"的念头——年轻人现在特别反感别人来教育自己。虽然书中说，《生活大爆炸》剧组专门聘请了一位科学专家，加州大学洛杉矶分校（UCLA）的天文系教授，他的职责是检查剧本，以及"和制片人、剧本作者、演员、服装设计师等沟通，以便确保科学细节的准确性"，每集录制时他也到场，好随时解决临时冒出来的科学问题。如果真是这样，那这种态度比我们这里拍摄"科普节目"还要严肃认真得多，但从我勉强看过的三集（并不是第一季的前三集）来看，该剧没有任何"科普"的味道。我们这里那些爱看该剧的年轻人，也不是因为能够从剧中获得"科学知识"才喜欢它的。事实上，不少喜欢该剧的文科学生对剧中所涉及的许多科学术语和科幻作品并不理解。

■ 我同意你说的此剧绝无科普味道。事实上，那些我们

看美国人怎样开发科学的娱乐功能

看着更像科普的西方电视节目,像 BBC 或国家地理频道的科学节目,据说,人家也是按娱乐节目来制作的。不过,恰恰正是这样并非以科普为目标的节目,相比之下,其"科普"的效果反而要更好些。

你提到的看此剧的知识背景问题,还只涉及了像科幻小说和科幻电影之类。其实我原来曾想过的倒是,剧中许多的幽默笑点,经常与物理知识,甚至与相当高深的物理知识有关,那么,这又需要观众具备什么样的科学基础,才会真正领会其中的幽默呢?我曾想让学生就受众在不同物理知识背景下在何种程度上能理解科学幽默做一调查并写文章,这样应该可以帮助我们了解广大青少年在热爱这个剧的同时理解了多少基于科学的笑点,可惜一直未能做成。

但吊诡之处在于,那些显然并未具备相应的物理学知识(按此剧涉及的物理学,恐怕至少也得大学以上,甚至物理专业的学生才能基本理解吧)的青年,却依然如此狂热地喜爱、追捧此连续剧,以至于连像此书这样的粉丝手册都出版并译成中文。这其中的道理,确实是值得我们思考的。你说呢?你能否设想出一些解释呢?

□ 我倒是问过几个研究生,他们究竟为何喜欢该剧,答案言人人殊。其中比较让我印象深刻的,是有一个学生说,她喜欢剧中所透出的"学院气息"。这个答案让我颇为意外,也可见人们喜欢该剧的原因可以多样化到何种程度。

另一个重要的问题,我认为是"笑点"。我注意到,喜欢该剧的学生通常都不反感那些笑点,尽管也有学生认为"可能美国人的笑点比较低"。而另一方面,我估计很少有年长的人喜欢该剧——除了你，我没有遇到这样的同龄人。所以我的一个重要猜想是，随着年龄增长，笑点会随之提高。这似乎可以这样解释：年长必然阅历丰富，阅历丰富当然就会对许多事情见怪不怪，笑点自然也就升高了。笑点升高的结果，就导致我的那种感觉——认为剧中那些笑料毫无可笑之处，甚至相当低俗。

■ 我曾说过，一般地讲，我也不喜欢看美国的情景喜剧，其中原因也就是你刚刚分析的像阅历与笑点，以及是否低俗之类的吧。当然，《生活大爆炸》这部剧确实是个例外。反思一下，我觉得，像一般情景喜剧一样的那些用机器的声效来烘托的所谓笑点，我也没什么感觉，但与此同时，却还是会在一些地方，能够感觉到一些颇有味道的基于科学调侃的幽默。

你注意到不同的人对此剧感兴趣的理由各不相同，也许，并无必要非得找到一个统一的原因，但众多的人喜欢它，而它又在内容上那么与"科学"相关，这也就够了，就已经足以成为广义上的科学传播中的一种成功的特殊类型的作品了。更何况，人民也需要娱乐嘛。

原载 2013 年 6 月 7 日《文汇读书周报》

科普好书，想说爱你不容易

——2002年度"科学时报读书杯"评奖回顾

□ 江晓原　■ 刘　兵

《科学时报》编者按：

　　当我们听说两位评委——"科学时报读书杯2002年度科普佳作"的评委江晓原教授和刘兵教授将就评奖本身进行一次对谈时，就感到他们对这一项事业的认真和执着。听说这一创意诞生于江教授从北京参加完颁奖会回到上海家中的那个下午。在这半个月中，两位评委对此次评选的方方面面——评委的身份、奖项的更新，对科普的人文审视、体制化的学术与普及和民间化的学术与普及进行了阐释和说明，它不仅凸显了此次活动的价值、意义，也是对科学普及、科学文化传播理念的探究。相信，它会引发出版管理部门、出版社以及学者的一些思考。

□ 一年一度的科普佳作的评选又已经揭晓。与2000年度、2001年度的评选相比，此次2002年度评选在各方面都有了很大的变化。我二人都忝为此次的评委，很想与兄就此次评选工作清理、讨论一回，也算是我们的一番工作回顾吧。我首先想到两方面的变化：一是规则的修改；二是奖项的更新。你看还有没有别的重要方面？

当代科学争议

■ 这两个方面当然是最重要的。不过,这些还仅仅是表面的变化而已,在这些变化背后,其实,是牵扯到许多关于国内目前科学文化,或者说广义的科普所面临的许多重要问题的。比如说,涉及科普创作目前的现实水准,科普创作队伍的构成、特色和人力智力资源的储备,专业科普研究和评论人员的缺少,科普图书出版、宣传、评价机制的问题,等等。更一般地讲,也涉及社会学中奖励系统的许多问题,如奖励的机制、意义、公正性,以及这些一般性的要求与当下国内科普图书创作与评价的实际情况的结合乃至妥协等。要在一篇篇幅如此有限的对谈中,详尽地涉及所有这些问题,恐怕是无法完成的任务,那么,是不是我们还得从中选择一些目前最有争议同时也最重要并迫切需要讨论和澄清的问题来谈一谈呢?

□ 我看最值得澄清的是回避规则的修改。这次的做法是:九位评委中,任何一本书如与某评委有关(撰写、翻译、主编、策划、编辑、出版),该评委即不得对该书投票。每个评委对各书以百分制打分,累加起来构成各书的得分;为了确保各书得分的公平,又对每书得分除以对该书投票评委人数——举例来说,《人生舞台》没有评委需要回避,得分就被除以9,而吴国盛的《科学的历程》得分被除以8(因为他本人不得对该书投票)。最后以经过上述程序处理的分值来决定当选与否和排名先后。

这种做法,实际上和许多学术刊物的编委会工作程序是一样的。我好像没有听说国内有哪一家学报规定"本刊编委不得在本刊发表文章"——你听说过吗?那么对于本刊编委的文章怎么处理呢?通常都是当定稿会议上讨论到该文章是否刊用时，是该文作者的编委回避，并无权对该文投票。这个做法，好像大家从无异议。

■ 我倒是真的见过有类似声明的国外刊物，但只是极个别的例外。不过，毕竟刊物不止一种，一般来说，一个人也不会成为某一领域所有刊物的编委，这里发表不合适，还可以到别的刊物上去发表，不至于严重影响学术的交流。可是，就算不考虑现有的合格评委的人数，科普评奖国内现在能有多少种。

我倒是觉得，如果能够回避的话，从对公正性在机制的保证上来说，确实是一件更好的事。但之所以这次评奖，以及一些其他的评奖，比如说国家评的优秀科普图书奖等，都没有做到彻底的回避，是有着背后的深层原因的。前不久，我也曾参加一个级别很高的儿童文学的评奖活动，那个奖的评选，倒是很彻底地坚持了回避原则的，但我发现，就仍以并非最热闹的儿童文学领域与目前的科学文化领域相比较，其间是有着很大的差别的。例如，在儿童文学界，有专门的创作者，有专门的研究与评论者，也有身兼两任的人，在这样的情况下，回避是可能的，因为毕竟有一支专业的儿童文学的研究与评论队伍，而那些身兼两任的出色创作者与研究者，也会有创作的间歇。但目前在科学文化界，你听说过有多少专业从事研究与评论工作但又不从事具体创作的人。这当然不是理想状态，但却是一个让人无奈的现实。正是在这样的现实下，在评奖中，才会出现无法回避的情形。

□ 这和科学研究中的"同行评议"也是类似的。所谓

"同行",当然是指在从事着同样性质工作的人。科学研究要由同行来评议,是因为只有同行才有资格、有能力来进行这种评议。而同行评议,通常也不会专找已经淡出该领域多年的人士,因为淡出研究领域多年之后,对现今的情况就难免逐渐隔膜,同样会失去进行客观评议的能力。

现在这个领域真正在积极工作着的人数是非常少的,这就使得在保证"同行评议"的原则下,绝对理想化的回避制度很难实行。如果总是让不做或极少做科普工作的人,来评议当下辛勤工作着的人的成果,那就不叫同行评议了,又有多少公正可言呢?

■ 与这次评奖相关,也与有关回避问题相关,曾有过一些议论。对于那些居心叵测的议论这里就不说了,但也有些议论是值得注意的。比如说,对于传统科普与科学文化之差异的看法。传统科普与科学文化之间差异的存在,本来是一个不争的事实,而后者的出现,也是"科普"领域的一种发展。而且,在科学文化这个称呼下,也确实包容了许多过去作为主流的传统科普所不能包容的内容。也许,正是关于这些内容,尤其是对科学的人文审视,使得一些过分地习惯于传统科普的人,以及一些极端的唯科学主义者们感到不舒服。

而这次评奖,在评委中,确实从事科学文化的研究与传播的学者占了绝大多数。但这绝不是什么坏事,反而是代表了科普发展新趋势的好事。其实,任何评奖,甚至包括像你所谈的学术上的同行评议,也都绝不可能是绝对地中性的。否则,在学术界,甚至在科学界,怎么还会有学派存在?问题只是在于这种"非中性"的倾向性是否是进步的。当然,倡导一种多元的并存也是必要的，传统的科普，也即以关注对具体的科学知识的普及与传播为特色的科普，也有其重要的价值。在这次评奖中，也还专门给予了传统科普作品以等额的获奖名额，这不正是坚持多元性的表现吗？

□ 这次评选中将"科学文化"与"传统科普"并列，清楚显示了观念的拓展。说句题外话，我很高兴看到"科学文化"这个字眼如今使用得越来越广泛，因为我是最早大力使用这个字眼的。我喜欢这个字眼的含义之不确定性，这种不确定性蕴含了广阔的拓展空间。奖项的创新，实际上反映了对科普概念的拓展，这正是与时俱进的表现。我相信绝大部分学者会为此感到高兴。

■ 谈到"科学文化"这一概念在国内出版与传媒中的应用，我也可以与你争一争，或者说，我也是较早地鼓吹使用这种提法的人之一吧。不过，在这里，我还想再谈另一个相关的问题，即体制化的学术和普及与民间化的学术与普及的问题。当然，这种说法也有些不够准确或含混之处，但也关系不大。在一些私下的场合，与朋友们一起，曾开玩笑般地把后者称为"NGO"的，相应地，前者就是"GO"的了。

其实，体制化，或者说建制化，也即英文的 institutionalization，本是包括科学在内的学术发展的重要进步和标志。但在中国，长期以来，学术共同体在相当大的程度上缺少了必要的所谓"自主性"。这一点，与我们在体制意义上的学术评价系统以及学者的生存状态也密切相关。比如说，现在你要在一个学术机构中生存，那么，你就必须去争取各种基金，去努力获得各种奖项。但长期以来，无论基金还是奖励，都是由各种行政部门管理运作的。但近些年来，一种值得注意也令人欣喜的现象开始出现，即"NGO"式的学术与普及开始在某种程度上兴起。虽然这种学术与普及还不大为官方的一些机构所认可，很难作为评职考核之类的依据，但它却是在一种更加市场化、更加民间化的方式下，以更高的学术性，获得了更多受众自愿的认可。不信，到书店里看看就是了，不是说官方的基金资助的项目没有出色成果，但至少在比例上，相当多数出色的著作大多是在那种民间的意义上完成的。它们的基础是市场和更为纯粹的学术。这种承认已经属于广义的学术奖励系统的问题了。相应地，在狭义上的民间化的奖励，也有上升的趋势。我以为，像"科学时报读书杯"这样的评奖，基本上就属于这种民间式的。在这种意义上，它的价值，或者说，在学术、市场甚至观念上的含金量是很高的，因而，也就更是值得鼓励和重视的一种进步。

□ 这一点我深有同感。如今市场的筛选已经成为对学术价值的一个重要判据。这是因为存在如下一个事实：即图书出版的生产力，已经大大超出好书写作的生产力；也就是说，好书不愁没有地方出版。对于一本好书，出版社或取其名声（社会效益），或求其利润（经济效益），或名利双收（所谓"双效益图书"），而这就是市场的筛选机制。

■ 你这里谈到的是市场，这只"无形的手"对好书的有力选择。但你这里用的市场概念，已经是很宽泛的了，似乎也包括了学术与公益的方面。除了经济的调节作用，对于那些由于种种原因,主要还是体现了学术效益或者说社会效益(我总觉得后面这个词有点给人用滥了)的书,也需要纯经济的市场之外的承认。正如前面所讲的原因,这就显示出"NGO"类奖励的价值了。

但是,面对这样的"市场"推动和筛选,而且是很严格和无情的筛选——这就是市场的特点,剩下来的合格作者就为数不多了,至少,在广义的科普的领域中大概是如此。有人可能会不同意这种说法,会提出,现在图书市场上不是有那么多种"科普"书吗?怎么会缺少作者?

其一,现在的科普图书市场还不是一个完全进入良性循环的市场,真正成为严格意义上的畅销书的作品为数极少,更多的书,还体现在学术和社会效益上,而后者的评价,在"GO"和"NGO"的系统中,标准又是不完全一致的。

其二,真正参与过科普图书策划出版的人都会对合格作者(包括译者!)资源的缺乏深有体会。因此,就出现了在创作出版过程中"供"(当然是指合格的、高水平的"供")不应求的局面。由于我们过去以及现在的教育体制,也由于长期以来"GO"的评价体制,在短时间内,这种作译者资源短缺的局面恐怕还难以有很快的转变。但这并不等于我们就只能无所作为。像这次"NGO"的"科学时报读书杯"科普图书评奖,就完全可以认为,正是改变这种令人不满意的现状的一项重要努力。

□ 关于此次参评图书的来源,因为涉及代表性问题,也值得稍做回顾。事实上,将科普或科学文化图书作为重要方面的出版社并不是很多(正如前些时候《中华读书报》一篇述评中所说的那样,近年上海是这方面的重镇)。考虑到这一点,此次参评图书的代表性其实已经相当不错了。

当然,像这样一个"NGO"类的评奖,在运作过程中,还会有许多的困难,包括经济上的困难,也包括在更多人的观念与认可上的问题。关于此次评奖中的收费问题,实属不得已之举,如能不收,当然更好。我想随着这一活动越办越好,应该有机会得到赞助,那就可以不必收任何费用了。从目前的势头来看,它无疑是很有发展前途的。经过一段时间的积累和考验,它肯定会拥有更大的影响力,也就会有更多的参与者,而一旦进入到这种良性循环,那些困难也就会逐渐解决了。

■ 作为任何一个奖项,都有一个培育和发展的过程。再加上我们前面谈到的那种"GO"与"NGO"的分类和评价机制,一些出版社或是由于体制的原因,或是由于只注重"GO"的奖励——毕竟在现有的体制下,对于出版社领导乃至具体责编的议价系统中,"GO"类的奖励仍占有举足轻重的地位。但我们也会看到,随着"NGO"学术的兴起,对于那些更注重实际的舆论宣传和市场化效应的出版社来说,这种"NGO"的奖励也有着它不可替代的作用和功能。正因为如此,才会有许多注重这种效果并出版了许多科普和科学文化优秀作品的出版社将其图书报来参评。

□ 此次评选工作的负责人杨虚杰女士,还有一个很好的想法:下一届评选工作应该提前若干天完成——在一年一度的北京图书订货会开幕之前将佳作评出,这样,获奖图书就可以在订货会上就此进行宣传,这既有利于获奖图书增加订数,同时也增加了评奖的影响力,我认为这实属一举两得的好主意。

附记:

限于篇幅,2003年1月31日《文汇读书周报》上的《南腔北调》(5)发表的是该文的删节本。此处收录的则是原载2003年1月30日《科学时报》的完整文本。

原载 2003 年 1 月 31 日《文汇读书周报》

嗟乎，科普书当如此也！
——关于《改变世界的方程》*

□ 江晓原　■ 刘　兵

□ 这是一本非常引人入胜的书——这么说其实还是太苍白无力了。

当年汉高祖刘邦"微时"，有一次在咸阳瞻仰秦始皇帝出巡，不胜欣羡，感叹道："嗟乎，大丈夫当如此也！"当我读到《改变世界的方程》这本书时，一瞬间，脑子里就跳出了标题上的这句话。

从汉高祖，我又联想到宋人刘克庄《沁园春》词中"使李将军，遇高皇帝，万户侯何足道哉"的名句，这种假想不同历史时期的人物相逢的情境，本来是相当有想象力的，只是在我们这里被搞笑的"关公战秦琼"给糟蹋了。

本书作者是著名物理学家，他显然是受到伽利略《关于托勒密和哥白尼两大世界体系的对话》一书的启发，所以也采用了三人对话的形式来阐述本书的主题。但是书中选定的对话三人却极具创意，他们是牛顿、爱因斯坦和所谓的哈勒尔教授（可以理解为就是本书作者）。这是与本书主题极为契合的。

---

* 《改变世界的方程——牛顿、爱因斯坦和相对论》，[德]哈拉尔德·弗里奇著，邢志忠等译，上海科技教育出版社，2005年7月第1版，定价：21元。

嗟乎，科普书当如此也！

■ 在普及性的有关科学的著作中，采用对话体，确实是一种很好的方式。像你提到的伽利略写的对话，就是成功的典型例子。而在这本《改变世界的方程》的书中，作者也是很得体地采用了这种文体，而且是采用了跨时空的对话方式，让三个不在一个时间的人一起交流。试想一下，当你试图在今天面对牛顿，向他介绍在他之后的物理学的发展，并想说服他，让他接受相对论，这是多么有趣的一件事。类似地，这种跨时空的对话体，在像《哥本哈根》那样的戏剧中，也是被成功采用过的，只是此书的主题不同而已。

我们看到，此书实际上是以爱因斯坦著名的质能方式为背景和主线，以牛顿以来的重要物理学概念和问题作为结点，以对话的方式，写就了一本非常独特的近现代物理学史。而且，这样的物理学史，尽管在虚构场景与对话的意义上，不属于那么标准典型的科学史，但在普及的意义上，却显然更有利于普通读者了解和理解作者想要讲述的内容。这应该是一种特殊类型的普及式的科学史写法吧，你说呢？

□ 确实，我们将本书看成一本牛顿以来的物理学简史，也是完全可以的。如果这样看问题，那么我们是不是可以说，科学史著作还从来没有人这样写过。

本书的主题是相对论、时空结构和质能关系。作者让三个来自不同时代的人聚在一起讨论同一个主题，这本身就给各种想象的花絮提供了丰富的空间，所以书中许多妙趣横生之处，每每让人会心一笑。牛顿起先对自己的绝对时空充满信心，但是随着讨论的深入，他逐渐接受了相对论。至于哈勒尔教授，当然也不能扮演傻瓜的角色，他的优势在于，他比牛顿多活

250多年,比爱因斯坦也多活了33年(原书初版于1988年),他知道物理学在两位伟人身后的各种新进展,因此也能够在讨论中提供有益的意见,尽管他"确实感到与这两位物理学巨匠为伍有点胆怯"。

■ 我同意你的说法,至少在我的印象中,我还没有读过这样一种特殊类型的科学史。其实,作者展现的虽说是爱因斯坦和作者在与牛顿的交流中解说相对论及物理学后来发展的情节,但实际上,牛顿几乎是作为作者想要为之解说的普通读者而存在于此书中的,不知你是否同意这种说法。因为,对于普通人来说,在没有学过相对论和现代物理学之前,心中所想象的有关概念(这也部分地与大众传播有关),更多的是那种比较经典的物理学观念。作者和爱因斯坦说服牛顿的过程,不也正是作者想要说服那些普通读者并在同时向他们普及现代物理学知识的过程吗?

□ 正是这样。其实书中爱因斯坦和哈勒尔说服牛顿的过程,我想你我在一定程度上也亲历过。我清楚地记得,当年我在南京大学,学完理论力学之后,牛顿的绝对时空体系已经在我头脑中建造得非常完美,接下来学电动力学,开始接受狭义相对论,再往下是广义相对论,要求我们超越牛顿的体系,这个过程,其实和本书中牛顿逐渐被说服的过程是很相似的。只不过那时努力说服我们的不是爱因斯坦,而是南京大学的物理学教授,以及那些物理学参考书而已。

本书还有一点也让我印象深刻。作者在引言中说:"任何一个为普通大众撰写科学著作的人,都必须仔细地斟酌讲什

嗟乎，科普书当如此也！

么，尤其是不讲什么。"这实在是高手深有体会之言。本书虽有许多假想的花絮穿插其中，但是在核心的科学内容上，却是思路清晰，取舍有度。而国内的许多科普著作之所以不能吸引人，一个重要原因就是对于"不讲什么"未能仔细斟酌。许多作者总想面面俱到地将所有事情都讲到，结果读者一打呵欠，一扔书，全部白写。归根结底，恐怕还是"教科书情结""教师爷情结"在困扰着许多中国作者吧。

■ 这个问题，恐怕就是在科普写作中必须要有所放弃的重要意义吧。我们确实经常看到一些科普作者在其著作中，唯恐少说和漏说了些什么，结果在海量信息面前，让读者反感而连最核心的内容也没有接受。其实这也是一个治史的问题。任何一部历史必然都是有删节的，这本是史学的常识。普及性的科学史又是非常重要的一种科普形式，而在将史学与科普相结合时，删节的问题就更为突出了。这也是该书作者带给我们科普作家们的一个重要的经验和启示。

□ 这里我又想到形式和内容的关系问题。如果本书不采用假想的牛顿、爱因斯坦和哈勒尔教授的"超时空对谈"形式，而是采用通常的平铺直叙，其内容仍然不失为一本相当简洁明快的现代物理学简史。但是"超时空对谈"形式的采用，除增加阅读趣味外，还可以将作者自己的某些人文情怀融合进去。书中的许多花絮，比如牛顿对现代设施的感受和评论之类（当然，本书作者作为一个物理学家，肯定会让牛顿很快就掌握这些设施的使用方法）。

也就是说，某种形式的采用，会影响内容的取舍。而我们以前的老生常谈是所谓"形式为内容服务",这就将形式变成完全从属的、跟随在内容后面的东西,而忽略了形式本身对内容的作用。我有一个猜测,对形式的重要性、能动性的忽视,也许是我们的科普作品不能吸引读者的重要原因之一。不知你以为如何?

■ 是的,正是如此。也许,对我们过去和目前的科普创作状态和问题,是需要进行一些系统的梳理和反思的,而这里讲到的写作形式重要性,只是反思中的一个问题而已。正像许多历史研究一样,对过去的成就,没有人可以全盘否定,但这并不意味着人们不应该对历史进行反思,在反思中所发现的问题,在历史中,那肯定是有其历史理由的,但历史中的理由不应该成为在现实中依然坚守过去的说辞。

可惜的是,到目前为止,我还没有看到过以这样的方式来系统地回顾中国科普创作史的著作。

原载 2005 年 12 月 9 日《文汇读书周报》

科学素养:它到底是什么呢?

□ 江晓原　　■ 刘　兵

□ 刘兵兄,这是一本印数很少、通常不容易看到的书。但我认为很值得注意,而且特别想和你来谈一谈。

这是中国科学技术协会所进行的第五次中国公众科学素养调查的结果。这种调查*,美国进行得最早,从1957年就已经开始,从1972年起固定为每两年进行一次,至今没有间断。什么是"科学素养",自然是有争议的,中国的调查,基本上采用了美国、日本和欧盟国家所采用的标准,但也根据中国国情做了少量修改。这样,中国的调查结果就可以和国际上进行比较。

这次测试的结果,有些还是相当有趣的,比如,只有38.3%的人知道地球绕太阳转一周的时间是一年;只有18.9%的人知道激光不是因汇聚声波而产生的;只有34.1%的人对术语DNA有所了解;仍然有65.7%的人弄不清楚因特网究竟是什么东西……

■ 确实,这次调查的数据非常丰富,从中可以分析出许多问题。这里我先说两点我注意到的调查结果。

---

* 《2003年中国公众科学素养调查报告》,中国科学技术协会"中国公众科学素养调查课题组"编,科学普及出版社,2004年5月第1版,定价:60元。

其一，虽然 2003 年我国公众具备基本科学素养的比率仅为 1.98%，这也就是说，平均在 100 个人中，只有不到两个人具备基本的科学素养，无论在对科学知识还是在科学方法的理解上，与欧盟、美国、日本等发达国家和地区相比，都处于落后的状况。但与此同时，值得注意的是，在这种并不理想地具备科学素养的情况下，我国公众对于科学技术的一般看法和态度却以持肯定态度的居多，例如，68% 的公众非常赞成"科学技术的发展会给我们的后代提供更多的发展机会"，56.7% 的公众非常赞同"总体上说，科学家的工作会使我们的生活变得更好"，如此等等。而对科学技术发展持保守态度的公众则明显是少数。这意味着，那么多对科学技术持肯定赞成态度的人，其中真正具备基本科学素养，也就是说对科学技术有最基本了解的人，其实比率是很低的。但尽管如此，公众还是肯定科学技术，这种反差，不是很能说明问题吗？

□ 公众对于科学技术的看法，确实是极为重要的数据。但是我也注意到了另一种情形：例如，对于"有了科学技术，我们就能解决面临的所有问题"这样一个唯科学主义的陈述，有三分之一的人表示"非常反对"（12.0%）和"有些反对"（21.8%），而在"大学及以上"学历的人当中，这两个数据则高达 25.0% 和 44.4% 之多。这说明在中国知识阶层中，对于科学技术的作用及其局限，已经有相当多的人能够有较为清醒的认识。换句话说，对于科学技术较为了解的人，更能意识到科学技术的局限性。这和你注意到的上述反差，倒是有着某种内在的一致。

实际上，我们在生活中也很容易看到这样的现象：那些对

科学素养：它到底是什么呢？

科学技术了解很少，甚至几乎没有什么感性认识的人，有时候反倒是更为坚定的唯科学主义者，是对科学技术的盲目崇拜者，是"有了科学技术，我们就能解决面临的所有问题"这种信条的坚信者。他们的这种盲目崇拜和信心，是不是来自我们多年来传统的"科普教育"呢？

■ 你说的不无道理，不过，那还要看你所说的"科普教育"的具体所指。我觉得，在最狭义上的传统的科普教育，自然是造成上述情形的一个因素，但就像我们现在经常分析狭义的传统科普的影响力之有限一样，其实造成这种情形更重要的原因，我以为还是来自广义的一般传播对于科学形象的树立，即在不涉及具体科学知识（传统科普至少还普及了具体的科学知识）的情况下，将科学意识形态化的结果。

此外，在这份调查中，还有另一问题也是值得注意的，即在对待科学技术态度方面，与国际相比较，也有些数据很有意思。例如，美国有47%的人认为科学技术利大于弊，而中国却有高达71.3%的人持这种看法。即对于科学技术之利大于弊的问题，中国人远比美国人要乐观。而对于"我们过于依靠科学而忽视信仰"的认可，美国人是51%，而我国却只有23.8%。这一正一反，也同样很说明了些问题。是不是可以说，在国内外无论狭义还是广义的对科学知识和形象传播上的差异，也是造成这种公众对待科学技术态度差异的原因呢？

□ 我想确实是这样的。不过，这与到底什么是"科学素养"也有关系。

本书中所反映的调查，基本上采用了美国的标准，所以我们可以认为，本书中的"科学素养"，基本上也就是美国同类调查中的"科学素养"。这样的"科学素养"，我看上去主要包括四个方面。

一、对科学术语（比如DNA、Internet之类）和科学知识（书中称为"科学观点"，比如"地球绕太阳一周需要一年"之类）的了解。

二、对科学方法的了解。调查中只有3项内容，即"科学研究""对比实验""概率"。

三、对迷信（5项：求签、相面、星座预测、碟仙或笔仙、周公解梦）的相信程度。

四、对科学技术的看法（包括对诸如"我们过于依靠科学，而忽视信仰""有了科学技术，我们就能解决面临的所有问题"这样陈述的态度）。

你认为以这些内容作为"科学素养"（或者说作为"科学素养"的代表），是否合适？是否可行？

■ 你说到"科学素养"，或者说，等于提问究竟什么是"科学素养"，或者，什么是合理的"科学素养"？这就进入到另外一个大问题了，而这确实也是一个非常非常重要的问题。应该说，这也是一个极有争议的问题，在这里几乎无法全面地进行详细的分析和讨论。不过，就这份调查问卷的问题来看，如果我们先对于像公众对科学的态度等方面的问题回避不谈（不谈不等于说不重要，其实是确实也是非常重要的），仅就公众对科学"知识"之了解部分的调查来看，调查问卷着重涉及的都是一些像"分子""DNA""因特网"等概念，在对生活中与科学有关的问题以及公众对科学观点的了解程度的问题，其

科学素养：它到底是什么呢？

中涉及的，也都是一些近代西方科学的概念和知识。

那么，至少可以提出这样一个问题，对于中国公众（注意中国这个限定词），合理的"科学素养"（起码在科学知识部分）是不是一定唯一地要以了解西科学近现代科学的知识为全部的依据呢？如果按照这种标准，那其实是对科学概念的一种最狭义的理解，倒不如说是对中国公众的"西方近现代科学素养"的调查。例如说，在某种看法中，一些对于中国公众的生活和文化关系更为密切而且影响更为深远的"地方性知识"，就完全没有包括在这份问卷的"科学素养"的内容中。

比如，对于中国公众，有关中医的知识，是不是也可以看作是既有文化传统又有实际意义的"科学"（当然是更广义的"科学"）素养的一部分呢？（当然，对于时下偶尔可以听到的将中医划归"伪科学"的谬论就不在这里批判了。）在有关公众理解科学的西方研究中，也是有着强调"地方性知识"的重要性的理论的。而在我们看到的问卷中，真正涉及"地方性知识"的内容，反倒只是在公众对"迷信"的相信程度那部分，也即求签、相面、星座预测、碟仙或笔仙、周公解梦等等，这实际上有意无意地反映出了一种对"地方性知识"的蔑视，也是与公众理解科学理论的发展趋势相不一致的。

□ 我应该承认你说得很有道理。但是，这样一份问卷，只是对一般公众进行的相当表面的调查，要求在这样的调查中考虑到"地方性知识"，未免有点苛刻了吧？这个调查，实际上就是关于中国公众的"西方近现代科学素养"的调查。

我的意见是相当技术性的，主要是对于上述"科学素养"的第二方面。我觉得这方面只有3项，非但数量太少，缺乏足够的代表性，而且这3项内容本身，又或多或少都有可疑问之处，例如：

第一项"科学研究"中，完全忽视了模型问题，而这对于科学研究来说是极其重要的。

第二项"对比实验"，规定的正确答案是3，其实3是关于"服药"的对比实验（服真药和假药的对比），而2是关于服真药和不服药的对比，为何不能算是一种对比实验？

第三项"概率"，问卷中的问题全都是关于"独立随机事件"的概念，这固然是概率理论中的重要概念，但是在这样一张问卷中，是不是应该问些更基本的概念呢？

■ 如果说就把它当成"西方近现代科学素养"调查，那当然这种调查法至多只是在技术上可以提出一些疑问，那样，你提的那些问题当然是有道理的。不过，我还是觉得，为什么我们进行科学素养调查就一定只是针对西方近现代科学素养呢？我甚至觉得，调查者恐怕也不会理直气壮地这样讲吧。其实，我们为什么就不能把科学的概念扩大些，使之更合于中国的国情、文化和需求呢？我们不是经常讲中国特色吗？既然发展科学的目的应该是使人类生活得更好，为什么不沿着这个目的去提高我们应有的科学素养呢？例如说，对中医的了解，或者说"素养"，对于中国人来说，无论是那些处于不发达地区的人，还是身患西医一时难以治愈的疾患的人，还是那些更热爱传统文化的人，等等，不都是相当重要而且不可或缺的"科学素养"吗？甚至从历史文化的意义上也还可以有更多的说法。

正因为如此，如果我们要更理想化一些，对于科学素养调

科学素养：它到底是什么呢？

查本身，特别是它背后的潜在观念，进行一番分析，也许比那些技术性的问题的分析要更为重要。技术性的问题总是相对好解决的，而观念，却是很难有大的变革的。但是，在为人类，为中国人生活得更幸福的前提下，真正要提高中国人的"科学素养"，这种（关于科学，以及关于科学素养的）观念的变革却是首位重要和不可缺少的！

原载 2004 年 9 月 3 日《文汇读书周报》

什么是"公众理解科学"?

□ 江晓原　■ 刘兵

□ 有些人对于我们所主张的,以"公众理解科学"或"科学文化传播"来升级、拓展传统的"科普",或是因守旧而难以理解,或是因偏见而易于激动,颇有微词。现在这本《公众理解科学》*(The Public Understanding of Science)正好可以给我们上一课,看看这两者之间到底有什么区别?而我们的主张又到底有什么理由?

此书是英国皇家学会会员博德默(W. F. Bodmer)领导的一个特别小组提交的报告,并且得到了皇家学会理事会的批准。皇家学会认为这份报告所讨论的问题极为重要,为了引起广泛的注意,已经决定免费发行该报告的简写版。

报告开宗明义地指出,所谓"公众理解科学""理解"的含义是,"不仅包括对科学实事的了解,还包括对科学方法和科学之局限性的领会,以及对科学之实用价值和社会影响的正确评价"。这是一个非常完整的定义。而我们传统的"科普",恰恰只有对部分科学实事的了解,后面的全都没有。主张以"公众理解科学"或"科学文化传播"来升级、拓展传统的"科普",主要的理由就在这里。

---

* 《公众理解科学》,英国皇家学会编,唐英英译,刘华杰校,北京理工大学出版社,2004年11月第1版,定价:12元。

什么是"公众理解科学"?

■ 是的,你讲得非常正确。这份报告,确实是英国甚至世界范围内公众理解科学工作的一份经典文献。从中我们可以看出,公众理解科学这个领域在最开始时,就以什么样的一种面貌出现。将此与我们通常会见到的那种对于传统科普的理解相比,我们也会发现其间的差异,因而,尽管现在经常有人近似地将国外的公众理解科学对应为我们的科普,但也有人对此持不同的意见。也正因为如此,我们更应该重视其间的差异,这才是改进我们工作的出发点。

例如,在这份报告中,谈到了一个基本的论点,即"提高公众理解科学的水平是促进国家繁荣、提高公共决策和私人决策的质量、丰富个人生活的重要因素"。在这里涉及的几个要点中,促进国家繁荣只是四个目标中的一个,而后三个目标,在我们的传统科普中,以及在我们对于普及科学意义的传统认识中,也是经常被忽视甚至无视的。其实,这些目标,与像《美国国家科学教育标准》中所提出的对学生进行科学教育的目标也是非常一致的。

□ 说到底,科学是为人类的福祉服务的,如果"以人为本"地看待科学,这正是题中应有之义。所以"提高私人决策的质量""丰富个人生活"这样的目标,本来是极正常的,而且对科学自身来说也是极有益的,这将使公众感到科学与自己的生活更近、更息息相关。只是在我们多年来尚未彻底抛弃的某种陈旧语境中,它们听上去才好像是标新立异的。

这份报告对于目前此间关于"唯科学主义"的争论来说,确有对症下药之效。比如,报告中大声疾呼,希望"那些身居要职的人物对科学与技术能做什么和不能做什么至少有一点理解"。这显然也不是无的放矢之言。事实上，在科学技术成就如此辉煌的今天，提醒人们科学并不能解决一切问题，确实不无必要。

又如，报告专门有一章讨论科学界与媒体的关系，对我们也很有启发。报告分析了双方行事的规则以及基本诉求的不同，在此基础上建议双方寻求更为和谐的关系。在我们这里，科学界与媒体的关系也经常是不和谐的，双方通常相互轻视，因而也不愿意进一步增进相互之间的了解。比如，许多学者认为"媒体总是胡说八道的"，而媒体从业人员则经常嘲笑学者们的迂腐和笨拙……

■ 这份报告其实涉及与公众理解科学相关的多个领域，讨论了公众理解科学与正规教育、大众传媒、科学共同体、普及机构以及工业界等的关系及这些领域对此在理想中应该承担的责任。对此，你上面的评论几乎也都以点评的方式"点到为止"地触及了。

如果回到最基本的前提和最终意义上来，我们可以清楚地看到，正是由于这份报告第一次明确定义了公众理解科学的概念，并进以皇家学会的身份对之进行了详细的论述，它无疑在世界科学技术普及史上或者科学传播发展史上具有重要地位，并因而不断地被人们引用和提起。而且，这份报告的另外一个重要结果就是公众理解科学委员会（COPUS）在1986年的最终成立，这是由英国皇家学会、英国皇家研究院和英国科学促进会联合组成的。这个委员会的责任是给公众理解科学提供重要的战略策略，使公众理解科学成为科学家的一个基本技能，并成为一项正式职业。

什么是"公众理解科学"?

但与此同时,我们还应注意到,这份报告也只是最初阶段的产物。它的某些基本立场以及当时提出的一些措施,随着科学技术以及其他社会方面的变化,已经不能适合现在"公众理解科学"的发展了,报告的基本假设和在这些假设指导下从事的一些研究也因此受到强烈的批评。因而,我们在阅读这份经典文献的同时,也应该注意到后来的一些发展,一些类似的但反映出公众理解科学理论更新进展的报告等文献。

□ 据我所知,一些后来有关报告已经或将要被引进,有的已经在翻译中,我们不久应该有望看到中译本。其实国外与此有关的报告或计划、标准之类(比如《美国国家科学教育标准》),我们近年已经陆陆续续引进过几种了,将来要是将这些文献集大成印成一巨册或一套,供国内有关各方研究、参考、借鉴,我想也不失为功德一件呢。

我们引进这些文献之所以很不及时,除以前缺乏开放政策外,另一个原因,似乎是过分强调我们"国情不同"。以前我们经常可以在一些场合看到"考虑到我国国情……"之类的套话。但是以这次所谈的《公众理解科学》来看,几乎没有任何"国情"问题,而且颇有"对症下药"之感。这或许可以用我们的社会正在大踏步地跟上国际潮流来解释吧?当年孙中山有一幅著名的题字:"国际潮流浩浩荡荡,顺之者昌逆之者亡",时间已过百年,现在看来真是极具先见之明。

■ 是的,就在《公众理解科学》这份皇家学会的报告的中译本出版之时,另一份后来由英国上议院科学技术特别委员会所著的《科学与社会》的报告(也称为"第三报告")的中译本也同时出版了。在《公众理解科学》报告发表了十几年后，连公众理解科学的理论也发生了巨大的变化。例如，在《科学与社会》报告中的一个重大转折，就在于它已经对传统的公众理解科学的提法提出了质疑。报告中提出，很多人认为，"公众理解科学"可能不是最好的表达形式，有人认为这个词汇意味着科学的高高在上，因为这个词意指科学与社会关系的任何困难都完全是因为公众的无知和误解。如此等等。因而，"第三报告"的发表被认为标志着公众理解科学的新阶段——"公众对话"主题的产生。

由此我们看到，即使我们今天仍然在沿用"公众理解科学"这一说法（它已远远超前于我们传统中的科普概念），这一说法及其背后的理解支撑，西方也是在不断地发展变化。那么，我们在这个领域中，为什么还要继续墨守成规不思进取呢？——尽管这样也许会博得某些保守人士的赞许，可那会是多么可悲的事！

原载 2005 年 2 月 4 日《文汇读书周报》

3. 互联网与大数据

乔布斯给了我们毒苹果

□ 江晓原　■ 刘　兵

□ 我熟悉的一位"乔粉"——她正憋着要买新的iPad呢——听说我打算"批判"乔布斯时，忍不住劝阻说，"人家人都死了，中国人说'人死为大'，就别批了吧"。我说不行，一个人物的历史功过，不能因为他死了就只许隐恶扬善，要这样的话所有死去的人物都不能批判了，世界上也没有历史罪人了。

我当然和乔布斯无冤无仇——相信你也没有。我的所谓"批判"，其实只是看到现在几乎所有人都在对他顶礼膜拜尽情歌颂，感到这其中有认识上的误区，打算指出来而已。

我听到对乔布斯的颂歌，基本上是两种旋律。一种可以用奥巴马的话作为代表：乔布斯"改变了我们看待世界的方法"。另一种是"中国版"的旋律：感叹中国为何出不了乔布斯，急着要想办法在中国培育出自己的乔布斯。

这两种旋律背后，有一个共同的假定——乔布斯是一个伟人、一个成功者、一个历史功臣。但事实上是不是这样呢？

在这里我先要声明，我对于乔布斯个人私德方面的瑕疵没有兴趣，也不打算去批判他这方面的问题。估计你也不会对这方面的问题感兴趣。

■ 很有意思的是，你所遇到的"乔粉"的说法，我也同样听到。确实，是不是人死了就不能批，与评论一件事，一个人的功过，并不一定直接相干。而且，无论我们在此说什么，也都不是直接针对作为个人的乔布斯，而是针对他所代表的一类社会现象，以及他给这个社会带来的影响。

在当下报刊、网络等媒体上对乔布斯的评价，几乎是一面倒的。基本上都是把他作为一个成功者。要说成功，在利用新技术使生活变得更加现代化、在现代化中运营资本及获得超额利润、在激烈的生产竞争中脱颖而出、在创造出原来的生活中并不存在的新需求，以及在使一种高科技新产品成为消费时尚方面，他确实是独占鳌头的。但事情也还有另一方面。这就涉及我们如何看待这种现代化和这些消费的合理性了。

乔布斯的成功，与我们当下大力鼓吹赞颂的"创新"密切相关，他亦是这方面成功的突出代表。不过，在2011年夏天，我在一次STS的国际会议上听到的一位美国学者的报告，令人印象很深。他认为，当下由于环境、资源等问题的制约，原有的现代化发现遇到了瓶颈。于是人们便祭起"创新"这面大旗。然而，这却并不能解决原有的制约因素，而且恰恰是更加剧了问题，因为这种意义上的创新，往往是在创造出原来并不存在的、非生活所必需的需求，所以对环境、资源方面原有的问题只能更为加剧。另一方面，这种创新又只是对少数更为富有的人才具有更大的收益。

由此来看，这不正是在讲像乔布斯这样的成功的另一面吗？

□ 我认为乔布斯所代表的"成功"，精义在如下两点：
一是，提供一种我们并不需要的东西；

乔布斯给了我们毒苹果

二是，通过这种东西将我们原先已经需要的东西抓到他自己手中。

iPad 是迄今为止贯彻上述精义最为成功的产品。在这部《乔布斯传》的"iPad"一章中，对此有非常坦率的描写。

书中说，乔布斯的"所有理念"，就是"创造出一些小工具，我们原先不知道自己需要它们，等推出以后我们却发现自己离不开它们"。好像人们不知道自己需要什么，只有在云端的大神乔布斯知道，他丢下一个 iPad，于是芸芸众生就欢呼道：这正是我们要的！现在许多人都将此视为"创新"的理想境界，其实是一种非常幼稚的想法。想想看，"原先不需要，用过后却离不开"，有什么东西具有这样的特征？我首先想到的东西是——毒品！毒品确实具有这样的特征。

"创新"出一些我们原先并不需要的东西，然后引诱我们去用它们，让我们上瘾。引诱的办法，主要是通过媒体宣传、产品体验店等等持续的广告轰炸，造成无数在虚荣消费心理驱使下形成的"果粉"，让使用苹果产品成为一种时髦。书中说，"连奥巴马总统的下属也在玩 iPad，他们认为 iPad 是技术时髦的象征"。"果粉"们为了赶上时髦，不惜彻夜排队等候抢购苹果产品，这样疯狂愚蠢的行为还被美化成一种"文化现象"，成为许多"创新"追随者梦寐以求的境界。

■ 确实如此！

对于同一件事，人们站在不同的立场上，完全可能会有截然不同的评价。如果站在"创新"赞颂者的立场，乔布斯自然可以作为当之无愧的"创新英雄"。如果跳出这种立场的约束，站在对"创新"问题进行反思的立场，那么乔布斯身上的光环就是另外一种情形了。我们在上面刚刚分析的以乔布斯的"创新"为代表的那种"成功"的另外一面,就只有在反思创新的立场上才会看到。

但问题在于,为什么目前媒体中会普遍地把乔布斯作为成功的"创新英雄"来赞颂和吹捧呢?其实,对于大多数政府来说,也许会更倾向于采取这样的立场,因为这样的成功经常会与社会经济的增长相联系。但是,我们的学者——他们本应有别于更容易不加思索地受大众媒体影响的公众而更有反思和批判的立场——在这个问题上,又表达了多少令人深思的观点呢?一个类似的例子,就是在我们这里,有太多学者对于现代化和全球化这样的理念持绝对赞美和支持的立场,而在一些发达国家,至少是人文学者们大多对此持更冷静的带有批判反思意味的立场。实际上,这种对于乔布斯这样的成功"创新"的认可,恰恰是在现代化和全球化理念的背景下出现的。

□ 接着我们再来看乔布斯"成功"精义的第二点:通过iPad这种我们本来并不需要的东西,将我们原先已经需要的东西抓到他自己手中。关于这一点,这本《史蒂夫·乔布斯传》*中也有足够的反映。

在 iPad 发布 9 个月之后,在已经销出 1500 万个,眼看有望成为"有史以来最为成功的消费产品"的顺利情况下,乔布斯已经用不着掩盖他的狐狸尾巴了。如果说他先前用 iPod 改变了音乐产业只是牛刀小试的话,那么现在"iPad 及其应用程

---

* 《史蒂夫·乔布斯传》,[美]沃尔特·艾萨克森著,管延圻等译,中信出版社,2011 年 10 月第 1 版,定价: 68 元。

乔布斯给了我们毒苹果

序商店的出现，开始改变所有媒介，从出版到新闻，再到电视和电影"。乔布斯开始向《纽约时报》《时代》周刊、时代华纳等等传统媒体的巨头进攻，他一上来总是先恐吓他的猎物，说他们的传统媒体"糟透了"，只有和苹果合作才可自救。接着就进入实质问题：与苹果合作，在苹果这里出售 iPad 上可以阅读或播放的产品，苹果从中分成。

到《乔布斯传》交稿时为止，上述巨头都拒绝了乔布斯，因为乔布斯坚持要使这些传媒的传统客户由此转变为苹果的客户。但是默多克却答应了乔布斯的条件，据《乔布斯传》的作者说，是因为默多克"知道自己在这个问题上并无筹码"。

到此问题就渐渐清楚了：如果 iPad 真的席卷天下了，那么是不是所有传统的报纸、杂志、电视、电影、广播、音乐、游戏……全都要被苹果"赢家通吃"了？因为所有这些内容都可以在 iPad 上阅读、收听、播放或运行。这样的一统天下，真的许多鼓吹"创新"的人所梦寐以求的。

但是，在这样"秦王扫六合，虎视何雄哉"的超级垄断大一统前景中，文化的多样性还能得到保留吗？

■ 你这里讲的这个问题，我觉得其实还只是乔布斯的"成功"的一个后果。这个后果也是与"全球化"的发展趋势一致的，但正与对"全球化"持批判立场、力主保护文化多样性的人们的追求背道而驰。

而在这背后，关键点还是在于对我们未来发展模式的认识。乔布斯的传记作者在其前言中提到，他的故事"充满了创新、品质、领导力和价值观方面的经验"。至于这里所说的价值观是什么，虽然作者没有明确指出，但在这本传记的字里行间中,却又无处不在。在对乔布斯的赞美中,我们显然可以感觉到,那就是作者所说的"这也能是一本关于创新的书",如果人们认可了这种基于高科技面向现代化的"创新"之路的价值(我们前面在质疑的恰恰正是这种价值观),当然乔布斯是可以成为一个常人几乎无法企及的超级榜样。但如果反思那种面向现代化的"创新"的价值及其带来的诸多我们并不真正希望的后果,结论就可能正好相反。

在此传记的最后一章"遗产"中,虽然除了那些前述的"成功"之外几乎并未真正提及更明确的"遗产"之所在,但作者评价说:"在历史的万神殿里,他的位置就在爱迪生和福特的身旁。"这倒似乎是贴切的,但问题在于,今天,我们不是已经在相当严重的程度上蒙受着福特"遗产"之害了吗?

原载 2011 年 12 月 2 日《文汇读书周报》

记忆诚可贵，遗忘价更高
——读《删除——大数据取舍之道》*

□ 江晓原　■ 刘　兵

□ 在记忆这个问题上，我们习惯的思维基本上是单向的——希望自己的记忆能力越强约好。记忆还被看成智力的最基本成分之一，所以儿童的许多学习内容都要从记忆开始。古代已经有人发明了"记忆术"，用来帮助增强记忆能力。

当然，上面这个单向思维并不是绝对的，人们也会在至少两种情况下希望遗忘：一种是希望别人遗忘自己的罪行、错误、缺点或弱点，一种是希望自己遗忘某种可怕、痛苦或不堪的往事。心理学揭示，人有时会"故意"遗忘某些自己不愿面对的事情。不过，和人们希望自己有更强的记忆力的普遍愿望相比，上述两种对遗忘的期望就有点显得微不足道了。

但是，如果我们仅从上述两方面来思考"记忆—遗忘"问题，其实是远远不够的。因为我们实际上已经习惯了这样一种状况——即我们并不拥有无限的记忆力。也就是说，我们实际上习惯了自己会遗忘一些事情。这种遗忘（比如你忘了10年前的那个春节你出门坐了哪一路公交车）对我们的生活没有任何妨碍。而如果有人居然记住了这样的细节，那通常会被当作一种佳话来看待（比如你在那天的公交车上邂逅了你后来的情

---

* 《删除——大数据取舍之道》，[英] 维克托·迈尔-舍恩伯格著，袁杰译，浙江人民出版社，2013年1月第1版，定价：49.90元。

人，所以记住了自己坐的是哪路车)。

然而，这本《删除》提出了一个全新的问题——在计算机、互联网、摄像头、全球定位系统、超大容量记忆芯片等技术高度集成的今天，我们在"记忆—遗忘"问题上所面临的局面已经完全改变！从今以后，你希望别人遗忘的事别人不会遗忘了，你希望自己遗忘的事情自己也忘不了了。这将是一个可怕的未来。

■ 《删除》这本书，确实是一本有意思的好书，书中讨论和思考，也确实是随着"大数据"的发展而让人们不得不面对的新问题。

当然，记忆与遗忘，只是"大数据"时代浮现出来的新问题之一。不过，这个问题的重要性，也在于它会更直接地与人们的生活相关。书中所讲的许多例子，也恰恰说明了这一点。

不过，也正像书中作者有所涉及的，这种因为计算机、网络以及存储器材的发展而形成的"超级记忆"，在我看来，其实更主要的是一种记录，尽管它也可以是我们所说记忆的一部分，但却并非严格传统意义上的记忆。因为我们传统所说的记忆的一大特点，就是人脑的参与，与人的意识有关。而这里所说的"记忆"，则只是一种机械性的海量信息的保存。

也正由于这种差别，就使问题更加复杂化。例如，如果我们把这种被存储的信息的提取就当作"历史"的话，其实，那它是与我们过去理解的"历史"非常不一样的——或许，只能是在一种"史料"的意义上，但历史却绝不仅仅等同于史料，否则，那就太贬低历史学家的价值了。

而且，在过去，当我们说一个人有着超强的记忆是个佳话

记忆诚可贵，遗忘价更高

时，其前提是大多数人没有这样的超强记忆，就像只有当死亡是一种必然的前提时，长寿才会成为有意义的事。我还记得，曾听过一位哲学教授讲一个现象学的思考，即如果真的能够长生不老，人类将会怎样。一个最直接的推论就是，人和社会的绝大部分规则会完全不同。我想，对于记忆也应该是如此。

□ 无限的记忆（或记录）确实可以在某种意义上类比于人的永生。这样一展望，前景确实相当可怕。本书作者看来是抱着积极态度来面对这个问题的，所以他要讲求"取舍之道"——正如你上面所说的，如果"只是一种机械性的海量信息的保存"，那人类似乎还有取舍的余地。然而，事情真的会这样吗？

作者寄希望于人类的自律，所以希望"来一场互联网遗忘运动"，他呼吁"数字化节制"，即给无所不在的数字化记忆设置有效期限。还进而讨论了谁有权设置这类期限等的问题。但我的感觉却没有作者那样乐观，因为"无限记忆"和"永生技术"这类东西，都是瓶子中的魔鬼，一旦释放出来，就再也不会回到瓶子中去了。指望人类在"无限记忆"的技术和能力面前自律，基本上等同于指望魔鬼自己回到瓶子中去。

■ 在此书中，作者将对数字化无限记忆的约束寄希望于人类的自觉，这确实是一种幻想，几乎是不可能实现的。正如你刚讲的，如果从人类发展各种技术的历史来看，要想真正能够自发而且有效地自觉约束一种技术，几乎还是没有先例的。当然，也既与技术的本性有关，也更与人类的天性有关。

你认为此书作者抱着积极的态度来面对此问题，我倒是觉得，其实他更是抱着一种矛盾的心理来看待此事。因为毕竟此书中，处处充满了对于这种技术发展前景及已经带来或可能带来的诸多问题的认真反思。例如，书中曾说："即使是最好的技术系统所能记忆的信息量，也面临着一些理论上存在的限制。如果我们相信这样一种信息是完整的，那就是自欺欺人。"我刚才说到这更是一种记录，大约也有类似的意思。然而问题却在于，人们又会经常地把这样的记录当作可以与人类的记忆相比而且更强更准确的记忆。其实，作为历史学家，你自然会理解，当普通人面对着几乎无限量的史料，并把那就当作是真实的历史时，会带来什么后果。

因而，作者强调忘却，强调删除的重要性，也就顺理成章了。因为我们毕竟是人类，而那些机械的海量记录并不等同于人类的记忆。只是在技术的发展面前，要如何做到有效地删除，反而成了一个最大的难题。这样，我们当然可以理解为什么此书的标题醒目地将"删除"作为重点了。

□ 你的感觉也有道理，所以这是一本有思想深度的书——往往思考一深入就难免悲观或矛盾起来。可惜的是，书前那篇题为"因意义而智慧"的推荐序言，却似乎完全没有看出其中的悲观色彩，序作者用一种纯然的乐观态度来看待书中所主张的大数据取舍之道，仿佛问题完全可以解决。在他看来，本书的意义和价值就是提醒大家对大数据要有取舍，取舍之道也明白教给读者了。这多半是被技术乐观主义蒙蔽的结果，所以既看不到问题的复杂性和悲观的前景，也体察不到作者的矛盾心态。

说轻一点，这篇序言至少是未能充分揭示本书的意义和价值；说重一点，那就很有可能会误导读者了。比如这样的句

记忆诚可贵，遗忘价更高

子："简单地说，大数据的取舍之道，就是把有意义的留下来，把无意义的去掉。这本书到此就可以算读完了。"你看看，要是这本书只是讲了这点谁都知道的常识，它还值得读吗？

■ 我同意你的看法，这篇序言确实没有能把握此书的精髓。许多事情，并不都是可以让人们随心所欲地去成功实现的，哪怕那种愿望的出发点是好的。就如过去我们经常听到的像"取其精华，去其糟粕"一样。难道精华与糟粕就那么容易的可以简单分开，任人所取？

在遇到技术的发展带来的问题时，这种简单化的思路更是经常出现。经常有人会提出幼稚而不可行的策略以对应技术的发展，而不是对技术的发展本身做深刻的反思。

当然，这本书核心所谈的记忆，是一个复杂的问题，是与人的问题不可分割的。也就是说，抛开了对人文的考虑，想要理想地解决这个问题也是不可能的。其实，作者本人提的诸多"取舍之道"，我觉得大多也不大可能真正有效。但无论如何，至少此书是把这个重要的问题提了出来，而让未来的人去思考，去尝试解决，尽管对这个问题的解决可能远不那么简单，甚至于是悲观地不大可能——在面对技术的挑战时，人类经常会败下阵来，历史的记忆，也即历史的经验告诉我们这一点。这样一说，我们又回到了悲观的立场，可是，在面对人类未来的危机，清醒些的悲观立场，总比糊涂的乐观要可取些吧，就像人们常说的那样，死，也要死个明白啊！

原载 2013 年 3 月 1 日《文汇读书周报》

看一个 IT 精英的草根自白

——《网民的狂欢：关于互联网弊端的反思》*

□ 江晓原　■ 刘　兵

□ 写下这个看上去有点矛盾的题目，是有原因的。这是一本非常有趣的书，尽管它不够深刻。作者原本是在第一波网络狂潮中赚了钱的人，跻身于通常所说的"IT 精英"是没有问题的。但是他在"IT 精英"圈子里混了一些年后，却渐渐开始反感这个圈子中普遍的"有知识没文化"——这当然不是他的表达，而是我在 21 世纪初已经使用过的表达，但他的意思正是如此。为此他决定写一本书来谈他这方面的思考。戏剧性的是，他一写书，立刻就向传统的文化精英们投降啦。

这里不妨扯开几句。近年来我每逢审阅博士论文，居然总是先看"致谢"部分。为什么呢？因为"致谢"部分是如今博士论文中唯一能够表达一点作者个性的地方。于是我发现现在博士论文的"致谢"部分有越来越长的趋势，例如最近我们科学史系一位优秀女博士的论文"致谢"部分长达 4600 字。现在这本《网民的狂欢》，其"致谢"部分译成汉字也长达 1700 余字。在这篇"致谢"中，一个昔日的 IT 精英向传统的文化精英投降臣服的心路历程表现得相当生动。面对传统文化精英在文化上的优势，这位 IT 精英就觉得自己相当"草根"了。

---

* 《网民的狂欢：关于互联网弊端的反思》，[美] 安德鲁·基恩著，丁德良译，南海出版社，2010 年 3 月第 1 版，定价：25 元。

看一个IT精英的草根自白

事实上也确实如此。

■ 先就着你说的"致谢"的话题说两句闲话。你说"致谢"部分是如今博士论文中唯一能够表达一点作者个性的地方，在上海交大，情况也许确实如此，但是在我工作的清华大学，却连这一点"个性"如今也被规范化得"千人一面"了。清华大学对于学位论文的致谢有着严格的字数要求，而且不鼓励写得个人化，结果，现在我在评审清华大学的学位时，最不喜欢看的部分之一就包括"致谢"。

你说《网民的狂欢》这本书的作者在此书中，表现出了一个IT精英向传统的文化精英投降归顺的心路历程，这我完全同意。其实我在读此书时，一个突出的印象或者说感受，也正是这种投降的彻底性。因为，此书主要的批判，是针对网络上的"知识"的混乱和不规范。而在这背后，鲜明地隐含的（注意我这种不规范的修辞方式）立场，是对于传统精英的文化与知识的认可和坚持。其中最突出的，也许莫过于以对维基百科的批判，那种批判也主要是集中在维基百科的公众参与以及由于这种公众的参与而带来的在条目内容上非权威性和规范性。而这确实意味着一种矛盾。因为我们都理解，网络的发展和普及带来的一个重要的变革，恰恰是公众的参与，以及这种参与对精英文化的解构。那么，你又如何看待这一矛盾呢？

□ 对你的问题，我前些时候恰好和朋友们讨论过。也许你的措辞已经泄露了你的立场，你用了"矛盾"一词，这表明你既赞成"公众的参与，以及这种参与对精英文化的解构"，但同时对于本书作者所指出的那些问题也承认确有其事。

但是本书作者在书中所表达的立场，则认为"公众的参与，以及这种参与对精英文化的解构"并不是一种好的变革。所以在这样的立场上，你所说的矛盾也就不存在了。对于本书的这种立场，我是高度赞同的，主要理由如下。

你所说的这种变革，确实已经发生，并且正在被许多人盲目讴歌着。讴歌的主要理由，是认为这种变革给了公众更多的选择，因而文化将更加繁荣。在经济上，前些时候有很流行的所谓"长尾理论"（由于互联网近乎免费的广告，许多冷寂滞销的商品有望得到销售，而且其销售总额可以和最畅销的商品的销售额相比），与此也是异曲同工的。

但问题恰恰在于，由于"公众的参与以及这种参与对精英文化的解构"所提供的空前增多的选择，使得传统文化精英的作品和声音淹没在"草根狂欢"的喧哗声中，事实上不仅对文化的繁荣没有帮助，相反还会损害文化——使文化低俗化。其实这就是波兹曼在《技术垄断：文化向技术投降》中所担忧的，赫胥黎在他的幻想小说《美丽新世界》中所预言的"文化成为一场滑稽戏"。那时候还没有互联网导致的变革呢，现在互联网正在让波兹曼担忧的情形愈演愈烈。

■ 我想，你对我的立场的总结是不错的。但我并不同意你的观点。其实，无论是这位作者的立场，还是波兹曼的忧虑，确实都有其道理，但当把这种道理绝对化时，问题就出现了。

我这里的意思是说——抱歉，为了准确我还得再啰唆一些——作为本来就从事文化研究的学者，我当然理解他们的担忧，也反对将精英文化以任何方式毁灭。但作为有反思意识的

看一个IT精英的草根自白

学者,又不应只是固守和过分夸大精神文化并将其作为唯一了不起的重要的东西。近些年来学术发展的一个很有代表性的倾向,就是越来越重视平民文化(也即所谓"草根文化")的意义。由于互联网技术的发展,使平民文化的显示度大为提高,在某种程度上提高了其与精英文化的抗衡力量,但这并不一定就意味着因其壮大而消灭了精英文化。另一方面,也正像我们都曾注意到的,在当下的发展中,精英文化的持有者们及精英文化本身也在发生着变化,用传统的立场来看,也可以说有其"不争气"的当代特征。而这种不让人满意的情况出现,当然也不能归罪于平民文化及其兴起和壮大。

因此,我的观点是,我们既应该为随着互联网技术的发展而带来的平民文化的彰显而欢呼,又应该为当代精英文化的持有者们不佳的表现而忧虑,并应该尽各种努力来保持和发展精英文化。这样,形成一种多元的、平等的精英文化与平民文化并存的和谐局面,才是理想的情形。

□ 我们两人的观点,似乎有矛盾,又似乎有共识。我一贯赞成保持文化的多样性,因此在精英文化得到保持和发展的前提下,再看到"草根文化"的繁荣,我当然没有意见,因为这增加了(或至少不减少)文化的多样性。但本书作者所忧虑的是,如果互联网带来的"草根狂欢"淹没了精英文化的声音,或者让那些还没有真正领略过精英文化的人误以为,人类所谓的文化就只有这种"草根文化",难道这样的趋势也是你赞同的吗?

如果你不赞同这样的趋势,那你将不得不承认,本书作者对互联网弊端的反思,仍然是有意义的。本书所列举的大量现象，都清楚地表明，我上面所说的趋势正在形成——事实上是已经形成了，这确实是令人忧虑的。

■ 我并不否认此书作者的反思是有意义的，而且在某些情况下是很有意义的。但我对于"草根狂欢"淹没了精英文化的声音却并不是特别的担忧。事实上，在当下的这种信息泛滥的信息社会中，垃圾信息种类繁多，真正在与精英文化相竞争的，并非只有"草根文化"。如果说网络的发展"让那些还没有真正领略过精英文化的人误以为，人类所谓的文化就只有这种'草根文化'"，那也不能只是怪罪到"草根文化"的兴盛，而更应怪罪于我们的教育的失职。

与此同时，更可让人担忧的，也许却是精英文化本身。我们都清楚地看到和体会到学界在商业化和功利化的诱惑下的严重"堕落"，如果那些精英们自己无法保持精英文化的水准，那么，精英文化当然会在与草根文化的竞争中败下阵来。

这也就是说，对于精英文化的拥护者、欣赏者和倡导者们，与其去抱怨和干预在过去未得到充分表达而且本应有其一席之地的草根文化的发展，还不如奋发自强更来得实际。

原载 2010 年 7 月 2 日《文汇读书周报》

互联网正在催生最愚蠢的一代人吗?

□ 江晓原　■ 刘　兵

□ 多年来,我们在这个对谈专栏中已经谈过不止一本讨论互联网的书了。如果说以前讨论的书都有对互联网的反思,那么这次这本《最愚蠢的一代》*,从标题上看似乎立场更为激进了。作者认为,互联网正在催生最愚蠢的一代人。

要让上面这个判断成立,需要确认两点。首先,要确认玩着互联网长大的这一代人,和他们的上辈比起来是最愚蠢的一代,这一点作者引用一系列美国的社会调查数据来证明。其次,要确认这"最愚蠢的一代"是因互联网而形成的,这一点作者也找到了一些社会调查的数据来支持自己,但数据比上一点要少。作者似乎在讲述这样一个常识:既然这一代人的成长过程中,外部环境和前代人相比最大的不同就是有了互联网,所以这代人比前代人愚蠢就是互联网造成的。

如果要钻牛角尖的话,上述两点其实都很难确认,但即便如此,作者还是注意到了一些被人们忽视的现象,并提出了一些值得思考的问题。例如,作者有一个断言:"屏幕和书本就像一对天生的冤家对头"——他的意思是说,对每个个人而言,因为时间、精力都是有限的,所以关注屏幕(互联网)的时间里,就不可能同时去阅读书籍(指纸质的书)。正是在这种零

---

*《最愚蠢的一代》,[美]马克·鲍尔莱恩著,杨蕾译,天津社会科学院出版社,2011年7月第1版,定价:39.80元。

和局面中，屏幕和书本成为冤家对头。

■ 其实，这本书作者的立场以及在书中要谈的问题和观点都是非常明确的，甚至是比较极端的，从书的标题亦可见这种极端性。

如果比较一般性地说，今天的青少年因为时代的不同，以及外部环境的不同（比如有了网络、手机等），其价值观和行为及思想方式与过去老一代或老几代的人有所不同，而在这种新的变化中，存在了一些问题，这其实都是可以接受的。我们在大学里进行教育时，也经常会不同程度讲到这些问题。但此书的特点却是，作者以非常极端的否定性说法，对青年一代几乎进行了全盘的否定。也许正因为如此，便会产生相应的争议。

其实如何缓和一些，你刚才提到的读书与读网的冲突，以及由之而带来的问题，在像波兹曼的著作中，早就已经有过精辟的分析了，尽管波兹曼谈的主要不是网，而是电视，但在原则上，这也差不多是等价的。说到此书作者引用的证据，要讨论的本来有两个问题：其一，是这一代是不是"最愚蠢的"？其二，如果是，那么这是不是因网络而引起的？

如果这样分开来说的话，关键性地就涉及一个对于何为愚蠢的价值判断。

我们其实可以注意到的一个很有些普遍性的现象是，不同代际的人的价值观确实经常是有所不同甚至很不相同的。面对这一现象，于是就有了代际之间的诸多不理解乃至冲突。那么我们究竟应该如何看待这一早就被关注的"代沟"问题？其实此书作者只不过是把这个问题在特定的语境下更加推向极端而已。

互联网正在催生最愚蠢的一代人吗？

□ 确实如此。代际的价值体系总是无法完全相同的，遇到社会急剧变化时，代际的价值体系差异就更大。而现代科学技术——特别是互联网——正在急剧改变人类社会，所以在价值判断上两代人必然大相径庭。

如果说，年轻一代因为"钱德勒的小说太费时间，狄金森的诗歌令人生厌"就被视为愚蠢的话，反对者大可以辩解说：这至多只是"没有文化"而已，未必就是愚蠢啊？本书作者也多次承认，现在的年轻人将那些电子产品玩得溜溜转，而且能够同时做好几件事情，这难道不能视为"聪明"的证据吗？再进一步说，这难道不能视为文化的一部分吗？不读钱德勒的侦探小说或狄金森的抒情诗歌，只是缺少了文化的这一部分而已，但年轻一代不是也有另一部分文化吗？

所以，如果不能证明年轻一代比前代更"愚蠢"，本书的主题就站不住脚。

不过，我推荐这本书，不是因为认定作者的论断必定站得住脚，而是因为作者在书中提出了值得思考的问题。互联网真的像那些互联网公司和它们的义务宣传员想象或描述的那么好吗？在享受互联网提供的娱乐时，或迷恋互联网所呈现的假象时，是不是也应该思考互联网所带来的负面作用和影响？

■ 当你这样说的时候，就已经在很大程度上将此书的中心话题，转移到另一个话题了。

关于互联网是不是带来负面的作用和影响，应该不是一个太有争议的话题。作为当代高新技术及其对现实生活最大影响的代表者，互联网极大地改变着人们的生活，对于这些改变，也让许多的人并未觉察到其负面的影响。这自然与对科技发展的崇拜有关，更重要的，是与我们当下那种崇尚进步的价值观有关，而这两者间又在相互作用和促进着。

所以，我倒是一直想努力再离开你关心已久的这个话题，还是回到青年人现在是否更加愚蠢这个似乎更难说清但又更"文化"一些的争议上来。

因为关于不同代际的价值差异，以及如何评价这种差异，一直是我没有太想通的问题。一方面，我并过于保守，我会倾向于认可不同价值各自的合理性。另一方面，我也确实认可在传统的价值中的许多合理性，并为这些价值被放弃是非常有问题的。但当把这种矛盾放在如何评价代际价值冲突时，究竟如何调和，还是一个没有十分想清楚的问题。

□ 我觉得我可以肯定的是：玩着互联网长大的这一代是否是"最愚蠢的一代"，目前是不可能获得确切答案的。所以，我对此书感兴趣的，主要不是这一代是否是"最愚蠢的一代"，以及这种作者所说的愚蠢是不是由互联网造成的。我感兴趣的，是作者对互联网负面作用的思考。

比如，此书问世后，媒体就"最愚蠢的一代"采访作者——作者对上面两个问题都持坚定不移的肯定答案，作者表示：社交网站正在极大地妨碍青少年的成长。他的论证是这样的：社交网站使青少年恨不得每时每刻都和自己的同龄朋友粘在一起，他们几乎放弃了一切和长辈相处和独处的时间。比如在晚饭桌上，这本来是一天中孩子和父母相处的典型时间，孩子回答父母对学校情况的询问，向父母讨教知识，或倾听父母谈论成年人世界中的事情。但互联网和社交网站却让孩子在晚饭桌上时仍在与同学互动，根本无意于和父母交流。鲍尔莱恩

互联网正在催生最愚蠢的一代人吗？

认为，青少年的健康成长需要足够多的与长辈相处的时间，以及适当的独处时间，但是互联网剥夺了这些时间。他认为，青少年只和同龄人相处，是无法健康成长的。所以，互联网正在将他们变成"最愚蠢的一代"。

我认为，他的上述想法至少有一定的道理——尽管这看起来很难提供学术证据。

■ 看来，我们的兴奋点还是略有差别的。其实你对互联网的负面作用，以前你已经在不少写作中谈了很多，那些观点我基本上都是赞同的。而就这本书来说，我更关心何为"最愚蠢的一代"的问题。

就这一问题，结合这本书，是不是可以暂时得出这样一些判断呢？一，代际价值差异一直是一个存在的现实问题，如何评判这种差异，又是一个比较复杂的、有争议的问题。二，互联网肯定对于今天的青少年带来了一些不良的负面影响，只是，在何种程度上这些不良影响应该被坚决改变而且能够改变——考虑到当下技术的强有力——这也还是有待研究的。三，相对地讲，我更倾向于认同波兹曼的那种技术对于思考损害的观点，虽然他原来谈的是电话和印刷术，那种观点移用到今天互联网的问题上同样也适用，前提当然是对于思想在人类文化中的意义的认同，但与此同时，又有某种困惑。四，虽然有那样的思考和判断，但这种根植于新技术而带来的问题，真的有可能在现实中解决吗？

原载 2014 年 7 月 4 日《文汇读书周报》

当代科学争议

大数据时代:要安全要便利还是要隐私?

□ 江晓原　■ 刘　兵

□ 这几年"大数据"这个字眼早已脍炙人口,成为非常时髦的话头。大部分人谈到这个概念时,通常充满赞美和憧憬之情。在许多人的思维定式中,既然这已经是"大势所趋",我们当然就应该尽力适应它,尽情享受它。商家在利用它多赚利润,政府想依靠它提高效率,这些现象在通常的价值判断中当然都被认为是正面的。

虽然有时也有人无可奈何地指出,"大数据"虽然为我们提供了便利,但同时也在严重侵犯我们的隐私。但这种声音一方面很微弱——怎么可能比得过在资本推动下的商业营销所产生的震耳欲聋的喧嚣呢?另一方面,人们经常会有侥幸心理,虽然你说的侵犯个人隐私也许真有其事,但那也许是未来某个时候的事情,但此刻让我先享受了便利再说吧。

隐私这个东西,受到侵犯会有什么后果呢?在许多情况下,侵犯隐私其实没有什么立竿见影的直接后果,只是对受侵犯者尊严的冒犯。所以如果悄悄地侵犯某个人的隐私,但既没有被此人发现,也没有被其他人知道,那就不会冒犯此人的尊严,也就有可能不产生直接的后果。

今天的大数据,正是在上述情况下,大面积、大幅度地侵

大数据时代：要安全要便利还是要隐私？

犯着公众的隐私。由于这种侵犯既没有直接损害个体的尊严，也很少被人注意到，所以即使问题已经非常严重，仍然没有引起公众足够的注意。这是我读这本《数据与监控——信息安全的隐形之战》*时的第一个比较深切的感受。

■ 你的感受我很能理解，也确实如此。在今天，虽然许多人也会谈到"大数据"以及相关的隐私问题，但那通常还只是这个严重问题的一小部分而已，比如说个人信息被盗卖或扩散，从而带来网络诈骗或骚扰等。当然这也已经是非常严重的问题了，不过在《数据与监控——信息安全的隐形之战》一书中谈及的大数据与隐私问题，包括了更多在通常情况下并不太为我们所了解的内容，更值得我们密切关注。

其实，说到有关大数据与隐私的问题，除了你在前面提到的现在大部分人对大数据趋之若鹜的追捧之外，还有另一个值得注意的背景，即对于隐私和隐私保护的注重，在我们这里并没有像西方一些国家那样的传统，这也会在一定程度上影响人们对隐私问题的重视。不过随着技术的发展和对社会生活越来越充分的渗入，因为隐私得不到保护而带来的新问题，也会越来越给人们带来困扰甚至灾难，因而更多地了解大数据给这方面带来的那些以前未曾深思的问题，显然对于每一个个人来说都是极为重要的。

媒体上虽然也有一些呼吁注意大数据侵犯隐私的声音，但总体上讲，这样的声音还是非常微弱，几乎更为一面倒的，是

---

* 《数据与监控——信息安全的隐形之战》，［美］布鲁斯·施奈尔著，李先奇等译，金城出版社，2018年1月第1版，定价：78元。

对发展大数据的乐观呼声。此时,《数据与监控——信息安全的隐形之战》一书的价值就更加凸显出来。

□ 我特别注意到本书第 12 章"原则"。作者认为我们在应对大数据对隐私的侵犯时应该首先确定一些原则,或者对一些我们习以为常的似是而非的原则先进行澄清,这是完全正确的。比如他讨论的第一个原则:安全与隐私。

许多人未经深思熟虑就接受了这样的原则:为了安全,我们需要牺牲一部分隐私。所以我们只能在安全和隐私之间寻求某种平衡。比如"9·11"之后,美国政府以"反恐"为理由,大规模侵犯公众隐私,甚至远及国外,连别国政要的隐私都被侵犯。作者明确指出,这样的原则是错误的,"我们的目标不应是在安全和隐私之间找到一个可以接受的权衡,因为我们可以而且也应该坚持两者一致"。

如果我们同意作者关于"从根本上看,隐私和安全是一致的"这样的判断,也就是说,对公众隐私的侵犯,实质上就是对公众安全的侵犯,那我们对日常生活中许多现象的判断或感受就会改变。

在我们现实生活中,有这样一个问题:如果说安全并不必然意味着对隐私做出牺牲,那么便利几乎可以说必然意味着对隐私做出牺牲。我们与其准备接受在安全和隐私之间的权衡,不如准备好接受在便利和隐私之间的权衡。为什么呢?因为你在为便利而牺牲隐私时,到目前为止你至少还拥有一定程度的选择权,比如你可以选择不享受某些便利来保护你的隐私;但当你的隐私被美国政府以"反恐"的名义侵犯时,你几乎完全无能为力,你没有任何选择和规避的余地。

大数据时代：要安全要便利还是要隐私？

■ 你提到的这个问题很有意思。你提到的安全与隐私的取舍，实际上是在一个给定的二选一的限定中做出选择的有前提的陷阱。在这种限定下，就只能取此舍彼。而这个前提，却也是可以被质疑的。为什么不能两者都要呢？

在本书第16章中，作者以"权衡"的说法部分地讨论了这个问题。作者指出："当我们感到害怕时，国会的监督将会更多地屈服于美国国家安全局的权威……不管恐怖主义威胁有多大，最有效的解决方式仍然不是大规模监控，而是传统的警察和情报工作。"更何况，作者甚至认为"当下的恐惧是由当下的新闻煽动的"，换句话说，解决反恐问题，并非只能以牺牲隐私作为代价，如果带来恐怖主义的更深层的问题不解决，牺牲隐私也不能从根本上解决问题。

这里还有另一个可争议的问题，即以集体安全的名义要求个人牺牲隐私，这并不是什么新的争议，而是由来已久了。

□ 我以前曾说过，以集体安全的名义（比如反恐）要求个人牺牲隐私，往往演变成另一种恐怖主义行为，公众将处于尚未被恐怖分子的恐怖活动袭击于彼，却已经先被政府的恐怖活动（侵犯隐私）侵害于此的荒谬境地。斯诺登之所以要揭露美国政府对公众隐私的大规模侵犯，就是因为这样的原因。实际上我们看到的是这样一幅荒谬场景：一部分美国人被"9·11"恐怖袭击侵害了，随即全体美国人——乃至相当部分的其他国家人士——被大规模侵害隐私的另一种恐怖袭击侵害了。难怪斯诺登的父亲在为儿子辩护时说："如果我们必须大规模侵害公众隐私才能反恐，那恐怖分子已经赢了。"

本书在这个问题上的讨论是发人深省的。因为自从

"9·11"恐怖袭击发生以后,美国政府似乎已经让美国公众在相当程度上接受了这样的观念:安全与隐私仿佛鱼与熊掌不可得兼,只能在两者之间寻求"权衡"。而本书作者主张,人们应该理直气壮地要求同时享有足够的安全和充分的隐私。作者实际上对美国政府提出了更高的要求——政府应该既为我们提供安全,同时也充分保护我们的隐私。换句话说,不能以大规模侵害公众隐私来实现反恐,应该另想两全其美之策。

不过,本书作者全力聚焦于"安全与隐私"之间的矛盾和问题,对于公众尚有若干选择权的"便利与隐私"方面的问题却着墨甚少,这点让我相当不满意。因为对于我们还有选择权的事情,我们不是更需要指导和建议吗?当然,通过本书那些技术层面的讨论,我们仍然可以在评估今天大数据对我们隐私的侵害方面得到一些帮助。

■ 作者讨论的以反恐的名义由政府来实施对公众隐私的侵害,是一个现实问题。而在这个问题上政府显然是更强势的一方。你关心的"便利与隐私"的冲突问题,其实某种程度上也是在公众与资本的博弈中产生的。当然,就公益的情形来说,也许还和不同发展观念以及在这些不同观念的基础上人们对于生活和幸福的理解不同有关。比如说,那些追求"极简生活"的人们,显然不大会为了物质生活的便利而让渡自己的隐私。

无可否认,不少人会因为某些便利而同意放弃隐私,但这又有两方面的原因。其一,是因为受到商家为追求利润而努力传播的追求物质性便利的舆论影响,在这种意义上,科技发展—大数据—便利,与隐私被侵犯,恰恰又是另一个科技负面

大数据时代：要安全要便利还是要隐私？

效应的典型实例。其二，与对隐私的理解、重视程度，以及对隐私被侵犯而带来的问题和风险的认识程度相关。

一般来说，人们会承认对隐私的重视与文化和传统相关。但究竟为什么隐私重要，这也同样是一个哲学性的问题，如果能对此有更深入的分析和讨论，是不是也会更有意义呢？当然，随着技术的发展，除在哲学、文化意义上的理解和重视外，隐私泄露还会带来一些新的风险（如网络诈骗），那就更是科学技术发展所带来的新问题了。

□ 从本书开头介绍的有关技术来看，我感觉如今我们已经处在这样一种局面中：政府和公司都已经毫无疑问可以通过智能手机掌握我们的大量隐私。一个比较严重的问题是，如果有坏人企图施害于某个公民，则在大数据时代坏人的施害成本已经大为下降，现在的防线只能指望政府的法制和公司的自律。

在这种无可奈何的局面下，法律和伦理都可能不得不后退——某些对个人隐私的侵害和利用将成为合法，而某些现今尚被视为隐私的信息将来可能不再被视为隐私。这其实就是波兹曼所说"文化向技术投降"的表现之一，而凯文·凯利所谓的"技术有意志"之说，也将成为对这种现状的辩护，因为他主张我们应该，而且只能顺从技术的意志。这样的前景，想想真是不寒而栗啊！

■ 你说的这个问题，应该只是随着科学技术的发展和应用所带来的诸多代价之一吧。只不过，从近年来的发展来看，这也许是直接地涉及最广泛人群的代价。也许人类关于隐私的伦理确实会因此而带来调整和变化，不过我们也可以设想，这种因为大数据而带来的几乎所有的个人都无法抵抗的隐私侵犯，以及可以设想的相应的伦理倒退，最后会达到一个什么样的程度呢？还有没有一个不可逾越的底线呢？或者，这个最终的底线是在什么地方？再过上几百年，那时的人们又会如何评价我们今天的这种发展和伦理变化呢？

正像对各类技术的发展都有乐观和悲观的看法一样，你前面的观点，显然是悲观一派的。面对这种局面，其实我也属于悲观立场的一类。这就与当下生态环境的恶化一样，人们似乎也无力回天。不过，要是稍许乐观一点，也许可以说，像本书的出版，能够让更多一些人开始对问题有些意识，而这样的意识，以及因之而来的各种反应，或许能在某种程度上延缓一些"文化向技术投降"的速度？当然，在这种意义上，在对这样的问题讨论方面，有更多更好的发人深省的著作出版，也就更是好事了。

原载 2017 年 12 月 13 日《中华读书报》

在互联网的数字时代如何拯救未来

□ 江晓原   ■ 刘 兵

□ 记得我们在以前的对谈中（2010年7月2日，"南腔北调"第94期），谈过这个安德鲁·基恩《网民的狂欢：关于互联网弊端的反思》一书，那时他作为在第一波网络狂潮中赚了钱的弄潮儿，已经得以跻身于通常所说的"IT精英"圈子，但他在这个圈子里混了一些年后，却开始反感这个圈子中普遍的"有知识没文化"状态。当时我们还稍稍揶揄了他对传统精英文化五体投地的臣服姿态，尽管我在总体上其实认同这一姿态。

《网民的狂欢》初版于2007年，如今隔了10多年，基恩又推出了《治愈未来——数字国境的全球解决方案》*一书。这回他野心膨胀，要为全人类的未来开药方。

要开药方，先得陈述病症，本书前言和开头三章中，作者确实陈述了当代社会因互联网而出现的多种症状：假新闻、数码成瘾、大数据垄断、监控资本主义、无知的网络大众、反社会的社交网络、技术带来的大规模失业、不成熟的硅谷亿万富翁、智能算法导致的生存风险……

和十多年前一样，他仍对互联网持强烈的否定态度，他认为"网络的力量窥探和控制我们所做的一切，不但不能引领我

---

* 《治愈未来——数字国境的全球解决方案》，[美] 安德鲁·基恩著，林玮等译，新星出版社，2019年3月第1版，定价：58元。

们，反而囚禁了我们"。而个人隐私被他看得仿佛至高无上，"如果我们的一切都变得透明，不再有任何秘密，这意味着什么"。答案是：这意味着我们不再存在。

作者对500年前莫尔的《乌托邦》的解读也是这样的：莫尔所构想的理想社会，在基恩看来"既像是美梦又像是噩梦"；他还赞王尔德"乌托邦永不过时"的说法，认为《乌托邦》所暗示的未来，正在借助于互联网而实现。

因为"本来是边缘的网络技术，如今却霸占了中心位置；本来要加强民主，现在却在扶持暴政"，导致作者对于互联网这项技术，不仅持强烈的否定态度，而且倾向于将这种否定推广到一般意义上的技术，认为"技术可能背叛我们"。

■ 十多年后我们再读基恩这本新作，发现他的观点和对问题的理解确实又有了很重要的发展，对互联网的否定也更有力度，并且基于对以互联网为中心的社会所面临的多种问题，结合《乌托邦》这样的传统资源，试图给他所说的未来"黑暗新世界"开出药方。

他所给出的解决方案，概括起来就是：监管、竞争性创新、社会责任、劳动者和消费者选择，以及教育。当然，他还强调，这几条策略要并存、组合才行，而且也承认"这本书里写到的解决办法，和正在按照这些办法做事的人，都不完美"。那么，我们应该如何评价基恩所给出的解决方案？

"药方"其实是一种隐喻。值得注意的是，这本书原来的书名本是 How to Fix the Future，而中译本则是将"Fix"一词译成了"治愈"这个来自医学的隐喻。这两者所表达的意思还是很有些差别的。在医学中，"治愈"是指彻底地治好了某种

在互联网的数字时代如何拯救未来

疾病,而不是像"有疗效"这种更有保留的说法之意。那么基恩真的认为他的解决方案能"治愈"未来吗?或者还是译者在翻译此书的书名时,替他选择了一种更为乐观立场?

□ 你对本书译名这一细节的敏感很有道理。不过本书作者也确实试图用一种乐观的方式来叙述他的见闻和想法,尽管这些见闻和想法本身其实未必乐观。

本书采用了西方畅销书常见的写作方法,例如经常有烘托气氛的细节描写,这种细节经常游离于主题之外,实际效果,不外乎增加可信度(其实从学术上说是徒劳的)和自高身价。不过整体而言,在同类书中尚属条理较为清晰的。其中确实有一些对我们相当具有启发和参考意义的内容。

在开头三章陈述了互联网带来的种种问题之后,作者开始陈述一些"治愈"的设想、方案和实践。本书第四章"乌托邦:案例研究(上)",主要叙述了欧洲小国爱沙尼亚面向未来的尝试。我感觉这可能是本书最有价值的章节之一。因为本章中介绍的这些情况,既是中国公众还不太知晓的,同时也能够引发多方面的思考。

爱沙尼亚是从苏联独立出来的波罗的海沿岸三小国中最北端的一国,人口130万,现在是一个通常所说的"IT精英"伊尔维斯在当总统。他想将爱沙尼亚打造成"云中国度",特点是政府对公民大数据的全面掌控。因为在他看来,未来最严重的危机不是公民隐私的丧失,而是对大数据的篡改,政府的要务是要确保公民大数据的安全性。

这个想法确实有其合理性,正如书中所言,一个人的血型让人知道没什么大不了的,但如果他的血型数据被篡改了,就有可能要了他的命。所以这位爱沙尼亚总统认为:"我们这么执着于隐私是错的"。这样的想法,当然和因揭露美国"棱镜"监听计划而被迫流亡的斯诺登的意见大相径庭。斯诺登认为如果社会像伊尔维斯总统所希望的那样,个人的一切都变成透明,不再有任何隐私,那就意味着"个人的自由和自我的真实性将遭到破坏"——或者可以说,我们将不再是我们自己了。

■ 长期以来,个人隐私问题一直是互联网争议的核心焦点之一。比起我们以前经常听到的有关辩护,此书中所举爱沙尼亚的例子是比较有特色的。从书中引用被采访者的叙述来看,似乎也是在传达对政府掌控公民隐私的合法性辩护。但问题在于,人们为什么要坚持关注对个人隐私的保护呢?这个问题必须解决。

另外,此书作者也还接着谈到了爱沙尼亚案例留给人们的三条告诫。即爱沙尼亚是因为脱离历史所以例外,爱沙尼亚经济并不发达,以及要分清表象和现实。这至少意味着,爱沙尼亚的经验也许并不具有普遍可推广性。其实,在这个案例的论证中,隐含着另外两点重要的预设。

其一,是对技术的信任。这是技术观的问题,即使人们相信爱沙尼亚政府愿意做到他们承诺的事,但这在技术上就万无一失吗?书中同样谈及黑客,甚至其他国家政府雇用的专业黑客,那不正是以某种对互联网的使用方式来对抗另外的使用方式吗?如果这在技术上是不可能的,还会有黑客存在吗?

其二,是对政府的信任。除极端情形外,人们不愿意让企业掌握个人隐私,在很大程度上是担心掌握者对这些隐私的滥用;人们不愿意让政府掌握个人隐私,也隐含了对政府的某种不信任。书中提到，根据欧洲晴雨表的调查，51% 的爱沙尼亚人信任政府，但那些剩下的、不信任政府的人的权利如何得以维护？毕竟个人和政府在力量上是不对等的，如果政府哪天改变了想法和政策，或是变成了独裁统治，又掌握着技术手段和个人隐私，那时情形又会怎样？斯诺登揭露的美国政府利用互联网的所作所为，意味着什么呢？

  □ 你说的问题确实存在，作者在这个问题上的态度其实是模棱两可的。

  本书作者所欣赏的爱沙尼亚"云中国度"的另一个举措，是发放"电子居住证"，即电子护照。爱沙尼亚不仅是世界上第一个这样做的国家，还打算到 2025 年要吸收 1000 万 "电子爱沙尼亚"居民，这大大超过它目前全国人口的总数。在爱沙尼亚有关官员的想象中，这种举措将使爱沙尼亚"成为数字世界的瑞士"，甚至成为电影《黑客帝国》中的 Matrix。这种在数字世界的狂想和实验举措，究竟是一个小国的自娱自乐，还是预示了人类的某种未来？此外，别国会承认爱沙尼亚"电子居住证"的护照功能吗？住在世界各地的人们，一旦归化成了"电子爱沙尼亚"居民，能够享有爱沙尼亚的公民权利吗？

  这个"云中国度"还有一项举措，估计你又要皱眉反感了："爱沙尼亚正在将身份证系统和报纸论坛对接，禁止匿名评论"！本书作者谈到这个举措时似乎充满激情："这个新的社会契约让曾经把互联网变成蛮荒之地的网络巨魔再也没法兴风作浪。"这当然和伊尔维斯总统让国家全面掌控公民大数据的思想完全一致。

  下一章"乌托邦：案例研究（下）"，作者考察了另一个小国新加坡的一些政策尝试。这个岛国让本书作者印象深刻的事情，首先是"新加坡正在岛上各处安装不定数量的传感器和摄像头"。新加坡在网络世界的政策实验，给本书作者的印象是"半专制的李光耀和乌托邦国王的确有诸多相似之处"。

■ 对于这些举措，过去人们讨论的已经很多了，总体的反对态度不是很明显吗？实际上，这些讨论似乎还预设了另一个前提，就是互联网应用本身是必须和合理的，不可抗拒的，需要讨论的问题只是如何更好地应用。其实当人们关注技术问题时，本来经常要讨论的，是某项技术从根本上是否必要。

□ 关于摄像头监控系统的问题，我的看法倒是和许多人有所不同。我认为这个问题本质上可以表达成一个更为广泛的问题：我们愿意为了快捷、安全等而牺牲多少隐私？隐私本身并不是我们的目的，我们不是为了隐私而活着的，我的意思是，隐私是可以牺牲的，关键在于，我们牺牲的那些隐私能够为我们换来什么。

比如移动支付，给人们带来了快捷，使得生活更为方便，但它确实要求使用者牺牲一部分隐私。考虑到移动支付迄今为止并不是强迫的，所以越来越多的人使用移动支付，表明人们确实愿意为快捷而牺牲部分隐私。

同样的道理，如果我们为了改善治安环境而牺牲一部分隐私，许多人还是愿意的。毕竟良好的治安环境能够让我们生活得更幸福，何乐不为呢？正如本书中一位爱沙尼亚官员对基恩举的例子：他去开会的路上警察因他的车牌号不清晰而跟踪了他一段路，在网上核查了他的大数据后警察结束了跟踪，并在系统里对他本人作了告知（告知警察跟踪及核查他的数据）。被警察跟踪，在许多人看来当然是对个人隐私和尊严的粗暴践踏，但基恩以欣赏的笔触记述了这一事件，视为为良好治安环境而牺牲部分隐私的例证。当然，这种牺牲部分隐私换取治安优化的交易，是以政府贤明公正作为前提的。

■ 对于隐私问题，我的看法有所不同。虽然有人愿意以隐私换取快捷，但并非人人如此，而且现在的发展趋势却是越来越让那些不愿牺牲隐私的人无可选择。另外，你说的那个前提，并非总是可以满足的，而技术的发展为那些并不贤明公正的机构提供了不正当侵犯个人隐私的可能。

总之，我不觉得作者真的对已经出现而且预计会更加严重的各种问题给出了"治愈"的药方。仍然借用医学的隐喻，作者的方案充其量只不过是"保守疗法"而已，虽然有时采取保守疗法比什么都不做还是要好些，但就预后而言，我们恐怕还是只能悲观地想象那可怕的未来。

原载 2019 年 8 月 7 日《中华读书报》

4. 医学和性学

在经典中寻找当下的意义

——读《希波克拉底文集》*

□ 江晓原　■ 刘　兵

□ 前些天,一位研究医学史的美女对我说:"看到你对《希波克拉底文集》的推介语,印象特别深刻。"那是我在本报《新书推荐》栏目为本书写的:"原是医务工作者必读之书,现在不知他们还读不读。如果他们不读,那我们来读。"我写这段话,也确实是有感而发的。因为我的不止一位医生朋友表示,今天的医生根本不会去读这种书。当然,我不可能肯定如今没有任何一位医生愿意读《希波克拉底文集》,但是如果大部分医生确实不读此书的话,我上面的推介语就是有意义的了。

医学和天文学、物理学之类的学问不一样,那些学问是和"物质世界"打交道的,所以理论上可以"没有人"——当然深究起来这样的理论也有问题,而且实际上也是做不到的,但是医学是人和人打交道的学问,它不可能没有"人文"。

■ 回想起来,我第一次听说希波克拉底这个名字,是在许多年以前,在一部以《希波克拉底誓言》为名的关于医生的电视剧中。后来,在研究生学习期间,开始学习科学史和科学

---

* 《希波克拉底文集》,[古希腊]希波克拉底著,赵洪钧等译,中国中医药出版社,2007年7月第1版,定价:48元。

哲学，也就更多接触到了这位在科学史中占有一席之地的古代名医。

在科学史（尤其是医学史）中，希波克拉底在医学方面的贡献，也许现在更多的只是学者们关心的事，但如今我们在不同场合更多地听到这个名字，即是与那著名的"希波克拉底誓言"相关，也就是说，是与医生的伦理准则相关。如今，在现实中，当我们面对随着医学极为迅速地发展的同时患者却对医生有着更多的抱怨时，实际上，我们就已经涉及在具体的医学知识、技术之外的医学伦理的问题了。而讲到医学伦理的问题，从历史上说，人们自然不得不从希波克拉底谈起，也许，这是我们如今仍然格外重视希波克拉底，重视《希波克拉底文集》的第一层重要意义。

□ 这第一层重要意义，在被冠诸篇首的《誓词》中就明白显现出来："凡入病家，均一心为患者，切忌存心误治或害人，无论患者是自由人还是奴隶，尤均不可虐待其身心。"这本来是与我们古代中医所言医为"仁术"完全相通的。哪像现在某些医德败坏的医生，磨快了用现代医疗检查设备和药品装备起来的"刀"，坐等患者上门来就狠狠"斩"之，处心积虑"过度治疗"以便从患者那里赚更多的钱。不过医德问题不是我们要讨论的主题，这里就不多谈了。仅靠背诵希波克拉底的《誓词》也提高不了医德。

第二层意义，则可以更为宽泛，即阅读经典的意义。许多满脑子急功近利思想的人，排斥阅读经典的理由是，现代教科书比经典更完备更容易理解，比如学习万有引力，难道需要阅读牛顿当年的《自然哲学之数学原理》吗？这话当然不算错，

在经典中寻找当下的意义

如果你仅仅只是要学习万有引力，确实用不着去阅读《自然哲学之数学原理》。但是，阅读《自然哲学之数学原理》将让你知道许多万有引力之外的东西，并有可能引导你思考更多的问题。《希波克拉底文集》中的医学知识，当然不如现代的医学教科书中来得完备准确（尽管也有许多至今仍然正确的内容），但阅读它却能够有助于如杨振宁所说的"思考最基本的问题"。总而言之，阅读经典本来就不是一件急功近利的事情。

■ 要说所谓医学中"最基本的问题"，确实是件有些困难的事。因为，从不同的立场来看，"最基本的问题"可以是很不相同的。因而，是否有唯一的"最基本的问题"，也还大可争议。不过，在你这里提问的语境中，似乎是在强调阅读经典，或者更具体些说，阅读历史上那些重要经典的意义。其实，对于众多当下从事医学实践的医生来说，能够想起阅读像《希波克拉底文集》这样的书的，实在是极少数。虽然此书的再版说明中说到"希波克拉底的传世巨著是所有医学界人士都应该思考的必备之书，他的医学思想给每个现代人以弥久恒新的生命感悟和健康启迪"，但这实在是非常之高的要求了。在现实中，绝大多数的从业医生显然会更加关注那些更前沿、更技术性的进展（这还是就那些有上进心而非混饭骗钱的医生而言），而不是这种经典。

但是，尽管现实如此（那也有其原因，而且对医学人文的研究者来说其责任正是要改变这些原因），毕竟有一个理想化的、更高的目标还是有意义的。而这，就回到了通过经典来理解和认识医学之本质，思考其"最基本的问题"上来了。简单地说，也就是，超出了技术性的局限而对医学有一种人文的深度思考。

□ 在以前，一个优秀的医生，必是儒雅博学之人，这在中国和西方都是如此。他们除了跟上乃至参与那些前沿技术的进展之外，无不博览群书。对这样的医生来说，读读《希波克拉底文集》乃是当然的事。或许已经没有人指望从《希波克拉底文集》中读到今天医学教科书中找不到的有用知识了（说不定也有），但是书中确实有许多论述，涉及医学的思考和医生的修养，我认为至今仍有价值。

例如，考虑到我们对人体和生命的了解是如此的不足——即使在科学技术高度发达，让医学已经变得如此傲慢的今天，这种了解仍然远远不足，希波克拉底总是那样的谦卑，他认为"尽管医生掌握了许多东西，许多病还是本能地自愈……众神是真正的医生——尽管人们不这样认为"。

又如，希波克拉底极力主张医生的博学，他要求"把学问引进医学，或把医学引进学问。因为医生是学问的情人，也是神仙的情人。在学问和医学之间没有不可逾越的鸿沟"。而他所谓的"学问"，具有"反对贪婪""反对劫掠""反对无耻"等的品格。

再如，在谈到医生的责任时，希波克拉底一则曰"病人做错什么事也无须忏悔，责任总归咎于医生"，再则曰"一旦发生意外，责任在于医生"。即使将这些话解读成是希波克拉底的老于世故之言，也仍然表明在他心目中，医生不能推卸责任。看看在医患关系日益恶化的今天，媒体上不时披露医院的"上级机关"来对事故进行"鉴定"——其结果经常被病家指控为替医院开脱——真让人有"人心不古"之叹。

在经典中寻找当下的意义

■ 仅仅从上述这些非常非常有限的引证,人们也不难看出,在古代,在医学的童年时期,医学是非常人性化的,是非常人文的。而经过了几千年的演进,现代化的医学(主要是指西方医学)在获得了更多的知识性、技术性进展的同时,却越来越丧失了其原初许多的人性化的特点。只由此,便足以提供为什么在理想的情况下今天的医生仍然十分有必要阅读像《希波克拉底文集》这样的著作的理由。当然,我这里加上了理想的情况下这一限定,因为,就现实而言,由于现代化发展的种种理由,绝大多数医生毕竟是不大可能有时间、精力和兴趣去阅读这样的经典了。但我们并不就能够因此而认为这样的现况就是合理的。

半个多世纪以前,科学史的前辈萨顿曾说过这样的话:"与人类的前进方向相比,进步的速度是不重要的。让我们使用最好的科学和历史学方法,去决定和校正前进的方向,方向的决定不能一劳永逸,要随着我们知识和智慧的进步而不断校正。"也许,这正可以作为对今天的医生的提醒,提醒他们为什么应该读读希波克拉底。

原载 2008 年 12 月 5 日《文汇读书周报》

白色巨塔：阳光和黑影

□ 江晓原　■ 刘　兵

□《白色巨塔》这个书名，直接来自一部日本的著名影片，这部影片又是根据同名小说改编的，后来还拍成了电视连续剧，影响很大。影片《白色巨塔》以日本的医学院—医院（现代社会中这两者通常都是一体的）为背景，反映了这座"白色巨塔"中的技术、利益、竞争、人性等相互纠结在一起的问题。"白色巨塔"被用来作为当代医疗系统的象征，这座巨塔高耸入云，千门万户，通常包括医学院、医院、医药公司、医疗器械公司、国家的医疗管理机构，以及供职于其中的医生、员工、官员等。

诚如本书作者王一方教授所言，当代医疗系统这座"白色巨塔"，不仅是学术的象牙之塔，同时还是名利交蒸、道德沉浮的所在。王一方本人，早年也曾在这座巨塔中交蒸、沉浮过的，后来逃离出来，成了塔外之人，开始对塔里面的事情进行一系列深刻的反思，这在当代中国诚属难能可贵。近年他对当代医学的各个方面颇多言说，本书是他利用一组与医学有关的电影来说事的新作，界面宜人，别出蹊径。

■ 确实，《白色巨塔》*这本书，选取以电影为媒介来讨

---

* 《白色巨塔》，王一方著，北京大学出版社，2012年4月第1版，定价：25元。

白色巨塔：阳光和黑影

论医学问题，讨论医学人文问题，这比起那些这一领域中学术味很重的专著来说，确实是界面友好，而且很有轻灵之感。我觉得，这本书其实有几个功效。

其一，当下热爱电影的发烧友为数不少，但其中能够结合电影来认真思考医学人文问题者，想来不会很多，因此，此书恰恰是提供了在欣赏电影的同时对社会上的问题进行认真思考的一种新的观影方式。

其二，医学人文，是几乎每个人都无法回避地会亲身遇到的问题，因为世上难得有不生病的人。尽管对于年轻人，因其年龄，对有关问题的体会未必深切，因而，以观影的方式来讨论医学人文，应该是有助于有关学术观念在年轻人中的传播。

其三，这样的讨论同时也具有某种信息的功能，也包括了对于电影分类的一种新视角，对于那些不甚熟悉影片的人，也有着观影入门引导的功能。

最后，这样的对于医学人文的讨论，不仅对于广大患者理解医学人文问题有益处，而且，对于医生们，以及对于将要成为医生的医学生们，也是一种有亲近感而不是端着架子的医学人文教育，而这样的教育，又正是当下标准的医学教育中所缺乏的。

□ 近年来，公众和社会各方对"白色巨塔"的批评日益严重。少数医务人员医德败坏其实只是表面现象，更深层的原因是，"白色巨塔"作为一个利益共同体，在谋求自身经济利益时，已经越来越背离"希波克拉底誓言"中的道德戒律。王一方近年在这方面发表过许多发人深省的批判和反思。

但在这本《白色巨塔》中，王一方批判的锋芒似乎有所减弱。在对一部部相关电影剧情的流畅的文学性叙述中，叙事的美感和享受不时抑制着正义和批判的火焰。也许这正是王一方想要的——他想让这本小书的阅读成为一种轻松的享受，而不是一场沉重的思考？

幸好，由于在通常情况下，电影从业者和"白色巨塔"不处在同一个利益共同体中，所以在有些电影中，对"白色巨塔"的揭露和反思还是相当深刻和大胆的。王一方可以通过对电影的选择，让电影来说话。所以你所说本书的三种功能，确实是极为重要的。如将本书视为"有关医学的电影指南"，按图索骥，觅而观之，必将获益良多。

■ 我同意你的说法，即认为在这本书中，王一方批判的锋芒似乎有所减弱，叙事的美感和享受不时抑制着正义和批判的火焰。不过，我觉得这可能还有另一个原因，即作者想在这本书里说太多的内容，因为就医学电影这个主题而言，可以联想和发挥的内容也实在是太多了，包括以欣赏的立场来享受这类电影的情节与艺术。因为内容太多，相比之下，批判性的内容就会显得少了许多。

常言说，有得必有失。其实，如果作者能够多有一些割舍，略去一些枝节的内容，把叙述的内容再集中到若干更关键、更重要的主题上，也许反而会让这本书在引导读者去欣赏医学电影的同时，对医学人文问题的反思更加有力量。

在我看来，在书中作者涉及的各种话题中，关于医学的本质和能力限度、医生的伦理、医学背景下的生命观，以及中西医学的特质与冲突，这样一些主题似乎分量要更重一些，如果能够更加充分展开讨论，反思的批判的分量自然也就会加强许多。

白色巨塔：阳光和黑影

□ 其实作者已经在一定程度上试图集中于若干个主题进行论述，但确实如你所说，从医学电影可以联想和发挥的内容实在太多，况且一部电影也可以涉及多个主题，一个主题还可以引申出多方面的问题。

比如，在讨论影片《逃出克隆岛》(*The Island*，2005)时，作者的注意力集中在那些为"正本"提供备用器官的克隆人的权利和悲惨命运上，这当然是影片着力揭示的方面。但如果我们联想到近年某著名院士发表的"支持克隆人技术"的言论，那就非常有意思了。这位院士竟对媒体宣称，"克隆几个×××（指他本人）我看没有问题"——我相信他说这番话时，一定没看过《逃出克隆岛》。如果某个被克隆出来的"副本"来到中国科学院上班，宣称他才是该院士，或者去到该院士家，宣称那住宅是他的房产，该院士还会认为"没有问题"吗？

又如，书中讨论了影片《千钧一发》(*Gattaca*，1997)，也是非常值得注意的。以前大众媒体总是从正面角度来看待发现人类基因图这件事，认为掌握了这部"天书"就可以大大造福人类，比如防治疾病之类，直到今天仍然如此。却从来不指出这部"天书"也可以用来做大大的坏事——影片《千钧一发》在多年前就已经提出了"基因歧视"这个严峻问题。健康和寿命，其实都是人最严重的隐私，严重到连自己本人都不敢窥探！但人类基因图这部"天书"将使这些隐私荡然无存。而隐私之不存，人权将焉附？没有隐私也就没有人权。所以能剥夺人类隐私的技术，必将成为侵害人权的恶魔。

■ 你说的这些都很有意思，也都很重要。不过，就电影的主题来说，这些主题虽然和医学也有关系，但在那些关心生物技术等高科技前沿的论述中，已经涉及很多了。所以，在我看来，如果结合影片来讨论医学人文问题，还有很多与医学，特别是当下的医学关系更为密切也更少讨论的话题。正因为结合影片在这些方面的关注少，所以也更应该深入展开。

以上，我们谈话中，似乎谈此书的问题多了些，实际上，这本书的主题和内容，在当下的出版物中，依然是非常稀有的。也正因为如此，才更应该推荐。至少，我想，那引起如今正在学医的医学生们，如果能够看看此书，再按类似的视角去看看那些电影，应该会对医学的理解有所变化，而这对于未来的医学，对于未来的患者，都应该是件幸事。

原载 2012 年 7 月 6 日《文汇读书周报》

是谁再造了病人?

——关于《再造"病人"》*

□ 江晓原　■ 刘　兵

□ 这本书的书名就是令人惊异的——再造病人。难道病人是被重新(或故意)制造出来的?但事实上,如果我们平心静气地来阅读这本书,就会意识到许多有待深省的问题。比如作者在导言中说:"在整个19世纪和20世纪初期的西方,疾病隐喻变得更加恶毒、荒谬,更具有蛊惑性。它把任何一种自己不赞成的状况都称作疾病。"而这些恶毒、荒谬和蛊惑性,当然也随着列强的坚船利炮打开中国国门之后长驱直入了:"得病的身体作为一种文化的隐喻和载体,内涵和边界日益扩大,甚至暗喻着中国国土疆界被频繁侵害。'身体'疾病通过西医的治疗实践逐渐变成了形形色色的国家政客、现代知识精英、地方士绅和普通民众发挥想象的场所"。

对于我个人来说,最初,和大多数人一样,认为西医作为一种"科学",它挽救我们的生命,保护我们的健康,解除我们的病痛。后来,知道西医至今也不是精密科学,但至少在一定的百分比上,它仍能挽救我们的生命,保护我们的健康,解除我们的病痛。再后来,从科幻小说中,读到大医药公司如何故意散布病毒,使人们不得不依赖他们的药品,从而获

---

* 《再造"病人"——中西医冲突下的政治空间(1832—1985)》,杨念群著,中国人民大学出版社,2006年3月第1版,定价:36.80元。

得巨额利润之类的故事（如玛格丽特·阿特武德的《秧鸡与羚羊》），但总认为这只是小说家的幻想而已。到了现在，尽管在现实生活中已经看到了无数医德败坏、药价黑幕之类的事情，但总认为这只是少数人道德败坏，或制度设计不尽合理而已。

但是，本书中的这些言说，确实是我先前未曾想到过的。

■ 是啊，我除了读此书，还曾当面听过此书作者的报告，讲的也是书中的部分内容，因而，更有一种直接的感受。说起来，当我们把医学仅仅当作"科学"的时候，一是犯了一种简单化的错误，忽略了甚至包括西医在内的医学同时具有的其他维度，二是内心中的科学主义仍在作怪。其实，我也注意到你在谈医学作为"科学"时，"科学"二字是打上了引号的。即使在最一般的理解中，至少临床医学不是我们在狭义上经常所称的标准科学，这样的说法也是很常见的。

但是，读此书，显然收获不仅仅于此，而是让我们对于医学和病人有了更为全面、更为深刻的理解。特别是放在中国的语境中，也让我们对于像何为中医这种目前已是争论得极为火热的问题有了更多的思考。而且，在这本书中，作者以历史学家的身份在写作，但其视角和写作方法，又绝不是那种在历史学中传统的方法。在书中，我们可以看到各种最新的学术主题、观点等散布在全书各处，但正是这些新的视角和观念以及叙述的方式，才使我们对于作者所考察的在特定时间段里中国的医学的发展演进有了更多的认识。

还是在这里先讲一点小问题。此书封面上印有标题的英文翻译，是 Remaking "Patients"。可是我觉得，这里译得有些硬，

是谁再造了病人?

如果不用 Remaking，而是用 Reconstruction 或 Reconstructing，无论在对作者原意表达的准确性上，还是在英文相关学术要领的习惯用法上，都会更好、更贴切一些。

□ 是的，我赞成用 *Reconstructing Patients*——在传统的中文表达中，"再造"通常都有"重新建构"之意，比如以前一个新的王朝建立起来，就被称颂为"乾坤再造"。我甚至觉得，书名中的"病人"二字上的双引号也可以省略，这样更能使书名有发聋振聩之功。

围绕着"再造"这个概念，作者大量使用文化人类学的方法，考察西方现代的医疗理念和制度，在20世纪初期是如何逐渐进入中国的政治话语和社会生活，并最终取得支配地位的。在这一过程中，伴随着大量的斗争和争夺。

■ 正是因为如此，因为此书的写作揭示了人们不容易想到的方面，使得医学这一领域的复杂性跃然纸上。曾经，国内有关于医学的大争论，其中，有要求彻底废除中医者，有称中医为伪科学者，也还有形形色色的各种观点，其中一些观点的提出者，甚至本人还是科学哲学的专业人士。不过在我看来，与杨念群这位历史学家（而且是典型的新派历史学家）相比，那些人几乎不能说是了解医学是怎样一回事。

非常有意思的是，在国外，在广义的科学史研究界，按照美国科学史家席文前些年提供的数字，研究中医史的历史学家人数占有了压倒优势，而在我们这里，却反而是那些不懂医学，更不懂医学史的科学主义者们的声音叫得最响，也带来了很大的误导作用。也许，这与我们这里研究医学史的人的专业背景有关，他们大多还是在那种特别传统的历史观的指导下从事研究，因而很难有一种更有文化感和新观念的成果出现。正因为如此，相比之下，我们曾谈过国外研究者费侠莉的那本《繁盛之阴》，其实，国外学者白馥兰的《技术与性别》一书，里面也同样很有创见、很有启发性的以中医史的研究，而我们现在所谈的杨念群的这本著作，则更有本土研究的风格，同时，又具有着鲜明的现代意识，或者也许应该说是后现代意识。由此，我们再一次看到，科学观和科学史观以及史学研究方法研究在很大程度上决定历史研究的质量和新意。

□ 本书所采用的文化人类学方法，给我印象颇为深刻。这种方法的应用，在我们传统的医学史著作中是完全看不到的（本书当然不是一本传统意义上的医学史著作）。

例如，本书的第三章"'公医制度'下的日常生活"，其中有"'警'与'医'：分分合合的轨迹"一节，讨论了20世纪上半叶中国城市中的早期"公医制度"，竟是和警察制度密切结合在一起的。在相当长的时期，公共卫生部门甚至就是警察系统中的一个部分。在这里可以清楚地看到政治权力是如何介入市民的日常生活的。

又如，在第四章"现代城市中的'生'与'死'"中，描绘了坊间传统的接生婆及其营生是如何被现代的医疗机构所取代的，特别是其中的"产婆关印氏""徐小堂喊告"和"三种不同的声音"三节，分别考察了20世纪30年代北京城内三起产婆与"保婴事务所"派出人员及产妇之间的诉讼个案。从书中披露的原始材料看，"保婴事务所"方面有时也很可能采取了某些不公正的手段，力图打压和取缔民间产婆的营业资格。而是谁再造了病人？

当时即使产婆被取缔了营业执照后，仍然有市民请她们前往接生。

所有这些细节，让人看到这样一幅图景：现代科学技术有时并不是仅仅依靠它自身的有效性而被公众自愿接受，而是要借助于别的力量（比如行政的力量）强迫公众接受的。对于医学这种迄今也还未成为精密科学的学科来说，情形更是如此。

■ 我觉得，此书采用的方法，又不仅仅限于文化人类学，诸多后现代的视角和方法，都在此书中有所体现。如果从此书作为探讨中西医冲突的主题来看，你所列举的论题都是很有意思、很引人注目的，其实，此书中像这样有吸引力、有新意的话题还有许多许多呢！而且，除了你所重点提到的那些问题，我更感兴趣的是在这种对于"冲突"的重构背后，在全书中所渗透着的对于医学的理解。这种理解，绝不是那种只学会了一些具体的医学知识就能达到的。就像我前些日子看一本美国关于技术素养的报告中的说法：作为专家的工程师们并不天然地就是具备理想技术素养的人！此话搬到医学的问题上似乎也同样适用。因此，此书的意义也是多重的。除作为历史文本的启发性意义外，对于我们更好地理解医学究竟是什么的问题，对于医学素养（如果可以这样讲的话）的提升，它也同样具有着重大的现实意义。

原载2007年2月2日《文汇读书周报》

点烟读书，读后戒烟？
——和老烟鬼谈《这本书能让你戒烟》*

□ 江晓原　■ 刘　兵

□ 石海明告诉我，他的老院长刘将军已经因为读了这本书而戒烟了。你作为石海明的老师，想必他爱师心切，早就将此书寄给你了吧？我就特别想和你来谈谈这本书。我是从不吸烟的，而你是积年的老烟鬼，而且曾就吸烟问题发表过不少"金句"，比如"吸烟有助于环保"之类。这样的强烈反差，讨论起来应该很有趣呢。

不过，这本书的写法，我又有点不敢恭维了——很像欧美常见的畅销书写法。此书一上来的几段，行文风格马上让我想起前些年那本有名的畅销书《穷爸爸，富爸爸》（我当年曾经发表过批评该书的评论）。

然而，本书作者说他自己本是积年烟鬼，后来发现了戒烟捷径，不仅自己戒了烟，甚至还将他的发现经营成了赚钱的买卖。假如这个故事是真实的——我当然不可能去验证它的真实性，那还是有些价值的。

■ 出于种种原因吧，我确实是认认真真地看了这本书。当然，我要感谢学生石海明对老师的一片好心。一开始看时，

---

* 《这本书能让你戒烟》，[英] 亚伦·卡尔著，严冬冬译，吉林文史出版社，2009年1月第1版，2012年3月第6次印刷，定价：29元。

点烟读书，读后戒烟？

还觉得有些悬念，似乎作者真有什么出人意料的绝招。但看着看着，愈发觉得失望。看来，我与那位老院长刘将军还是不一样的人，也许因为我不是当将军的料吧。

或许，真的是因为我太顽固而难以被说服。不过，如果从学理的角度进行一下讨论，我会说，这是一本非常典型的"民科"式的书——其实书中作者已经在抱怨那些致力于控烟的主流医生群体对他不那么认可了。再仔细看一下，会发现，其实此书的信息量极小，翻来覆去，其实就那么几个观点，几句话就可以说完了的。我的一个联想，觉得作者的说话写书方式倒挺像那些传销培训师风格。

说起戒烟问题，应该是一个非常复杂的问题，涉及科学（包括心理学、生理学等），也涉及人文。在这个意义上，我们在此讨论此书，当然也算是在科学人文的范围之内了。这又确实是有许多可说之处呢。

□ 你对此书的感觉，大大增强了我的信心——对从一本书的行文风格判断其质量的那种直观式感觉的信心。我已经多次尝试对一些书籍采用这种方法来判断，并且是时候进行验证了。现在这本书又为这种判断方法增加了一个成功的案例。你说此书"信息量极小，翻来覆去，其实就那么几个观点"，这正是好些畅销书惯用的手法，我前面举例的《穷爸爸，富爸爸》一书，也正有这样的特色。

不过，我虽然对此书与你有同感，但这并不等于我和你一样赞成吸烟。吸烟与否当然是个人的权利，我们无权将自己的行为方式强加于人，所以我也不能反对你吸烟。不过现在禁烟的公共场所与日俱增，烟民们的"作案场所"正在日益萎缩，我想这主要应该是为了保护不吸烟的人免遭被动吸入二手烟的缘故。对于这一点，我是完全赞成的。不知你怎么看？有什么反驳的路径吗？

■ 这恐怕是有些误解了。我其实并不赞同让不愿吸烟的人被强迫吸二手烟的行为。我也认为，不吸烟者，特别是讨厌烟味的人，完全有权利有其清净的生存和活动的环境。这是一个应该坚持的大前提。但与之相同，在坚持刚说的那个大前提之下，对于吸烟者，同样的说法也是成立的。吸烟者也应有权利拥有他们自己的空间。不过，在目前的情况下，一是他们自己的空间经常没有保障或被严重挤压，二是这两种空间经常又没有清晰地划分。

说到这点，似乎又回到有关吸烟的更广泛的话题上了（当然这也是同样缺少严肃而且有意义的讨论），不过，既然我们说到了《这本书能让你戒烟》，我还是想就此书说点想法。之所以这样，是因为从学术上讲，或者，更泛一些，哪怕是从一般的写作，以及以书的形式进行传播来讲，此书的问题，还是很有代表性的，是值得分析的。

表面上看，我们说此书有着明显的民科特征。但除了我们上述谈及的那几点，你还发现有什么其他特点吗？

□ 这书毕竟也有一点可取之处——不过我对自己下面所说并无太大的信心，因为我自己并不吸烟，缺乏实际感受。我觉得作者在描述自己戒烟之前对香烟依赖的心理和感受时，好像相当生动。在他自己所讲的故事中，他曾经是一个老烟鬼，那么作为过来之人，也许他的描述还是相当真实的。你作为

点烟读书，读后戒烟？

"老烟鬼"，对此的评判肯定比我更为权威。

另外，恕我直言，你说你"其实并不赞同让不愿吸烟的人被强迫吸二手烟"，这话我有些异议。在我看来，所有烟鬼的这种表白，都带有伪善的成分——因为事实上在许多场合，当你们吸烟时，旁边仍然有不吸烟的人。比如你坐在航班的所谓"吸烟区"，当你吸烟时，难道别的旅客会一点不受影响吗？所以"不愿吸烟的人被强迫吸二手烟"的事情几乎是不可避免的。一个烟鬼，如果真的"赞成"不让不吸烟的人吸入二手烟，他只有采取一个行动时才能够真正避免伪善，那就是戒烟。

■ 分别回应一下你的几个问题。其一，关于那曾经作为"老烟鬼"（要注意，这里我沿用你的说法，虽然也打上了引号，但其中的歧视成分却依然是显而易见的，而这种歧视自然也是有问题的）的经验描述，我其实是颇为怀疑的。也许就个例来说，其存在的可能性是有的，但就相对普遍性而说，至少是与烟民们的一般心态差距颇大。比如，他反复地在说，其实，吸烟者都知道，吸烟不是享受，吸烟不是必需，如此等等。倘真如此，那一个最简单的事实就是，他根本不必花这么大的力气去写这本书，去开办戒烟的机构。

其二，关于二手烟的问题。其实也并非如你所简单地想的那样。比如，在一架飞机上，如果划分吸烟区与非吸烟区，确实很难达到有效区隔的效果，而且现在也已经不再有这样的设置。但为什么不可能专门开全为吸烟区的飞机？又比如，在机场，让吸烟者可合法吸烟且不会影响非吸烟者（这在现在的技术上是可以实现的）吸烟区，其面积与非吸烟区的面积相比，

当代科学争议

再考虑到机场吸烟者与非吸烟者的人数比例,你就会发现其中的不平等。我仍然要说,还是要在坚持前述的大前提(这绝非伪善)之下,就算吸烟者是少数人,其权利也就公平地受到保护。这里反映出一个大问题,我们怎么能因为认定了某种"正义""正确"的东西,就将其作为压迫与此不同的少数人或异见者,甚至剥夺其权利的"正当"理由呢?

原载 2013 年 4 月 5 日《文汇读书周报》

身体和医学：也是一个罗生门吗？

□ 江晓原　■ 刘　兵

□ 我们经常讲古希腊是现代科学的源头，这当然是正确的，但是能不能将这句话移用到医学上——古希腊是不是现代医学的源头？由于现代医学并不是科学（但许多长期受唯科学主义影响的中国公众一直认为医学是科学），上述移用的正确性就更加可疑了。

写这本《身体的语言》*的栗山茂久，是一位相当西化的日本学者——本书用英文写成这一事实就说明了这一点。同时他又是富有文学情怀的人，所以将这样一本比较古希腊医学和古代中国医学的学术著作写得有点旖旎风骚。

例如，本书正文开头，上来一大段就是对芥川龙之介一篇著名小说的复述，芥川龙之介这篇小说因为改编成了电影《罗生门》而声名远扬。大盗奸武士之妻、夺武士之命一案，扑朔迷离，四个人物的陈述个个不同。栗山茂久复述这么一大段故事是为什么呢？看来是为了比喻或象征"医学的历史发展中也有个类似的谜团"。

一看到本书以这样一个象征性的故事开头，我就怀疑我们是不是又要面对一本玄之又玄甚至不知所云的书了？

---

* 《身体的语言——古希腊医学和中医之比较》，[日] 栗山茂久著，陈信宏等译，上海书店出版社，2009年3月第1版，定价：29.80元。

当代科学争议

■ 恰恰相反,在读过此书之后,我根本不认为这是一本玄之又玄的书,反而,认为这是一本极有思想性、学理性和独创性的研究之作。而且觉得是我近期所读到过的最有意思的一本好书。之所以这样说,当然,也许与我近期对医学问题的关注有关,但我觉得,也许更与作者的立场、倾向和风格有关。在阅读中,会让我有一种亲切感,也会有诸多给人以启发之处。

你刚才说,作者开头就讲了电影《罗生门》,而我同时也注意到,开篇不久,作者还谈了"瞎子摸象"的故事,而我在这几年间,在一些关于科学文化的多元性的文章中,以及讲座中,也恰恰一直在用这个隐喻。像我们的朋友,北京大学的刘华杰教授,在讲授的 SSK 的课程中,也是在放《罗生门》这部电影用来作为教授手段的。

你前面猜想:作者谈《罗生门》,是用来象征"医学的历史发展中也有个类似的谜团"。我觉得,这种说法也对。不过,更确切地说,使用电影《罗生门》和"瞎子摸象"的典故,更主要的是被作者用来做这样的隐喻:作为医学研究对象研究的身体,其实也并没有一个简单的单一真相,而是由不同时代、不同文化、不同地区的研究以不同的方式来感知着,并得出了不同的观察结论。

□ 栗山茂久对于中医用把脉来诊断病情的技术,花费了不少笔墨,甚至还引用了一大段《红楼梦》中的有关描写。这种技术的精确程度,曾经给西方人留下了深刻印象。更重要的是,这种技术在西方人看来是难以理解的。栗山茂久也说:"这种技术从一开始就是一个谜。"之所以如此,他认为原因在

身体和医学：也是一个罗生门吗？

于中国人和西方人看待身体的方法和描述身体的语言，都是大不相同的。

作为对上述原因的形象说明，栗山茂久引用了中国和欧洲的两幅人体图：一幅出自中国人滑寿在 1341 年的著作《十四经发挥》，一幅出自维萨里（Vesalius）1543 年的著作《人体结构七卷》(Fabrica)。他注意到，这两幅人体图最大的差别是，中国的图有经脉而无肌肉，欧洲的图有肌肉而无经脉。而且他发现，这两幅人体图所显示出来的差别最晚在二三世纪就已经形成了。

确实，如果我们站在所谓"现代科学"的立场上来看中医的诊脉，它真的是难以理解的。虽然西医也承认脉搏的有无对应于生命的有无这一事实，但依靠诊脉就能够获得疾病的详细信息，这在西医对人体的理解和描述体系中都是不可能的、无法解释的。

而当我们从这个例子中看到双方是如此的难以调和时，再回想栗山茂久在本书一开头就引用的《罗生门》故事，此举的意义就渐渐浮出水面了。

■ 我觉得，关键之所在，倒不是你刚刚说的难以调和的问题。确实，栗山茂久的洞见，在于发现了希腊医学和中医对于人体和疾病认识方式的不同，例如，像西医关注脉搏测量，关注的是因心脏而带来的垂直的冲撞，以及脉搏所反映出的心率，而中医，则把生命视为一种流动，关注的是脉的流动，可以从切脉中可以通过脉象而获得更多更细致微妙的信息。这同样是以触觉来做诊断，在不同的文化中，却表现出如此大的差别。又比如，他对于西医中对于肌肉的注重以及其原因的分析,以及中医中对于颜色的关注等。这些差异,在表面上是如此之不同,对应于不同的医学理论系统。

用科学哲学的术语来讲,它们之间是"不可通约"的,也即无法站在一个理论系统的立场上去理解另一个理论系统中的知识。但我觉得,作者通过《罗生门》的故事和"瞎子摸象"的隐喻,恰恰是要说明,在历史上,并没有一个唯一关于人体和疾病的"真相",而是在不同的文化中所产生的不同的医学里,有各自对于"真相"的认识。

这样,不同的医学体系,就构成了对于人体和疾病的一种多元的认识。而这种多元的认识的存在,以及对于其中不同医学体系的各自的道理,或者说,在各自文化传统中的"合理性"的分析,在作者以敏锐的眼光对于经常被人们忽视的细节的考察中,显示出了背后所隐含的更深刻的寓意。我个人认为,也许这才是栗山茂久的用意之所在。

□ 按我的理解,栗山茂久的用意并不在试图"调和"双方——通常只有我们这里急功近利的思维才会热衷于"调和"。所以你上面的看法我是同意的。

在读这本书时,我经常有一些奇怪的联想。

首先是想象作者的态度,甚至神态。说起来,我和这位栗山茂久还打过一点交道。2002年,在由我担任地方组织委员会主席的"第10届国际东亚科学史会议"上,他是我们邀请的几位特邀大会报告人之一,当时他的报告也颇受好评。而在这本书中,栗山茂久很像一位古玩的欣赏者或把玩者。他把玩的是两件文化古董,一件是"中国传统医学",一件是"古代希腊医学"。他对于"古为今用"之类的现实目标没有什么兴趣,

身体和医学：也是一个罗生门吗？

他关心的只是这两件古董的异同，以及这些异同背后的文化和历史。而他对把玩心得的叙述，则是在精心选择和安排之后才陈述的。

其次，如果我们继续沿用作者在开头引用的《罗生门》的隐喻，那么我们今天的大部分读者，其实以前都是偏听偏信的——我们已经被西医唯科学主义的演说洗脑了，以至于许多人一直认为关于人类的身体、关于医疗，从来就只有一个故事，就是所谓"现代医学"讲述的故事。他们从来没有想到，这个案件其实可以有很多种陈述，而且对这些陈述还很难简单判断谁对谁错。

■ 确实如此。对于我来说，阅读此书，经常会为书中作者的发现而叫绝。他以这本篇幅不大但却处处带有新意的著作，从许多常人意想不到的视角，向人们展示了中国传统医学和古代希腊医学的"同"与"不同"，或者说，是讲述了一个故事的不同叙述。你前面用了"文化古董"这个说法，并认为作者对于古为今用这样的现实目标没有兴趣。但我对此却更愿意有不同的说法：也许这著作的现实意义之一，就是把文化古董的价值延伸到了我们当代对于医学问题的理解上，帮助人们反思现代西方医学关于人体与疾病的唯一"故事"。这倒真是历史研究所体现出来的典型的当代价值。

原载 2009 年 12 月 4 日《文汇读书周报》

再来一个和身体有关的罗生门
——读《怀孕文化史》*

□ 江晓原　■ 刘　兵

□ 现在几乎所有名为"某某文化史"的著作，都会给我带来类似的期望——期望它讨论"某某"事情本身之外的事情，还期望它能够通过这种讨论对我们以前所形成的"某某"印象有所解构。后面这一点虽然有些"闻乱则喜"的味道，但事实上在比较好的"某某文化史"著作中确实是经常发生的。

记得一年前我们在这个专栏中谈过栗山茂久的著作《身体的语言——古希腊医学和中医之比较》，其中将中西方对于"身体"的理解和描述比喻为一个"罗生门"故事，告诉我们在不同文化中对于人类身体的认识、想象和描述都是大不相同的。这就解构了我们以前认为关于身体的故事只有"现代医学"唯一版本的观念。而这种观念是在科学主义话语体系中培育起来的。

怀孕作为人类身体所发生的一种现象，当然也和"身体的故事"密切相关。所以当我拿到这本《怀孕文化史》时，我就期望它会给出一个和《身体的语言》所给出的类似的解构。阅读此书后得到的感觉是，我这个期望似乎是会实现的。

---

* 《怀孕文化史——怀孕、医学和文化（1750—2000）》，[英]克莱尔·汉森著，章梅芳译，北京大学出版社，2010年4月第1版，定价：35元。

再来一个和身体有关的罗生门

■ 因为你只是提到你的期望以及阅读以后的感觉,却没有具体讲出你感觉到实现了的期望是什么,这倒勾起了我的好奇心,让我确实很急切地想知道你的感受。这背后,也还有另一个原因,即在以往的对谈中,以及在对谈之外我们的交流中,你一直对女性主义抱有某种成见,而这本书虽然并非激进的女性主义之作,却还是很有些女性主义味道的,所以这就更加剧了我的好奇心。

因为很难马上接着你感觉到的期望来谈,那么,也许我可以先插入谈些此书的定位和特色吧。问题是:这是一本什么样的书?是历史吗?与平常的历史著作相比,除了在选题上的新颖性之外,还有什么别的新意呢?

至少我注意到,此书作者由于其研究背景,特别注重文学的材料,并利用历史上各种文学文本来建构不同时期有关怀孕这一人类生活中重要主题在历史上的体现。但这与我们这里过去常见的历史著作中利用文学作品的方式似乎还有些不同。我们从中确实可以看到通过文学的"折射"而反映出来的历史上人们对怀孕的理解,但这又毕竟有些不是常规的利用史料的方式,对于以这样一种方法来再现"历史",你又有什么评价呢?当然,你也有可能把这个问题与你的期望联系起来一起说说。

□ 怀孕这件事情,作为身体故事的一部分,每个民族,每种文化,都会有自己的版本,而且即使在同一民族,同一文化中,这个故事在不同时期的版本也会不同。

而近一个世纪以来,中国公众受到的教育,总体上来说是这样的图景:先将中国传统文化中关于怀孕分娩的故事版本作为"迷信""糟粕"而抛弃,然后接受"现代医学"在这个问题上所提供的版本,作为我们的"客观认识"。

应该承认,这个图景,到现在为止,基本上还不能说不是成功的。不过要讲"文化",那情形就不同了。在中国传统文化中,怀孕分娩的故事也自有版本,那个版本虽与"现代医学"的版本大相径庭,但在实践的层面上却也不能说是失败的——到"现代医学"的版本进入中国时,中国毕竟已经有了四亿人口。

推而论之,世界上其他民族,其他文化,只要没有人口灭绝而且这种灭绝被证明是因为对怀孕分娩认识错误造成的,那么他们关于怀孕分娩故事的版本,就都不能说是失败的。

我前面说感觉"这个期望似乎是会实现的",指的就是期望在书中看到关于怀孕分娩故事的不同于"现代医学"的版本。

■ 哈哈,你说的这个"期望",对我来说,倒不是什么特别期待的,而是认为必将如此,否则,我相信,译者也不会选择这样一本书来翻译。因为我还是了解译者的立场和倾向的,而且,2009年还和她一起发表了一篇对于也算是与怀孕相关的"中国版本"的"坐月子"进行性别分析的文章呢。

但是,对于你所用的"成功"与"失败",我还有些不够理解其更确切的含义,因为,你并没有在这两个词上加引号(而在"客观认识"一词上你则加了引号,表明那实际上并非如此),而这似乎意味着是在常规语义上来表达,而这两个词的常规的表达,显然又是有价值评价取向的。

如果说,在各种文化中,怀孕文化都有其不同的版本,这当然是成立的,甚至,再推广些,对于医学以及相应地对于身体的认识上,各种不同的文化也都有其特殊的建构。但我觉得

再来一个和身体有关的罗生门

应该慎用谁"成功"以及谁"却也不能说是失败"这样的说法，除非是站在，或者潜在地站在西方现代主流医学的立场上来说话。

如果不用这种说法，而是更平等地（尽管目前也许只能更多的是在理论上的平等）以多元文化的立场来看待各民族和各种文化中的医学与身体文化，那似乎才更为妥当。你说，这是"在实践的层面上"如此，其实，西方现代医学难道不也是一样是在"实践的层面上"相对"成功"吗？

□ 你在这方面的警惕性之高，确实要超过我——其实这种警惕性我也是很赞成的。不过，在一般意义上使用"成功·失败"这一组概念，我想应该不会和多元文化的立场有什么冲突，也不意味着"潜在地站在西方现代主流医学的立场上来说话"。

另外，我在阅读中的感觉告诉我，其实本书作者未必有明确的"提供另一种怀孕和身体故事版本以消解现代医学权威"的动机，她只是用比较宽容和多元的立场写一本怀孕文化史而已。但是正如我们以前讨论萨顿的科学史著作时我注意到的，"一个学者只要能够在宽容的、实事求是的心态下进行工作，哪怕他是一个科学主义者，也不会妨碍他以智慧的思考最终抵达某些今天在反科学主义纲领下比较容易获得的结论"。所以这位克莱尔·汉森即使没有消解现代医学权威的动机，她的这本书却有着这样的效果。

还有，大量使用250年间的文学作品作为研究史料，是本书的另一个特色。对于中国读者来说，这一特色还有一种附加价值——因为这些文学作品中许多是中国公众不熟悉的，作者又将它们作为文化史的史料，这也有助于拓展中国读者的文化史视野。

■ 怀孕的问题，本身就是一个很有性别意味的问题。但在不同的研究者那里，这种意味可能会鲜明或不鲜明。我觉得，此书作者大致还是属于在性别研究立场上不特别鲜明，或者也可以说，倾向不是那么极端的。这样的缺陷，是让某些本来可以更突出的论点和发现更为醒目和更有冲击力；好处，则是相对温和的东西总会更容易让更多的人接受。比如，我觉得（也多次明确地说过），你以往对性别研究总有某种"成见"，但这次就比较自然接受了这本书。

至于是否有明确地提供"另一版本"以反抗主流话语的问题，当然是可以仁者见仁智者见智的。在类似的情形下，我有时在阅读国外一些作者立场同样不那么激进的著作时，会想到，即使那样的著作按我的口味有时不那么"过瘾"，但却仍然还是让人值得注意并从中有所收获，这也许与不同语境下学术背景的某种"平均值"有关。可以说明同样问题的反例就是，虽然你说："一个学者只要能够在宽容的、实事求是的心态下进行工作，哪怕他是一个科学主义者，也不会妨碍他以智慧的思考最终抵达某些今天在反科学主义纲领下比较容易获得的结论"，但为，什么在我们这里，就很难见到达到同样研究水准的科学主义者呢？

原载 2010 年 12 月 3 日《文汇读书周报》

科学对性意味着什么？

□ 江晓原　■ 刘　兵

□　真没想到，你也会建议谈一本这种主题的书。不过这种类型的书在我们的对谈中倒也从未涉及过，本着多样性的原则，谈一谈肯定不无益处。

文人写作，或多或少总要讲究一些技巧。在比较老派的文人那里，如果话题严肃，则文笔可以活泼；如果话题敏感，文笔就要严肃。或者是学术话题可以八卦写法，八卦话题则用学术写法。这些其实也就是兵法中所谓"虚则实之，实则虚之"的意思。在许多中国人看来，性这个话题属于高度敏感，高度八卦，所以通常要用严肃的话语和文笔来谈论它。现在他们看到这本《科学碰撞"性"》*，顿生"惊艳"之感——因为它八卦话题还用八卦写法，几乎是"虚还虚之，实更实之"。

本书作者是一位中年女士，洋阿姨就是大胆，谈论性这样的话题，还敢用如此放荡的文笔。在我认识的中国女作者中，有类似勇气和能耐的，只有两人而已——不过她们的文笔和这位洋阿姨相比还是要典雅不少。

■　其实，这次我建议谈这本书，倒是因为你的缘故！长期以来，你的"第二专业"，性学，或者说性文化研究，在我

---

* 《科学碰撞"性"》，[美] 玛丽·罗琦著，何静芝译，湖南科学技术出版社，2013年6月第1版，定价：35元。

们的对谈中涉及不多，记得在《南腔北调》专栏刚开设不久时，我们曾谈过一次金赛报告。而这本书，既与你长期以来关心的性学有关，又挂上了科学的标签，还是作为某类时尚科普的类型而出现，自然我们也就有了谈一谈的道理。

开篇中，其实你提到了两个问题，一是在表面上直观地涉及写作风格及其与题材的关系问题，并认为此书实际上是以八卦写法来写被认为是八卦的性的话题。当然，这也包含了对性问题的看法等的潜在立场。二是隐藏在你说的问题的背后，也即此书的另一特殊性，即科学要素与性研究的结合，包括如何在通俗普及性的著作中来表现和评价。进而，自然也就会联系到在面向公众的普及传播中如何对待性知识（或经常被人们称为性科学）的传播问题。

与你首位地关注作者写作的风格略有不同，我读到此书时，更感兴趣的倒是后者，即在当下的文化环境中（包括一般文化环境和性文化环境），如何看待对性的科学研究以及将此主题转化成普及读物的问题。

一个突出的感觉是，此书在主体倾向上，仍是更多地站在科学的立场上（尽管带有着强烈的娱乐化导向），把本来极度复杂、与文化、心理、人文不可分割的性问题，过分简单化为用科学手段的研究对象。不知你对此是否有同感？

□ 我比较喜欢使用包容度更大的"性文化"一词，"性知识"或"性科学"当然都可以包括在内。在思考性文化时，一直存在着两条不同的路径。或者也可以说，在谈论性文化时，一直存在着两种不同的风格。其中之一，就是将与性有关的种种问题都尽量"科学化"。这个路径不是只有中国才有，

科学对性意味着什么？

西方也一直有，包括某些经典的大师。

但是这种风格在中国却有很长一段时间大行其道，在改革开放初期，性学在中国刚刚踏上破冰之旅的阶段，尤其如此。比如 1983 年出版的吴阶平编译《学医学》，就是当时"破冰"的标志性书籍之一，极力强调性的科学性，试图为性学研究争取到一席之地，为此删去了原书的"强奸""同性恋"等四章内容。

现在这本《科学碰撞"性"》，作者当然用不着有这方面的顾忌，它也强调用科学手段研究性，我想应该是作者自己对这方面特别有兴趣之故。她谈到的有些实验或观察，确实别出心裁，比如用磁共振成像仪观察性交时男女双方性器官的变化——这要求两位志愿者在极其狭小的空间内完成性交，但确实突破了以往无法直接观察性交中双方性器官变化的"技术瓶颈"。其实这个实验观察的报道我很早就在别处看到过了。

■ 作为你所说的"两条路径"之一，用科学的方法来进行性的研究当然有其自己的道理，当然，这样做的局限也是很明显的。但我在阅读此书时总有一种感觉，即这些研究者似乎只是在以性为对象的"科学"研究中自娱自乐而已，许多研究的内容并非指向更有"实际意义"的应用。毕竟，性科学还是应用指向相对突出的学科。

另一个感觉，就是此书中谈及的这些研究相当的杂乱，这也许是作者有意将不同类型的实验和观察整合到一本书中，但仔细想想，读过这些内容，给读者留下的，也许更多的只是研究的娱乐——尽管你总是在强调科学的娱乐功能。这样的娱乐，加上本来就因神秘甚至敏感而强化了其吸引力的性话题，这种读物就市场而言，也是会相当成功的。但对于性科学本身，其普及的功能却肯定不会那么理想。当然书中作者也曾略带自嘲地借被采访者之口为这样的倾向给出了某种解释："我认为你现在也应该知道科学究竟是怎么回事了。你以为自己知道得很多，可一旦涉及最基本的问题，你就傻了。"

□ 哈哈，你说的这种感觉，正是我打算谈到的一个问题。和我们国内通常愿意将与性有关的话题讲得比较严肃形成对照的，是这位罗琦阿姨走向了另一个极端——她谈论这些话题时极不严肃，极不认真，完全是信马由缰，胡行乱走，扯到哪里算哪里。纯粹从写作技巧的层面来说，这也不是可取之道。因为这样的作品会给读者杂乱无章的感觉，读者要是指望从本书中获得较为靠谱的"性知识"那是不能指望的，读者实际上只能从本书中获得一些关于性的谈资，用来在饭桌上调节调节气氛，或者拍拖时哄哄女朋友（注意，女孩子可不能用这些谈资来哄男朋友哦）。

作者行文中还有另外一个问题，也必须批评，即无谓地穿插了过多的关于访谈人物或社交过程的细节。西方作者在撰写非虚构作品时，确实经常使用这一招，比如"那天，我在杨振宁位于北京的办公室中采访他时……"。这一招总是服务于文章主题的，最常见的作用是用来营造一个生动具体的气氛；也有许多时候是用来自高身价，表示自己和这些大人物有过直接的、面对面的交往。但这位罗琦阿姨在本书中却把这一招用滥了——她在书中插叙的许多访谈或社交过程，对于文章的主题毫无作用。如果一定要我推测她这样做的动机，我只能想到一个——注水，增加文章的篇幅。

科学对性意味着什么?

■ 除了我们所说的这些,注意到我们这次对谈的标题,在写作的问题之外,科学对性究竟意味什么,这仍然是一个很有意义的问题。

诚然,此书把视线主要集中的性与科学研究(哪怕是娱乐性的科学研究)之上。但是,性,这里尤其是默认地假定在谈人类的性(尽管此书中也有不少篇幅涉及动物的性,但如果不是为了增加对于人类的性的理解,那对动物的性的研究,我个人觉得还是不属于性学的范围,更不属于你愿意用的说法——性文化——的范围了)的时候,心理的、文化的、人文的方面却是绝对无法与性分割开来。因而,讨论科学对于性的认识,固然是重要的,但脱离开人文只讲性的科学的一面,肯定是极为偏颇而且不得要领的。如果说性科学这个概念作为科学的分析能够成立,那它的研究(主要的还是因为涉及人,尤其又是涉及性)就恰好是提示人们不能过分坚持科学主义的最好范例之一。其实也就是在此书中,人们在哪怕是夸张地、娱乐地用科学的眼光看待性时,也会得出这样的结论:当下的科学,对于性这样一个对于人类至关重要的生活与行为的方面,其理解是远不尽人意的。当我们只依赖科学来了解人类的性的时候,就等于是把人降低到动物。或许,当我们在默认的前提下谈论性(也即人类的性)的时候,正是承认了性是人类独特地有别于其他动物的本质之一。

原载2013年8月2日《文汇读书周报》

重读《海蒂性学报告》*

□ 江晓原　■ 刘　兵

□ 某老前辈的一句名言："刘兵搞什么女性主义，一个男同志！"一直在我们的朋友中间盛传。这回让我们来谈谈新版的《海蒂性学报告》，这虽然不能定位为女性主义著作，但我感到至少是和女性主义有关。其实"男同志"——这里当然没有更现代的含义——很可能更关心这部卷帙浩繁的报告。

■ 好吧，那我们就从女性主义说起。确实，在我读这套厚厚的书时，头脑里经常也想到它与女性主义的关系，以及站在女性主义的立场上，应该怎样评判这套书。性的问题，确实与女性主义关系太密切了。比如你前面讲的最后一句话，就很有些要被女性主义批判的地方：为什么只是男同志（我们也还是暂时先不谈女性主义所关注的那一个问题——你所说的那个词的更现代的含义问题）会更关心这部报告呢？除实证性的证据的问题外，是不是也有些男性中心的味道呢？

□ 我不是女性主义者，对女性主义也没有研究，但从一个普通的中国人的角度，我想指出一点：关于性或两性问题的

---

* 《海蒂性学报告》，[美] S. 海蒂著，海南出版社，2002年9月第1版，其中《女人篇》，林淑贞译，定价：58元；《男人篇》，林瑞庭等译，定价：56元；《情爱篇》，李金梅译，定价：38元。

"话语权",至少在中国大陆,目前好像主要还是在男性手中(此刻就是由两个男性在谈这一话题),而这一话语权在很大程度上是中国女性们自己让出的。你不难在身边找到这样的例子,很多女性认为男人们谈论性的问题,不是别有用心,就是"思想下流",而"正经女人"是不会谈这种话题的。她们既然不愿意谈,当然只剩下男人在谈,则欲彻底清除"男性中心的味道",又岂可得乎?

我们当然不能想象一种只有男性参加的女性主义运动。但在中国,即使已经有少数知识女性勇敢地站出来,她们自己也很难彻底清除"男性中心的味道"——如果我们稍微允许一点穿凿附会,我可以将任何一本谈性的书说成是有"男性中心的味道"的。我甚至猜想,性这个话题,它会不会是内在地注定了必然是男性中心的呢?

■ 确实,在相当的程度上,性问题的话语权目前似乎主要还是掌握在男性手里。但这并非就像"存在的就是合理的"命题那样就是正确的。而那些拱手相让性话语权,认为"正经女人"不谈这种事的女性,又何尝不是深受男权意识的毒害?性的问题,本来就涉及男女两方面,缺少了另一方面的声音,肯定会是有严重问题的。因此,表面上看,似乎性的话题像你所说的"内在地注定了必然是男性中心的",但在实质上,则肯定不应该如此。在这方面,《海蒂性学报告》倒是树立了一个不错的榜样,让许多女性的声音也表达出来。但问题在于,作者本人虽然也是一位女性,但却并不是一位标准的女性主义者,或者至少不是当前意义上合格的女性主义研究者,因此,在她的总结、转述和归纳中,也总还是时时显现着男权意识形态的烙印,更不用说那些女性被访者本人的观念问题了。她们虽然身为女性,却大多数也并非女性主义者——尽管其中一些自称是女性主义者的人的观点很值得注意。再者,考虑到这套书本来就是多年前在美国出版的,这种情形也就不难理解了。不过,美国毕竟与中国国情、文化背景等大不相同,这也就说明了为什么在多年后的今天,这套在中国仍然有着相当大的市场需求,甚至于仍然有着相当的积极意义。

□ 事实上,这套书早在1994年前就已经引进中国大陆了。我比较了新旧两个版本,总体篇幅大体相同,但新版调整了篇目,译文也是新的,并抽去了旧版附录的几个在美国地区所用的问卷,而代之以三份中国地区的问卷。

■ 现在,任何对性问题的探讨,当然都在不同程度上与女性主义有关联。但我想,这本书因为它并没有反映最典型的女性主义对性问题的最新观点,所以,在就反映女性主义性理论方面,积极意义倒不是很大。不过,我以为,这本书中国出版的现实意义主要在于,尽管它也许在社会学研究的方法上不够标准,却为中国读者提供了一些国外人有关性问题的第一手的生动的看法,而且,如此大胆、坦率地探讨性问题的各个方面,这也是一种让人感到欣慰的开放。相比之下,前些年一本本来也很重要的反映美国女性主义对女性保健问题的著作,在译成中文出版时,就非常不讲道理(或者说是为了某些"道理")而将其中一些章节删除了。

□ 不过我对目前这个版本中许多具体内容的可靠性持保留

态度。这里必须注意方法问题。我们知道，在《海蒂性学报告》之前，著名的《金赛性学报告》采用的是问卷调查的方法，然后对数据进行统计。这种方法也是后来国内性社会学界比较喜欢用的。与这种方法相对应，另一路数是个案深入访谈的调查方法，被认为是"定性的"或"实证的"方法。这两种路数互有长短，无法相互替代。个案访谈之法只是告诉读者，人群中有人是这样想的，是这样做的，也有人是那样想的，是那样做的。

值得注意的是，本书实际上并未提供问卷调查之法所能给出的答案，而是由访谈、读者来信或咨询门诊中患者自诉等材料构成，书中也未交代材料的来源，也未说明方法的选择。从形式上看，介于上述两种方法之间，是颇为暧昧的方法。

■ 我想，关于《海蒂性学报告》这本书的内容和材料之特点及可靠性问题，是值得向读者提醒的。其实，在我国，比如像李银河写的一些书，也是采用了类似的方法。但我们可以理解，在中国做这样的研究的困难要比国外大得多。不过，我想，这样的材料，正像你说的，只是告诉读者，人群中有人是这样想的。这倒有点像历史学中的口述史了。不过，即使如此，我前面想强调的，由于中国特殊的情况，虽然像这样的材料远远不像社会学的问卷调查那样严格，但毕竟有胜于无，毕竟是有了这样的一些声音。书中的内容虽然有很大的局限，但能够正式公开出版，比起以前的严格禁止（实际上只是形式上的禁，而且导致地下更不准确、更有问题的传播），已经算是一种有限的进步了吧。

□ 据我所知，这与严格的社会学方法还有所不相同。那种社会学的访谈之法，是对某个对象人物的深入访谈，而且人物的年龄、职业、经历等都要交代清楚；而《海蒂性学报告》主要是由大量无名无姓的人的谈话片段组成，你无法知道说某一段话的人是何等样人。当然我们还是可以从中知道，人群中有人是这样想的，或者至少是这样说的。

另一方面，书中主要内容虽然是由匿名的谈话片段组成，但这些谈话片段的选择和取舍，显然不是随意的，而是被用来显示或支持雪儿·海蒂本人的观点。因此我认为，《海蒂性学报告》，实际上是"海蒂向我们提供的关于她自己性学观点的报告"，书中反映的是海蒂本人的观点；而不是一份关于人群中性现状的情况报告，尽管书中也有一些类似的数据。

■ 我同意你的观点。看来，目前我们可以看到的有关性学的研究，确实层次水准参差不齐，类型多样，因此，读者在阅读时，必须理解所读的东西到底属于哪类。当然，拥有大量真实可靠数据的对于中国人的性学研究，也更有待做出。作为对这一领域比较熟悉的专家，你是不是可以向读者推荐几本目前可读到的有关读物呢？这大概倒是比较切实可行的办法吧。

□ 我愿意提出两本中国学者的较好的著作，供读者参考：

"金赛型"：潘绥铭、曾静：《中国当代大学生的性观念与性行为》，商务印书馆，2000。

"海蒂型"：李银河：《中国女性的感情与性》，今日中国出版社，1998。

原载 2002 年 12 月 6 日《文汇读书周报》

1918年大流感和今天的新冠肺炎

——《大流感:最致命瘟疫的史诗》*读后

□ 江晓原　　■ 刘　兵

□ 新冠肺炎疫情正在全球惊天爆发,但在它最先肆虐的国土上,却已被中国人强力按倒在地。国内外处境的戏剧性场景转换,几乎只用了一两周就告完成。在这个过程中,我注意到两样东西:口罩和呼吸机。

这两样东西在中国都没形成问题:中国公众出门都自觉戴上口罩,没产生过争议;在举国支援武汉、湖北时,呼吸机的供应也没有引起什么问题。因为据我所知,只有危重病人才需要上呼吸机。

可是场景一转换,等疫情在西方暴发,口罩和呼吸机却都成了问题。初期出现口罩短缺这很正常,现在中国的世界工厂已经缓过劲来,正在源源不断地向世界各国提供口罩。但口罩在西方疫情中的主要问题,似乎是人们普遍不愿意戴它。而与此同时,呼吸机却呈现严重短缺,在疫情重轭下呻吟的欧洲各国纷纷表示急需呼吸机,美国疫情严重的各州都在争抢呼吸机,特朗普甚至不得不动用《国防生产法》逼迫美国大公司制造呼吸机。以至于有人戏言:拒绝口罩就会需要更多的呼吸机。

---

*《大流感:最致命瘟疫的史诗》,[美]约翰·M.巴里著,钟扬等译,上海科技教育出版社,2018年7月第1版,定价:98元。

疫情中，西方人经常提到 1918 年的大流感，那场大流感以前通常估计死亡人数为 2000 万，后来新的估计为 5000 万—1 亿之间。2018 年，正值那场大流感 100 周年，《大流感：最致命瘟疫的史诗》一书中译本出了新版。疫情中重温此书，当然会有很多收获。先看看书首的老照片吧。

纽约街头的警察和环卫工人都戴着口罩！图注说："所有纽约城的工人都戴上了口罩。"另一组照片是西雅图的工人、警察和在街上行进的军队，他们全都戴着口罩！图注说："同其他地方一样，西雅图成了一个'口罩'城市。"

你看，100 年前他们戴口罩不是什么问题，为什么现在却变得那么排斥口罩了呢？

■ 首先，我们还是先简单总结一下《大流感》这本书吧。此书作者的背景也很特别，既是学历史出身，又有当记者和足球教练的经历，还写过多本畅销书，其历史写作又曾得过历史学领域中的奖项，连这本《大流感》也曾被美国国家科学院评为 2005 年度最佳科学 / 医学类图书。由这样一位作者写出的这本《大流感》，确实不同于一般科普图书，而是很有历史研究的基础和风格，同时，又不像许多历史研究著作那样枯燥，而是颇具可读性。尽管如此，我记得曾有某位编辑和我说，似乎当年此书出版时卖得并不理想（2008 年的第一版只印了 4000 册），并猜测是因为有些读者会觉得此书的书名不吉利。不过，在今天又一轮新冠病毒疫情的背景下，我想重读此书显然别有一番意义，甚至会有更多的读者有兴趣想起阅读此书吧。

关于历史学的价值，或者说，历史有什么作用和启示，有

1918年大流感和今天的新冠肺炎

人曾戏说,如果历史学带来人们什么教益的话,那就是历史学告诉我们:人们从不接受历史的教训。这种看上去很有些自嘲的戏说,其实还真是有一些道理的。

此书中的老照片确实挺有历史感,也像你说的,其中确实许多人都是戴着口罩的,而近来,网上涉及国内外防疫的许多争议,也经常涉及戴还是不戴口罩的问题。前些天,我在北京科技大学的一次网上讲座中,也还专门提到这次疫情为STS的研究提供了众多有趣的话题,其中之一就是口罩,如果从医学史、医学文化、物质文化、大众文化,或者说从STS的角度,口罩绝是非常值得研究的一个不仅仅是简单的防疫技术的问题,而是涉及更多、更复杂的因素。

不过,对于你说的"100年前他们戴口罩不是什么问题,为什么现在却变得那么排斥口罩了呢"的言外之意,我倒是觉得并非是那么简单的一个判断就可以说明问题。100年前戴口罩也未必就不是问题,现在一些外国人"排斥"口罩也未必就那么像许多人想象的那么愚蠢,而是涉及更多、更复杂的因素。

□ 如果仅看照片,当然缺乏足够的上下文,不过在这本660多页的厚书中,口罩根本没有呈现为一个问题。此书初版的年份是2004年,至少2004年的本书作者也没有认为1918年流感中口罩是一个需要展开论述的问题。你想想看,一个在"很有历史研究的基础和风格"的著作中都没有展开论述的问题,在当下生死攸关的情境中却成了问题,这种强烈的、鲜明的对比,向我们暗示了什么?这至少很难让人把今天西方人拒斥口罩看成他们比百年前的祖辈更具智慧的证据吧?

当然，这只是《大流感》带给我们的启发之一，况且研究"口罩心理学"也不是我们这篇对谈中的任务，还是让我们静候 STS 学者们在疫后发表深入研究此次疫情中西方社会的口罩问题吧。

我们则尝试回到 1918 年大流感的历史现场。那场流感杀伤力是如此之大，至少死亡了 2000 万人，而今天的新冠肺炎无论再怎么肆虐，相信它不可能造成那样级别的死亡。这当然可以找到多重原因。

首先，是这一个世纪以来的医疗技术有了显著的进步，这一点没有问题。

其次，疫的危害形式也不一样。1918 年的流感潜伏期不超过 72 小时，这在今天看来倒是有利于防控的，但它对人体的摧残比新冠肺炎凶猛得多，在当时有些病例中，健康的人染上 12 小时后即告死亡。

最后，我感觉最重要的一个原因，是因为当时正值第一次世界大战后期。那时盛行阵地战、堑壕战，双方动不动几十万士兵在前线堑壕中对峙，这不就是现在各国最害怕、出台种种措施防控的"大规模聚集"吗？在这样的环境中，病毒的传播当然就插上了翅膀。这样的场景现在肯定不会再重现了。

■ 在将历史与当下相比较时，相同或相似的东西值得关注，而差异也同样值得关注。通过书中对 1918 年那场大流感在美国的惨烈经历的细致描写，其中许多情形不禁让人联想到当下的疫情发展过程中的相似场景。但在这 100 年中，确实从医学、科学到社会生活等方面，又都发展了巨大的变化。这些不变的相似和变化的内容，可以让人们去思考医学、科学、发

1918年大流感和今天的新冠肺炎

展、社会体制与文化,以及人性的许多本质性的东西。

我也基本相信这次的新型冠状病毒肺炎疫情不大可能带来像1918年大流感那样的上千万人死亡的情形,但在你说的原因中,我觉得,也还可以有些分析。其一,确实100年来医疗技术有了显著的发展,100年前显然没有呼吸机,但即使在这样的情况下,仍有如此多的重症患者不治而亡,更不用说即使现在很快就找出了病原体病毒,却也仍然没有特效药。因此结合你说的第二点,实际上可以做出死亡人数小于100年前大流感的更重要的因素,还是因为此次病毒的相对温和。也许不应过于乐观而是应实事求是地看待科学技术进展带来的有限的进步。可以设想,如果这次的病毒真像上次的大流感那么凶猛,当下的科学技术和医疗手段恐怕对于死亡人数减少的直接作用也只会非常有限。

你谈到的最后一个关于"大规模聚集"的原因,也许更加复杂。100年前的大流感虽然在最初阶段是因战争和军队的因素,难以避免大规模聚集而传播开来,但在后期,在军队之外的社会上的流行,虽然也有人群聚集的因素(据此书描述在初期同样也有游行集会等情况),但后来瘟疫迅速发展,似乎人群聚集也不再是主要因素了。实际上,100年来社会的发展,带来了更多交流途径和更多的传播渠道。严格的隔离时间过长,带来的各种后果也已经不是当下的社会形态所能承受的了。这反而是更值得思考的新问题。

□ 但是不管怎么看,战争肯定是那次大流感造成巨大灾难的重要原因。对此我还在书中看到了另一个有力的证据——那个证据在今天可是极有眼球吸引力的哦。

当代科学争议

我们知道,1918年的大流感经常被称为"西班牙流感",不过本书作者在书中非常明智地避免使用"西班牙流感"这个名称。但是对于这次流感究竟发源于哪个国家,本书则明确表示了自己的意见,作者的结论是:

> 1918年的铁证如山,证明该病始于美国,并随美国军队登陆法国而扩散开来。

你看,确实是和战争有关啊!

在我们此次对谈的过程中,美国新冠肺炎确诊人数跃居全球第一,而且一骑绝尘,远远领先于所有国家,截至今日(2020年4月15日),美国确诊病例已超过40万人。政要们对于口罩的态度终于开始改变,特朗普已经正式建议大家戴口罩,他还表示如果没有口罩可以用围巾代替;白宫应对新冠肺炎特别小组成员福奇表示,"最好的方法之一就是使用口罩,但一个障碍是,必须确保不从医护人员手中夺走口罩"——看来美国的口罩短缺问题仍未解决。

呼吸机通常被认为是20世纪80年代发明的,1918年流感时当然没有这个设备,但是初版于2004年的本书中倒是对当时美国的呼吸机有所论述。作者指出,"美国拥有105000台呼吸机,其中3/4处于日常使用状态。在一般流感季节,呼吸机的使用率会升至近100%"。也就是说,在2004年,全美国有10万多台呼吸机,基本处于供需平衡的正常状态。这个数据对于我们理解今天在新冠肺炎暴发后美国为何呼吸机极度短缺,也是有帮助的。

1918年大流感和今天的新冠肺炎

■ 即使那场大流感的早期传播与战争密切相关，但在后期，主战场却显然是转移到了军队之外，而这次新型冠状病毒肺炎最先在武汉暴发。也许今后的研究中，它的起源会成为一个重要问题，但在当下，如何面对和控制已经在全球蔓延的疫情，则是更首位的问题。

如前所说，在这100年间，科学的发展非常迅速，从书中的描述来看，当时对于大流感的医学了解是非常有限的，连病原体的确定都是很久以后的事了。也正由于这点，随着流行病学等领域的进步，在这次疫情中，一些在大流感中还没有的认识已经处在新一轮的讨论中。也正是在我们对谈的这几天中，关于像群体免疫、无症状感染者等话题也越来越多地见诸媒体。更是在全球化的进程中，即使中国现在已经极少再有本土确诊病例的增加，但在全球疫情的局面下，我们到底能够隔离于国际社会多长时间呢？

为了阻止病毒的传播，许多国家也纷纷封城封国，暂停键的按下，对经济的影响是显而易见的，至少在一段时间内，像以往那样保持经济的增长是不可能了。以往，在像环保等领域，人们曾讨论过现有的生产、生活、消费方式和相应的GDP增长模式的不可持续性问题。如果病毒真是大自然的产物，那么这次倒真是因大自然的力量而迫使人们改变（至少在一段时间内不得不改变）这样的社会发展模式了，这也许是新冠肺炎带来的意外后果。

原载2020年4月15日《中华读书报》

蒙医文化研究：本土原创的科学人类学工作

□ 江晓原　■ 刘　兵

□ 记得 2015 年 8 月我们在这个专栏谈女性主义和科学史的后现代情缘时，我曾表示十分期盼看到中国学者原创的"二阶"研究案例，而这次我们要谈的书，正好具有这一性质。本书作者包红梅是蒙古族人，又受过科学哲学方面的专业训练，她来处理这一课题具有独特的优势。这本以她的博士论文为基础写成的著作，既可归入科学史的范畴（少数民族科学技术史），也可归入科学哲学或科学社会学范畴，我还从中看到了文化人类学的色彩。这样含义丰富的博士论文，又是出自你的门下，真是可喜可贺。

在我们今天熟悉的学术话语中，本书*所处理的知识，很自然会被联系到所谓的"地方性知识"——事实上作者在"导论"的第一节开头就提到这个措辞了。尽管我偶尔也使用这个措辞，但实际上这是一个让人不太舒服的措辞。每次看到"地方性知识"这个措辞，就会让我想起 20 世纪 80 年代初到中国科学院自然科学史研究所念研究生时，当时所里研究人员明确的"国家队"意识：他们将自己到外地去出差说成"下去"，

---

* 《蒙古族公众的蒙医文化：一项关于公众理解医学的研究》，（蒙古族）包红梅著，金城出版社，2015 年 11 月第 1 版，定价：38 元。

蒙医文化研究：本土原创的科学人类学工作

特别是喜欢将外地的科学史研究者称为"地方上的同志"——简直就和"地方性知识"异曲同工啊！一种高高在上、以我为中心的优越感跃然纸上。

与此类似地，在科学哲学或 STS 领域，以西方中心的眼光来看世界，情形也是高度"同构"的：起初在那些西方殖民者看来，今天的许多"地方性知识"根本就不能算"知识"，那只是野蛮人的某种巫术而已，充其量只有文化人类学的意义。后来西方人的傲慢有所收敛，有些人总算愿意承认那些知识也可以算知识了，在西方人构筑的知识殿堂中也允许那些知识叨陪末座了，于是恩赐一个身份——"地方性知识"。

■ 你所说的对于"地方性知识"的看法，还是有一定的代表性的。实际上，对于何为"地方性知识"，人们的理解彼此并不完全一致。一般认为是人类学家吉尔兹首先在阐释人类学的派别时，强调了这一概念。但吉尔兹一开始并未严格地对其给出非常明确的定义，而只是将这一并不十分清晰的概念用于其对法律的人类学研究。也许，正是由于这种在起源上的界定不明确，以及对后续此概念在其他学术领域的扩展使用过程的不清楚，我们现在可以看到的是，虽然这个概念成为诸多领域中被使用频繁的重要概念，但人们对其的理解却并不一致（这又与库恩的"范式"概念后来被使用的情形颇有类似），甚至会有望文生义的"误解"。人类学家王铭铭曾指出，吉尔兹的书名的"原文叫 Local Knowledge，翻译成中文变为《地方性知识》。'地方'这个词在中国有特殊含义，与西文的 local 实不对应"。例如，在台湾，就是将之译为"在地知识"的。

但无可否认的是，在常规的理解中，人们也经常是将"地方性知识"作为现代科学知识的对立面来看待的。不过，在科学哲学和科学人类学的研究中，一些学者明确地指出，其实那些在现代科学实验室中生产出来的知识，其本质上也是一种"地方性知识"！如果不过于纠缠于字面上直观的印象，而仅仅是在已经约定俗成的用法中使用这一概念，我们完全可以不必将其作为在层次上与那些所谓的"普遍性知识"有高下之分的意义上来理解我们所说的"地方性知识"。

□ 这里我们遇到了语言的局限性，因为在考虑了你所说的因素之后，除了不得不沿用"地方性知识"外，我们仍然没有办法找出一个理想的措辞来表达这些知识。在长期形成的西方中心的语境中，难道人们能够接受这样的观念：万有引力只是英国的"地方性知识"，相对论只是德国的"地方性知识"，它们和蒙医这样的"地方性知识"没有"高下之分"吗？显然不能。所以"地方性知识"这个措辞，我们只能将就着、凑合着用，感觉不舒服也没办法。

让我们回到包红梅的工作上来。我非常欣赏她的工作，这项工作有着多方面的意义。

首先，类似中医所面临的冲击，或者为中医合理性辩护的理由等，都可以平移到蒙医问题上来；因此，反过来，对蒙医的考察和思考，也可能对中医问题有帮助或借鉴。比如，中医合理性的重要证据之一，是它的有效性——在西医到来之前，它卓有成效地呵护了中华民族的健康数千年。类似的，蒙医当然也长期呵护了蒙古族人民的健康。

我记得你有一段时间曾让蒙医为你治病，你还服用过蒙医的药，足见你对蒙医是有相当信心的。能不能先结合你的自身

蒙医文化研究：本土原创的科学人类学工作

经历，对此书中所记述和分析的蒙医做一些评论？

■ 关于地方性知识的名称问题，恐怕也只能是这样了。但可以补充一句：将近现代西方科学同样看作"地方性知识"，并将此认识普及，那不正是我们这些在研究科学哲学、科学史、科学技术与社会的学者的任务吗？

现在回到蒙医的话题。其实，包红梅的这项研究，还有一个特殊点，即她研究的主要对象，不是专业医生的蒙医，而是公众理解中的蒙医，而这两者之间还是有不少差异的。如果从你说的"中心"（以及连带地自然就有"边缘"）的意义上，这可以算是有些边缘的边缘的意味了。当然，这样类型的研究，无论对于"地方性知识"的研究，对于科学传播（这里的科学也许更应该加上引号以区别于作为非"地方性知识"的科学），对于公众理解科学（医学），同样具有重要意义，而且现在又确实不多见。

当然，这样的重要性，又是建筑在蒙医自身的价值之上的。我确实曾"以身试医"，虽然这种个人的经验不一定有那种现代西医所要求的"科学的"统计检验的意义，但注重将每一个人都当作一独特的个性化的对象，而不只是统计平均值的代表，这恰恰是像蒙医、中医等所谓"地方性知识"意义上的（也被另外一些可能引起你类似感想的称呼，如替代医学、民族医学等）医学有别于现代西医的突出特色。

除此之外，这里可以举一个让我印象很深的细节。人们通常会假设西医更加精确，但在我所体验的看蒙医、吃蒙药的经验中，蒙医会认为不同时间（比如早起、早餐前、早餐后、午餐前、午餐后、晚餐前、晚餐后、睡前）的人是处在以时间为变量的不同的状态,因而会在不同的时间吃不同的药(或不同的药的不同组合),而不是像通常我们吃西药一样,一天几次,一次几片,次次吃的都是一样的药。那么,这岂不是在另一种意义上的更加"精确"吗?

□ 你所举的"精确"细节,其实进入"科学时代"之前的欧洲医学——让我们将它看成来自欧洲的地方性知识吧——也是这样的,这是"星占医学"中的一部分。例如,乔叟《坎特伯雷故事》中这样描述一个当时的医生:"全世界没有人敌得过他在医药、外科上的才能,他看好了时辰,在吉星高照的当儿为病人诊治,原来他的星象学是很有根底的。"要是认为乔叟只是小说家言难以信据,那我们再看帕拉塞尔苏斯,他可是那个时代欧洲炼金术和医学方面的大理论家,他在《批评书》中说:"医生有必要认识行星的星位、会合、升起等现象,有必要理解和知道所有的星座。如果他从外部了解了天父体内的这些内容,他随机就可以了解寓于人体之中的这些内容。……了解在哪里才可找到天人一致,找到健康、疾病,在哪里才能够找到初始、终结和死亡。"你看看,这和蒙医以及中医中的有关信念,显然不无异曲同工之妙啊。当然,这些玩意儿如今在西医理论中都被认为是"不科学"的,对此讳莫如深了。

再回到包红梅的工作上来,正如你刚才强调的,此书重点关注的,是"公众理解中的蒙医",而不是专业意义上的蒙医,或者说不是关于蒙医的"内史"。恰恰是本书的这个特点,使得书中的有关论述,可以直接平移到目前有关中医的种种争议中,具有重要的参考价值。比如本书第三章中所讨论的"赫依""希拉乌苏"和"希拉"三个概念,蒙医用它们来描述或解释各种疾病的病因,这种解释方法在蒙古族公众中也耳熟能详。这和中医的描述和解释系统,比如寒热、阴阳之类,也是异曲同工的。但这一点却经常被指斥为"不科学",因为在许多人心目中,只有和现代西方一致的才是"科学"的。

其实解释系统的合理与否,直接和我们采纳的"身体"图像有关,而关于人类的身体,不同的文明中有着截然不同的图像——我们曾在这个专栏里谈过的《身体的语言》一书就是专门讨论这个问题的(2009年12月4日《文汇读书周报》)。从更功利的角度来看,我们可以认为解释系统只是工具,能治病有疗效才是目的。如果能够达到治病的目的,为什么不可以反过来证明中医关于身体的图像和解释系统是合理的呢?

■ 就你所说的关于"身体"的问题,其实包红梅也做过相应的研究,即蒙医视野中的身体观问题。现在人们通常是假定有一个独立的、唯一的、客观的身体,而且现代西医对于身体的认识,就是对这个独立、唯一、客观的身体的认识。如果按照这样的前提,那些与现代西医不一致的身体认识,自然就被当成是错误的、有问题的、原始的,甚至愚昧的。

接下来,你提到了疗效的问题,认为疗效才是"硬道理"。其实,就此而言,也同样存在着争议呢。比如,现在标准的西医对疗效的认定,又是要求有基于双盲的、统计的等一系列的认证方法,而那种个人化的、基于个人经验认可的疗效,则不被认为是可靠的、科学的。在这方面,用哲学的方式可以表示为:对于身体的认识,本是理论依赖的,而现实中各种不同的医学体系的存在,就对应着对身体的不同建构和认知;对于疗效等对理论认识的"检验"方式，在不同的理论系统中，也是不一样的。这几乎就像在日常生活中，人们经常说"真相只有一个"那样（在历史研究中这个问题就更突出了），这样的一元论在更基础的层面上，也只是各种哲学立场之一而已。

  这样的工作的意义，显然不会只限于对蒙医的认识。当下种种关于中医的争论，以及近来像讨论中医立法而引发的更多涉及当下作为主流、强势的西医与中医的种种差异冲突等话题，在本质上，和这里有关蒙医的讨论都是类似的，都涉及如何认识各种民族医学的问题。而在这些有严重分歧的立场和认识背后，最关键的，还是一个医学观、自然观的问题。站在多元论的哲学立场上，这些争议就可以在很大的程度上被消解掉。这才是这些对于地方性知识的案例研究的重要意义之所在。

原载2016年2月3日《中华读书报》

我们将永远与疾病为伍吗？

——谈《剑桥世界人类疾病史》*

□ 江晓原　　■ 刘　兵

□ 这回我们要来谈一本有点吓人的书了——16开1000余页，总共220多万字的鸿篇巨制《剑桥世界人类疾病史》。我承认，我到现在也只读了其中很小的一部分。我还敢肯定，你也没有时间将它全部读完。

一本我们都没有通读过的书，我们可以谈吗？

这不仅是读者一上来就很可能产生的问题，也是我自己要问自己的问题。

当然，我可以辩解说，我们在这个专栏中经常做的事情之一就是"替人读书"——这四个字已经被吕大年用来作为他一本小集子的书名。所谓替人读书，我认为有两种情形：一是为那些可能会阅读此书的人，提供此书的价值、意义、理解的路径等；二是为那些不打算阅读此书的人，提供有关此书内容梗概及某些有趣之处的信息。在这两种情形之下，通读全书都不是绝对必要的。

让我们还是言归正传吧。

此书中文版也是国内许多学者多年努力的结果，所以关于此书我在它出版前就有所耳闻。最初我曾想当然地将它与某种

---

* 《剑桥世界人类疾病史》，［美］肯尼思·F. 基普尔主编，张大庆主译，上海科技教育出版社，2007年12月第1版，定价：260元。

医学史著作等量齐观，现在展卷披阅，才发现两者其实有相当大的不同——它们只有一部分交集。

在本书主编看来，本书在某种意义上形成了1860年《历史地理病理学手册》——他称为"里程碑式的鸿篇巨制"——的升级版。在本书主译者张大庆教授看来，本书最重要的意义之一，是"对疾病整体演化趋势的把握"——而这正是当年《历史地理病理学手册》所努力的目标。我感觉，上面这两点可能是理解疾病史与医学史之间异同的一个有效路径。

■ 你说的不错，我确实没有看完。不过，说是否看完这种问题，似乎有些像我们都经常被问到的另一个问题，即：你收藏有那么多书，难道都读过吗？我想，我们对于这一问题的回答，恐怕还是很接近的。

至于具体到这本疾病史，是否读完，实际上要比刚说的那个问题更好回答。因为，我以为，这本来就是一本具有百科全书性质的大书，而百科全书本来就主要是用来查阅的，而非用来一篇篇通读的（尽管也有例外者，如你我的朋友汪前进先生，据说就曾通读《大不列颠百科全书》，但那恐怕只是个例外了）。

不过，即使用于一本有百科全书性质的书，在读过一部分之后，也还是可以有些判断和评论的。对于这本疾病史也是如此。而且，在其第VIII篇之前，像关于医学与疾病的概述部分，像《变化中的健康与疾病的概念》等篇，也都具有一般意义上的知识性和某种学术意义上的可读性。因此，我想如果要分析此书，一种可能的方式，就是将前面这些作为背景和准备知识的部分中所体现出来的特点，以及对后面作为主体部分

我们将永远与疾病为伍吗?

(也即各种不同人类疾病专门史的条目部分)分开来谈。你看如何?

□ 我首先注意到一点,尽管主编在中文版序中,一上来就为"在这部著作中不可避免地存在着西方那种'欧洲中心论'的偏见"而表示抱歉,但这看起来只是表明这位主编对于纠正这方面的偏见非常重视;或者说,这已经有点像好客的中国主人在用满满一桌佳肴招待客人时,嘴上却说着"没什么菜,凑合吃一点"之类的客气话一样——事实上,本书已经是非常的不欧洲中心论了。

例如,在第 I 篇中,总共四章,除第四章"疾病、人口迁移与历史"外,前三章依次是:"西方医学史:从希波克拉底学说到病菌学说""中国医学的历史""伊斯兰医学与印度医学"。这样,中国、伊斯兰、印度的医学已经被置于和西方医学平起平坐的地位。在此后的论述中,作者也保持着这样的态度。他总是区分"东亚疾病观"与"西方的疾病概念",而在区域性综述疾病的历史时,总共只安排了两篇:第 V 篇《亚洲以外的世界人类疾病史》和第 VI 篇《亚洲人类疾病史》。

至于本书主编为何还要在中文版序中为本书可能出现的"欧洲中心论"预先致歉,看来是因为担心在本书的第 VIII 篇中,逐一论述"主要人类疾病的过去与现在"时,那些世界各地的撰稿者,未必都会像他本人那样注意这个问题。这一篇占据了全书一半以上的篇幅,是本书中最"百科全书"的部分。

■ 确实如此。正因为如此,这本书的前七篇恰恰可以当作专著性的作品来读,而那作为主体的"百科全书"式的条目性部分,则更有可能是作为资料备查的。不过,这后一部分,其实学术含量也是相当之高的,足以成为许多研究者的研究起点。

当然,作者有为"欧洲中心论"而抱歉的做法,也许与在主体中实际条目中的内容部分地有关。毕竟,在那些具体的疾病史条目中,无论是在疾病分类上还是在具体的疾病史内容的叙述上,西方医学的思路还是主流。但在前面那些论述,反而正是从理论上试图描绘出一幅多元医学的图景。只是,仅有这种理论上的思考依然不是很充分,也许,这正暗示着,研究者们在未来更需要在那种多元医学的立场上,针对不同于西方医学(其实更确切地说应该是当代西方医学)的其他"地方性"医学的历史和现实进行更加深入的研究。

就此书在北京召开的首发式上,曾有医史研究者提出,其实早年传教士在中国已经撰写甚至出版了相当系统的对于中国疾病史的系列研究报告,只不过,这些研究成果在某种程度上仍然没有广泛传播进而也没有引起人们的足够重视。当然,这种被忽视也许仍然是与长期以来西方医学的强势地位以及连带导致的西方医学史、西方疾病史的研究的强势有关。可喜的是,现在这种从理论上的新变化至少为未来的研究方向的转变提供了可能性。而从人类自身的利益来说,毕竟疾病是人们难以摆脱而且无法忽视的自然现象,因而这种多元医学研究的必要性也是显而易见的。

□ 读此书时我还有另外一个奇怪感想,那就是:疾病究竟是什么?——它们是早就存在于客观世界中的,还是人类随着文明的发展而逐渐建构出来的?

我们将永远与疾病为伍吗？

本书在这个问题上，采取了各种想法都有所反映的做法。我们既能看到"相信疾病是具有自身存在的真实的实体"的本体论观点，也能看到生理学家认为疾病"是一段时期内某人身上的一个独特过程"的观点。激进的本体论观点甚至认为，一次成功的手术"可以把病人与其疾病分开，它将病人送回床榻，而将疾病放到瓶子中去"。而19世纪的C.伯纳德则认为，"探索生命的起源或者疾病的本质是在浪费时间，是在追逐一个幻影，生命、死亡、健康和疾病，这些词都没有客观实在性"。

本书作者当然认为伯纳德在这个问题上"只是部分正确"。但是作者也明确认识到："疾病的定义在历史中随时间和地点而变化""疾病最终是由构成一个特定社会的那些人的话语和行为来定义的"。例如，本书在论述中国上古的疾病观念时，正确地指出，"最早的疾病观念的特征是它们与身体的概念无关"，因为中国人曾经认为疾病是来自祖先（对现今后代的行为）的不满，后来则认为疾病来自寄生物、毒药、恶魔、巫术、符咒等，直到战国时期才将疾病与人的身体状况直接联系起来。而实际上，上古的那些观念在后世也仍然或多或少地有着影响。

在我看来，考虑到现代医学还远远未能成为一门精密科学（比如像天文学或物理学那样），所以疾病概念的社会建构成分肯定是相当大的。更别提在医德败坏的情况下，医生和药品公司的利益联盟会干出什么事情来了。而本文标题中的问题答案，则必然是一句"正确的废话"——我们当然将永远与疾病为伍。

当代科学争议

■ 你最后这个问题确实是一个很有意思的问题。但恐怕也是一个很难有唯一答案的问题。此书作者的说法，我觉得足以在哲学的意义让人理解疾病，但如果一旦想要给出具体的定义，恐怕就再没有一个普适的答案了。但似乎可以肯定地说的，疾病是人们在特定的时间地点和理论体系中认为与健康和正常相对立的某种东西，因而疾病肯定有一定的社会文化建构的成分。

不过，你说的最后一段话，我倒想唱唱反调。是的，现代医学显然还远远未能成为一门精密科学，但是，首先，并非因此疾病才有社会建构的成分，因为那些精密科学也同样有社会建构的成分；其次，虽然有不少人有想让现代医学成为精密科学的梦想，但为什么一定要这样？是否一定会这样？在多元科学观中，精密科学也只不过是科学的一种，从历史和现实来看，包括现代医学（这应该主要是指我们通常说的当代西医了）在内的各种医学，也还都保持着某种在相当程度上与精密科学有别的形态。我个人倒倾向于，在未来也仍会如此。至于医德问题，以及医生和药品公司的利益联盟问题，那倒是超出了疾病的本体论，而另属于伦理和制度的问题了。

不过，由此可见，这本《剑桥世界人类疾病史》显然还具有超出通常的技术性百科全书的某些引起人们更多思考的功能，它当然不只是给医学史家和医生们看的，只不过在现实中略有遗憾的是，我很难设想，在当下，会有多少医学工作者会有时间、精力以及"闲心"去看看这部他们本该阅读的大书。

原载 2008 年 6 月 6 日《文汇读书周报》

5. 质疑

是什么激励了科学中的欺诈？

□ 江晓原　　■ 刘　兵

□ 以前我们长期习惯于这样的图景：科学是美好的，科学家是正直无私的。随着科学与经济利益的勾连越来越明显，以至于科学技术已经被有些人士视为"资本的帮凶"，我们也学会了无奈地说"科学家也是人嘛"。

但还有一些居心叵测而极度崇洋媚外的人，批判中国国内科学界的各种弊端时，经常喜欢拿西方的科学界来说事。在这些人口中，西方科学界似乎就是理想国，那里制度严密，行为规范，评价公正等，总之就是世外桃源，人间净土。

事实真的是这样吗？看看这本《大背叛》*中所揭示的西方科学界的种种欺诈事例，那真是令人触目惊心啊。

■《大背叛》确实是一本让更多的人看到在科学界存在诸多令人触目惊心的做伪事实的书。不过，在直接谈论书的内容之前，沿着你开头的思路，我们不妨再说上几句有关科学研究是否"理想"，是否"纯净"的问题。在传统的理论中，特别是在传统的科学社会学理论中，人们是把科学看作一个有严密制度保障的研究工作，各种有形的及无形的制度，作为"规范"，能够制约科学家们，让他们实事求是，不去做伪，以揭

---

* 《大背叛——科学中的欺诈》，[美]H. F. 贾德森著，张铁梅等译，生活·读书·新知三联书店，2011年5月第1版，定价：38元。

示自然的奥秘为己任。如果出现了什么问题，这些从近现代科学一开始就逐渐形成的一整套制度规范，也可以具有强大的纠错功能，以保证科学的纯洁。

但在随后的研究中，这种经典的科学社会学的观点，一再地被许多研究者结合科学界实际情况以不同的方式质疑。例如，发现科学家们的研究并非原来设想的那么客观，总是与不同的利益相关而非原来设想的如此"中性"；而出于不同目的的经济的资助总会影响着实际的科学研究等等。这样，就形成了与传统中理想化的对科学研究工作之性质和特点非常不同的新的认识，也正是在这样的背景下，我们再来看看这些"不理想"在某种极端意义上的表现，即欺诈的实际案例，就可能会有不同的理解了。

□ 作者在本书序言一开头就说，他写作此书的最初动因来自著名的"巴尔的摩事件"。此事涉及诺贝尔奖获得者戴维·巴尔的摩（David Baltimore）和他的论文女合作者卡里（Thereza Imanishi-Kari），他们的论文发表在《细胞》（Cell）杂志上，1986年奥图尔（Margot O'Toole）提出报告质疑上述论文数据的真实性。事情后来越闹越大，甚至在美国国会举行了"NIH资助项目中的欺诈"的听证会。不同方面的调查对事件的结论也反反复复。在1989年5月4日举行的一次国会听证会上，美国特勤处刑侦服务部的三名专家认定，卡里送交的实验记录确属伪造。

在本书作者看来，提出指控的奥图尔"是一位维护科学诚信的女英雄"。然而非常值得注意的是，"巴尔的摩事件"聚讼十年，最后的结果竟是巴尔的摩和他为之辩护的卡里都安然无

是什么激励了科学中的欺诈？

恙，但学术界却普遍认为巴尔的摩是不清白的。本书作者也将"巴尔的摩事件"视为"最声名狼藉"的两个案例之一。一个被普遍认为属于欺诈的事件最终可以不了了之，这种局面表明，所谓的科学界的"自律"已经失效。

■ 在某种程度上讲，确实如此。以往，人们觉得科学界有自己的纠错机制，并引以为荣。但正像你所举的巴尔的摩案的例子，恰恰说明在现实中，甚至对于一个著名的案件，想要真正判明谁是谁非都如此艰难，说明这种纠错机制的运行远非理想，那就更不用说在平常的一般性地涉及欺诈的情形下，如何能有效地进行纠错了。

此书作者在书中谈及了有关问题的诸多重要方面。例如，像科学欺诈的发生率之高，性质在实际操作中的难以确定（无论是在定性还是定量方面），同行评议存在的诸多问题等。由此我们也可以联想到许多问题。科学界的"自律"是依赖于其特有的一些规则和潜规则，但就像有完备的法则并不一定就能有效地遏制犯罪一样，工作的环境与人性的特点，执行规则的方式和可行性等许多方面的有关因素，依然在一定的程度上影响着科学界的纯净。而且，因科学工作的特殊专业性质，一旦出现问题，其裁决又不同于通常的法律裁决，在很大程度上需要依赖于科学界内部的同行评议，但作者在书中也对同行评议存在的诸多问题进行了讨论，说明这种方式在实践中也并不完美。但在现实中，在尚未找到更有效的可靠评判基础，并在此基础上进行有效的裁决，迫使科学家们不得不遵守，以让科学自律的情况下，人们又该怎么办呢？

□　我看至少到目前为止，你说的问题并无解决的良方，事实上大家都只好先因循苟且着再说。这种科学共同体难以有效自律的状况，根源就在于：第一，科学技术如今和经济利益勾连得太紧密，本来就会"激励"许多成员铤而走险，尝试获取非分的利益。第二，科学技术的日益发展，又产生了越来越高的所谓"专业门槛"，使得评判科学中的不诚信行为变得越来越困难。第三，随着科学技术得到越来越多的社会资源，"学霸""学阀"的产生也越来越有基础，他们常常能够有效地保护那些不诚信的行为，就如我们在"巴尔的摩事件"中所看到的那样。

在《大背叛》中我还发现一个值得注意的现象：作者所列举的大量科学中的学术欺诈事件，生物、基因、遗传等方面的占了绝大多数。这些领域都是眼下最热门的，也是与市场和经济利益勾连得最紧密的。正所谓"天下熙熙，皆为利来，天下攘攘，皆为利往"，这些热门领域正是眼下科学中最大的名利场，自然争夺激烈，学术欺诈也就层出不穷了。

■　在市场经济下，哪里有利润，资金就会流向哪里。当科学和技术要服务于经济发展，或者就是说要努力成为资本的"帮凶"，自然那些最可能有利可图的领域，就会成为热点，相应地，欺诈的增多，也就不足为奇了。

其实，欺诈又是可以分成许多层次的。当然，还有像过分的定量考核之类的外部环境的压力，学术权力与行政权力的结合，等等，这些本在传统的学术规范之外但又实在地起着关键性作用的"有中国特色"的学术环境，实际上对学术中的欺诈起到了推波助澜的作用。

是什么激励了科学中的欺诈？

这里也许没有篇幅再展开讨论与对揭露学术欺诈有关的"学术打假"等问题了。实际上，在现有的规范资源中，同行评议之类在本书中已经对其问题和不完美进行了不少讨论的方式，也许我们仍不得不用，至少比外行更加违反规则的乱打要好些，但我们也仍然需要意识到其局限性。

有人的地方，就有社会，有规则的地方，就会有对规则的违反。如果规则永远不会被违反，规则的存在也就没有了意义。在现实的社会环境中，对于学术研究，究竟现有的规则是否完备？它们是否能有效地从根本上遏制学术欺诈，对之人们应该如何应用？这些问题，也许真是在现实中存在的对科学发展的严峻挑战。

原载 2011 年 9 月 2 日《文汇读书周报》

戈尔眼中的未来

□ 江晓原　■ 刘 兵

□ 这应该是美国前副总统阿尔·戈尔被引进中国的第三本书。由于书名的误导，这本书有时会被人误认为是"未来学"的书，其实不是。本书*主要是戈尔对当前世界状况的分析，当然也包括他对未来的一些展望。以前我对戈尔的印象并不很好，但这本《未来》让我对他的看法颇有改变。

因为我发现，戈尔在本书中，立场正大，持论平和。而且他能够脱开美国一国之私，尝试用某种"世界公民"的眼光来看世界，这一点更为难得。当然本书延续了戈尔对环境和资源问题的一贯关注，这种关注也构成了戈尔立论的依据和底气。尽管对于熟悉戈尔及其言论和立场的人来说，本书中可能会有一些老生常谈，但和他的《难以忽视的真相》和《我们的选择——气候危机的解决方案》两书相比，《未来》减少了"布道"色彩，更多了理性和多元的观念。

所以我认为对于国内政、商、学三界的人士来说，本书都值得一读。

■ 我觉得，我可以部分地同意你的评价，但又有所保留。之所以这样说，是因为，其一，戈尔的这本书确实对于当

---

* 《未来：改变全球的六大驱动力》，[美] 阿尔·戈尔著，冯洁音等译，上海译文出版社，2013年7月第1版，定价：68元。

戈尔眼中的未来

下我们面临的诸多问题进行了相当深刻的分析与反思,而这种视野和反思的深度,显然在他那一层级政客中是非常罕见的(尽管他本来在美国的政客中也是一个异数),因而值得各界人士(自然也包括了你说的国内政、商、学三界人士)一读。其二,我们还是可以看到这本书的作者虽然已经似乎最大限度地突破了政客的许多在观念上所受的约束,但也仍然留下了一些内在的矛盾,而使其观点不能够一贯到底。例如,他认为的作为对未来的塑造成为重要驱动力的,像数字网络技术、新材料技术等,以及在字里行间对这些基于新的前沿科学技术的发展对未来的意义,还是没有能够彻底突破传统对科学、技术和"发展"的理解的约束。

正因为如此,我也还是在阅读时会为此书中的矛盾所吸引,这也许是一种值得我们更加深入分析的矛盾,而不只是像其表面上的表现那样简单化。当然,他的书中的那些有着积极意义的反思,在我们国内的政、商、学界,也依然显得还是偏于激进,因而也才有其特殊的意义。

□ 我很想和你耍耍贫嘴,说"我可以部分地同意你的评价,但又有所保留"。其实戈尔对"发展"的反思,虽然达不到理想的力度,但对于"我们国内的政、商、学界",已经相当有启发意义了。这主要体现在本书的第四章,标题为"过度发展"。这一章中特别引起我注意的,是戈尔对"过度发展"有关理念的历史追溯。

戈尔将"始作俑者"追溯到 20 世纪初的"公共关系之父"爱德华·伯奈斯(此人是西格蒙德·弗洛伊德的外甥)。在戈尔看来,伯奈斯要将公众的意识导向欲望。伯奈斯的拍档保罗·梅热对此说得十分直白:"我们必须将美国的这种需求文化转变为欲望文化……必须培养人们拥有欲望,想要新东西,甚至在旧东西全部消耗之前。我们必须在美国塑造全新的心态,人的欲望必须盖过他的需求。"

本来这也许只是商业营销中的"理念",但是这种理念的作用很快就远远越出了商业的范围。由于被唤起的"欲望"可以使得"需求"永远无法满足——"一个需求得到满足,就会让位于另一个需求",而这种永无止境的需求被视为社会活力的来源,设法不断满足人们的需求,甚至创造出人们的需求,则被视为社会"进步"和"发展"的表征。戈尔正确地归纳出一个重要现象:"在20世纪资本主义和共产主义在长期斗争中,无限的发展毫无疑问是两种意识形态都认同的假设。"

■ 有意思的是,戈尔的这本书在形式上又是学术专著的样子,参考文献和注释居然占据了全书三分之一的篇幅。不过,还是由于戈尔特殊的身份,即使此书是一部学术著作,其引人注目之处,却也很难不和戈尔的身份相联系。

在以往,至少在许多中国人的眼中,戈尔还是以关心环保、气候变暖等问题作为其主要特色的。但在这本书中,虽然这些特色依然保留着,却又加入了更多相关的社会政治内容。在这里面,作为基础的观念,你刚刚说的对于"发展"理解和反思,显然是非常关键的。在他那个位置上,能够有与占据不同意识形态立场的各方面领导者不同的对发展的反思和批判,这确实难能可贵。

在许多人把过去的那种发展模式作为天经地义的公理的时候,又是连带地形成了与之相配套的社会体制的。在这个过程中，发展，以及科学和技术的本来的目标，即为了人类的幸福，却被放在次要的甚至于被极度忽视的地位，在我们的过去，也才会相应的有那种所谓要为了大局（实际上也是发展的大局）而要牺牲个人利益的思维定式。在这本书中，戈尔对于像为了发展（特别是我们过去特别愿意用的生产力那个词）而维系着不平等这样的问题，也是有着"与官不同"（如果不是说与"众"不同）的思考的。

□ 说起来，我们甚至可以将戈尔引为反对唯科学主义的同盟军呢，例如，在本书第五章"转基因食品"一节中，戈尔明显倾向于反对转基因的一方，而且他还批评了孟山都公司对世界上 90% 的种子基因的垄断。戈尔指出了问题的实质——无论转基因作物有害与否，孟山都公司都在坐享垄断之利。

又如，在第六章谈到核电时，戈尔明确表示："最近几十年来，核反应堆的成本由于各种原因一直在大幅稳步上升。在发生日本福岛核电站悲剧之后，核能源的前景进一步暗淡下来。"他还指出，虽然世界上仍有不少核电站正在建设中，"但是以低碳能源选择评估标准来看，核能源的成本和潜在安全隐患都是显著的负面因素"。

■ 确实如此。我注意到，戈尔在这本书中，虽然相当全面、详细地总结了诸多科学的进展和新技术的发现所带来了变化和冲击，但或许是由于其特殊的从政背景，他并不仅仅是就科学技术说科学技术，而是一直关注着其背后起着至关重要的作用的社会的制度性、结构性的问题。在这一点上，他还真是颇有 STS 的风格。

在结语中，戈尔似乎是在中性地从正反两方面总结，虽然字面上也有乐观的说法，但我感觉在其深层里，还是对人类的未来充满着忧患意识的。

尤其是，他还专门提到中国，提到"中国的经济神话能否继续"的问题，并设问"那里正在兴起的保护环境的承诺能否超越商业驱动力"？其实这个问题还是问得很中肯的，甚至这里还不仅仅只是商业的因素在起作用。坦率地说，对于与这个严肃的问题相关的前景，显然我并不乐观！

原载 2013 年 9 月 6 日《文汇读书周报》

斯诺登是个好人呐

——读《斯诺登档案》*

□ 江晓原　■ 刘　兵

□ 我岳母是一位离休老干部,看了报纸上关于斯诺登揭露"棱镜门"的报道后,摘下老花眼镜若有所思地说道,"斯诺登是个好人呐!因为他说了真话"。这句朴素简单的大白话,含义却是如此丰富,以至于我竟在《解放日报》上连写了三篇谈斯诺登的文章。

本书卷首有《卫报》总编的序,其中提到了乔治·奥威尔的反乌托邦经典小说《一九八四》,说美国如今在监控方面的行为"恐怕连《一九八四》一书的作者乔治·奥威尔都会为之瞠目"。这是一个很有意思的联想和对比。当年奥威尔是以苏联的社会监控为蓝本建构反乌托邦未来社会的,他的建构一直被西方用作资本主义制度优于社会主义制度的证据。谁能想到如今资本主义社会的老大自己变成了奥威尔反乌托邦的实践者——至少在全面监控这件事情上是如此。

这真是绝大的讽刺。难怪斯诺登的父亲为他辩护说:"如果认为我们必须这么搞才能对抗恐怖分子的话,那么恐怖分子已经赢了——因为正是自由让我们成为美国人。"老斯诺登的意思是说,搞"棱镜"项目让美国人失去隐私亦即失去自

---

* 《斯诺登档案》,[英]卢克·哈丁著,何星等译,金城出版社,2014年5月第1版,定价:35元。

由，那美国人就不再是他们自己宣称的自由人了。所以"棱镜门"对于世界各国人民——包括美国人民在内——都极富教育意义。

■ 确实如此！用绝大的讽刺来形容此事，真是恰如其分。当我们阅读《一九八四》时，共鸣之余，在心理上还是会有"这是在读小说"的暗示，但当我们在读这本实际上是写现实之事的纪实性作品《斯诺登档案》，却不禁有"这就像是小说一样"感慨。真想知道，当年写了虚构版的奥威尔如果读了写实版的《斯诺登档案》会是什么感想。

其实，就比以往网上消息等更全面、更系统地让人们了解了"斯诺登事件"的这本《斯诺登档案》来说，可以讨论的方面实在是太多了，诸如像如何理解美式民主，如何看待国际政治背景下政府的统治，如何理解现在社会中对控制权力的运用及对其的限制的制度，以及制度的限度与无力之处，如何理解一种新的技术的疯狂发展会为权力的控制带来什么样的力量基础，等等。

我们以前曾经谈过丹·布朗的《数字城堡》这本小说。对比一下很容易发现，其实在"斯诺登事件"中揭露出来的事情，差不多是《数字城堡》这本小说中的情景在现实中的实际上演。差异只是在于，小说尽管会给人带来警醒，但毕竟人们还是会因其"虚构"而有一丝心理上的安慰，而现实，却比小说要残酷得多，这也正是《斯诺登档案》这本书的令人震撼之处！

□ 其实更震撼的材料早就有了。美国前副总统戈尔在

斯诺登是个好人呐

《未来》一书中就提供过非常引人注目的例子。如果说斯诺登爆出的"猛料"提供了某些具体的例证和细节，那么戈尔不仅从宏观上对美国情报机构的侵权监控进行了揭露和批评，在具体指证上也与斯诺登各有千秋，颇具异曲同工之妙。戈尔批评说："很多人全然不考虑这样一种前景，即美国政府可能逐渐发展成一个监控之国，而这个国家所拥有的权力将会威胁到公民的自由。"他举出了若干骇人听闻的例证。

例如，所谓的"网络安全威胁"和"反恐"，"被用作新的正当理由来建立一个世界上迄今所知最具侵入性和最强大的数据收集系统"，这个系统于2011年1月在犹他州奠基，预定2013年年底投入使用，它有能力"监控所有美国居民发出或收到的电话、电子邮件、短信、谷歌搜索或其他电子通信（无论加密与否），所有这些通讯将会被永久储存用于数据挖掘"。从戈尔所揭露的情况来看，美国对公众的监控历时已久，政出多门，有多种多样的项目和途径。"据一位前国家安全局官员估算，自'9·11'事件起，国家安全局已经窃听了'十五到二十万亿次'的通信"。

在斯诺登揭露"棱镜门"之后，奥巴马和美国政府官员纷纷出来为美国情报机构进行徒劳的辩护。在他们的辩护中，"授权"是一个经常出现的措辞——仿佛有了"授权"，这种监控行径就变得合法了，正义了。对此我们可以看看戈尔在《未来》中是怎么说的。戈尔指出："《互联网情报分享与保护法案》就是一个准许政府在有理由怀疑网络犯罪时窃听任何在线通信的美国法律提案……但是在该法律广义条款下可被视为有嫌疑的互联网通讯量如此巨大，以至于该提案实际上免除了政府部门遵守其他各种意欲保护互联网用户隐私的法律的义务。"也就是说，有了该提案，"其他各种意欲保护互联网用户隐私的法律"实际上就会统统失效。戈尔对此持强烈的批判态度，并非巧合的是，他也引用了《一九八四》来说事："连乔治·奥威尔都可能会拒绝此类例子出现在他对一个警察国家权力的描述中，以免读者认为不可信。"

■ 在这方面，有一个经常会遇到的情形，即人们可能会以某种正确的目标作为理由和借口，比如"反恐"，然后便将对于个人自由、私隐和权利等许多通常在一个理想社会中被认为是神圣不可侵犯的东西进行扩大化的侵犯并冠以"合法化"的名义，而实际上，到最后，这些侵犯是否真的服务于原来设定的目标，却很可能大有问题。这里面当然存在有伦理的争议，像为了集体的利益，必须要牺牲个体的利益之类的说法也常常会被提出。其实，在某种脱离了特定语境下的这种泛泛地认为个体利益可以牺牲的论点却未必就是可接受的。因为一旦脱离了有效的监督和控制——历史不止一次地表明了这样的可能性——最终最为可能的，是越来越多的个体做出了全无必要的牺牲，从而使本是由个体构成的整体也不再被认为是值得保护的对象。

至于说到奥威尔的例子，说戈尔认为他都不大会在其作品中做出这样大胆的设想，也许还会有一些其他原因，例如，虽然《一九八四》有时也会被当作富有想象力的科幻小说，但毕竟其中的科学要素不是太多，无处不在的用于监视的"电幕"，也大多作为一种技术的象征，并没有太多的技术细节构想，毕竟他的主要目标是要描述极权的可怕。或者说，当像使"斯诺登事件"揭露出的丑闻必须依赖才得以出现的像网络信息技术

斯诺登是个好人呐

等发展的迅速,甚至大大地超出了奥威尔的科学想象。我倒宁愿设想,如果奥威尔能够想象到这样的"先进技术"的如此发展,按照他的逻辑,他倒是肯定会把这种技术手段用在自己的作品中。

□ 斯诺登所揭露的事情,对于人们的教育意义是多方面的。例如,这对于美国等西方国家经常鼓吹的所谓"普世价值",就形成了致命的冲击——想一想斯诺登作为一个美国特工为什么要来揭露此事,就不难理解了。因为美国政府在监控方面的所作所为,早已粗暴践踏了斯诺登这样的美国人从小所接受的关于人权的"普世价值"。

现在这本《斯诺登档案》,是到目前为止关于此事最完备的材料。作者卢克·哈丁供职于《卫报》,而《卫报》是斯诺登首选的消息发布平台。《卫报》的采访团队对斯诺登本人进行了100多小时的面对面采访,哈丁是《卫报》指定的本书撰写人。因此从消息来源上来说,本书目前也是最权威的。

■ 作为一本带给人们震惊,让人们思考的好书,此书确实是值得大力推荐的。奥威尔因其天才的想象力,塑造了"老大哥"这个经典的形象,但也正像《斯诺登档案》这本书中所提到的,《世界报》的一篇社论指出:"新技术使'老大哥式'星球的实现成为可能。在小说《一九八四》中,'老大哥'导致了温斯顿·史密斯的悲惨命运,而现在又是哪个国家在扮演'老大哥'的角色呢?答案不言自明。"

像自由、隐私等,其实是人类在文明发展中形成的一些宝贵的、值得捍卫的人类权利,当它们被侵犯、被践踏时,带来的将是对人类文明的破坏,是对人权的侵犯,会为人类社会带来灾难性的后果。或许与《一九八四》有所不同的是,当这种依靠新技术而出现的超级"老大哥"横行世上时,命运悲惨的将不只是个体的温斯顿·史密斯,而是构成人类社会的每一个人。

原载 2014 年 6 月 6 日《文汇读书周报》

儿童人体医学实验：
美国社会的黑暗一页

□ 江晓原　■ 刘　兵

□ 许多天真的中国人——特别是那些从未出过国门的——喜欢将美国社会想象成一片人间乐土，相信那里公平公正，国家富强人民幸福，蓝天白云祥和安宁。其实美国的许多真相，并不是非要你亲自踏上那片国土才能接触到，你只需读读一些美国人的著作就能了解。说实在的，这本《违童之愿》*所讲的事情，就让人相当震惊。

在我们以前习惯的认识中，第二次世界大战期间德、日法西斯利用战俘等所做的那些臭名昭著的"人体科学实验"，都是毫无疑问的战争罪行。纽伦堡审判谴责并惩处了德国法西斯医学专家的这些罪行，日本法西斯"731部队"所做的类似行为，也遭到世人普遍的厌恶和声讨。纽伦堡审判当然是美国主导的，即便是美国当局出于某种不可告人的目的而对日本"731部队"的罪行网开一面，至少表面上也会有所谴责。总而言之，这种违背医学伦理的实验不可避免地和"罪行"联系在一起。

---

* 《违童之愿：冷战时期美国儿童医学实验秘史》，［美］艾伦·M.布鲁姆等著，丁立松译，生活·读书·新知三联书店，2015年1月第1版，定价：35元。

所以，当我们从《违童之愿》中看到，美国竟早就在它本土实施了类似的实验，而且实验对象竟是它的本国公民时，不能不感到非常意外。更为令人发指的是，美国的研究者们"纷纷扎到孤儿院、医院、收治'低能儿'的公立机构，去寻找实验对象"。而且这种行动事实上早在冷战之前的20世纪40年代就已经开始了——在时间上倒是和德、日法西斯的"人体科学实验"正相伯仲。

■ 这本聚焦于美国医学史上一些惊人的负面内容，正如封底的提示中所说："《违童之愿》记录了美国历史上黑暗的一面"。

医学，本来是为了救助人类，为了救死扶伤的人道主义目标而发展起来的。然而，近代以来，我们不止一次地看到的，恰恰是在医学领域中，或者说打着医学研究的旗号，所进行的那些从根本上违背人性的"罪恶研究"。

但这里还有一些问题值得我们思考，如果说，"二战"期间日本法西斯"731部队"所做的"人体科学实验"，在被人们厌恶、声讨的同时，由于"研究者"的背景，人们似乎更会将之归于法西斯的作恶，那为什么美国竟也会以其本国公民，而且是以儿童为对象进行实质上很类似的反人性的"医学研究"呢？在这些本质上均是违背医学伦理的实验之间，又是否存在什么深层的相同之处呢？当我们看到这些历史记录而对那些罪恶行为恨之入骨之时，我们是否会联想到，即使在现实中，是否还有些表面上看似乎并不一样，但实质上却同样也有某些相似甚至相同之处的实例呢？

儿童人体医学实验：美国社会的黑暗一页

□ 你的猜测完全正确，它们确实可以归入同一类型。从德、日法西斯的"人体科学实验"罪行，到美国国内对儿童进行的明显违背伦理的类似实验，确实有一条线隐隐串联在一起。而对于这背后的原因，本书作者是这样说的，这些研究者们"很多为至高无上的目标所驱动，也有人是为了追寻名利"。这个说法值得推敲。

在我看来，且不说"追寻名利"这样的措辞实在过于轻描淡写，更大的问题是所谓"至高无上的目标"。首先，对一个医生来说，"拯救人类""创造历史"之类的目标算不算"至高无上"？也许很多人会说，这当然可以算。如果我们同意这一点，那么当年实施德、日法西斯的"人体科学实验"的医生中，如果有人也抱持着这样的目标，或者有人真的相信自己的所作所为是在向着这样的目标努力，他们就可以脱罪吗？如果他们不能因此而脱罪，那么美国医生们的行为就同样无法脱罪。

再更深一层来考虑，就会产生这样一个问题：如果这类侵犯人权的"人体科学实验"成果，真的可以帮助救治更多的病人，那这类实验有没有正当性？根据我目前所认同的伦理道德，我认为仍然没有正当性。无论目标何等崇高伟大，都不能提供不择手段实现该目标的正当理由。历史已经无数次证明，凡是主张为了实现伟大目标可以不择手段的人，结果都是先造成了罪恶，却从未实现那些目标。或者换句话说，如果有一种目标只能通过不正当的手段才能实现，这种目标还可能是正当的吗？

■ 这里实际上涉及了一个非常严肃的科学研究的伦理学

问题。类似的伦理学问题，虽然在给人们带来的冲击程度可能有所不同，但在性质上却是一致的。

曾有人设想过这样一个"理想实验"：有若干身体的不同器官患有严重疾病的院士和一个在生理的意义上身体完全健康的人（再极端一些甚至可以设想为其精神上亦有严重缺陷），我们是否能认为将这个人的不同器官摘取（也就意味着以这种方式杀死了这个人），并将其移植到多个院士身上，从而挽救这多位院士的生命，以便让他们为人类社会做出更多、更大的贡献？据说在某些很高级别的科学会议上，有人提到这个"理想实验"时，居然有不少人表示是可以接受的。虽然这只是听到的传闻，但按照我们平时见闻所及的其他情形下一些科学家的态度，我觉得，有些科学家支持上述看法，也是可以想象的。

当然，在另外更多具备基本伦理意识的人，肯定会认为这完全是不可接受的。我们在衡量伦理问题时，显然不能以考虑收入支出的经济方式，不能接受以牺牲弱小或对人类和所谓社会"贡献小"的人的利益（更不用说生命）为代价，来换取那种所谓"贡献更大"或对更大群体"有益"的行为。因为这是在伦理意义上为人类所不能也不应接受的"恶"。

虽然《违童之愿》讲的是更极端的情形，但由于种种原因，当问题在表面上似乎有所变形而实质上却相同时，总会有些人不具有良好的伦理意识，当这些人是科学家并且诉诸实践时，就会成为科学伦理意义上的丑闻和罪恶。

□ 这里我忍不住又要稍微扯远几句。其实这种认为目标伟大崇高就可以不择手段去实现的想法，和我们经常批判的科

儿童人体医学实验：美国社会的黑暗一页

学主义之间，是有着内在联系的。具体到《违童之愿》中所揭露的罪恶行径，这种内在联系恰恰相当明显。

与此有密切联系的，还包括书中揭示的一系列西方医学界的学术不端行为，这些行为也或多或少或直接或间接地与违反异形伦理有关。例如多年前英国的韦克菲尔德医生，宣称他的研究成果表明，MMR疫苗（麻疹、腮腺炎、风疹三联疫苗）与儿童自闭症有关，导致许多家长产生恐慌，停止给孩子接种该疫苗。但几年后韦克菲尔德医生被揭露是拿了某个集团的大量金钱，为的是用"医学成果"帮助该集团的诉讼，于是《柳叶刀》杂志宣布撤销韦克菲尔德医生的论文（反正这种"撤销"对那些所谓的"顶级科学杂志"早已司空见惯了）。但是这场闹剧已经造成严重后果，在英格兰和威尔士，麻疹成为地方流行病。

违背伦理的医学实验，比如本书所揭露的美国儿童人体实验，广义来说也可以视为学术不端行为的一部分，而学术造假则是比较容易被关注的另一部分。人们有充分的理由相信，那些被揭露出来的学术不端行为，很可能只是冰山一角，更多的不端行为被行业的自我保护机制尽力掩盖起来了。在这样的事例中，无辜的公众一再被置于不知所措的窘境中，因为信息是不对称的。这种不对称，其实和那些儿童人体实验中儿童及其家长的处境只是程度上的差别。

《违童之愿》中还谈到了一个我们以前讨论过的事例，即在饮用水中加氟的争议。这项争议已经持续了几十年，在美国，很久以来已经是加氟的意见占了上风，但在欧洲和许多别的国家（包括中国），并未采取美国那样全面加氟的措施。本书作者的意见是："氟中毒和越来越多的证据显示，我们的儿童接触到的氟化物已经太多了。"值得注意的是,本书作者将此事称为"氟化物实验",这是不是意味着,在这场争议中,几代美国人事实上已经沦为实验对象?这为什么不可以视为一项超大规模的人体医学实验呢?

■ 除那些研究者外,还有另外一些自己不做研究,但却以保卫科学的名义来努力为这些反人类行为辩护的人。仍以我们这里的"黄金大米"事件为例,不是也可以看到有那么多人在网上为其合理性找借口做辩护吗?

这些本来非常清楚明确地应为人们唾弃并坚决抵制的恶行,之所以仍不断出现,之所以仍然有人为之辩护,背后另一个重要的观念支撑,就是以功利的算计,加上为资本追求利润的目标,再加上科学研究的某种"超越性",让一些人或是内心中无意识地默认,或是公开明确地宣称,为了科学的发展,可以以牺牲一部分人的利益、健康甚至生命。

但这恰恰与人们心目中发展科学的本意相违背。发展科学,本应是为了人类的利益,但当发展科学的过程反过来要危害人类时,那这样的发展本身就可以被质疑。正是在这样的情形下,伦理应该成为对科学最基本的约束,而不是像某些科学家们所主张的,顾及伦理会阻碍科学的发展,因而不应过多考虑伦理。如果说,确实因为坚持最重要最基本的伦理价值而阻碍了科学的发展,那种阻碍也是必须的!

因为我们可以这样设想,正是这种对伦理的关注,才有可能保证科学自身不会成为反人类的工具。

□ 你的设想无疑是正确的,不幸的是有些科学家并不这样认为。他们将伦理道德的戒律，以及伦理学家的忧虑和告诫，都视为"科学发展"的绊脚石。例如，在 2015 年 9 月 27 日《文汇报》报道的一次关于基因组编辑与生物技术伦理安全的讨论中，卢大儒教授激动地表示，"中国的伦理学界不应该也不会成为反对科学和阻碍科学发展的卫道士"，那么他对伦理学界所抱的期望是什么呢？他要求伦理学界"为科学研究保驾护航""为科学的发展鸣锣开道"！想想看，科学到了今天，它还需要什么"鸣锣开道"和"保驾护航"吗？它正以雷霆万钧之势，像脱缰的野马一样狂奔！伦理学界在今天的天职，恰恰就是要帮助社会勒住这匹野马的缰绳——如果还有缰绳的话。在今天，伦理学界应该理直气壮地扮演"刹车装置"和"减速装置"的角色。

还有一些科学家，经常以某件事情（比如基因组编辑）"外国人已经做了"或"已经准备做了"作为理由，急着要求政府同意他们也跟着做。"外国人已经做了，我们为什么还不做"成为一种常见的质问。我国政府和有关管理部门在有些问题的监管方面所采取的慎重态度，被他们指责为"不作为"。其实，正如许智宏院士所指出的，"过去，我们一直信奉'科学无禁区'，但事实上在每一个领域，科学家还是有不可跨越的红线"。那些跨越红线的事情，外国人做了难道就能成为我们也跟着做的理由吗？

■ 实际上，我们还经常会听到另外的说法，即许多科学家之所以愿意在中国做研究，一个重要原因是，外国对于科学实验的各种限制要比中国严格得多，所以一些人更愿意在这种更加"宽松"的环境中进行研究。其实，这种"宽松"，才是有关管理部门真正不负责任的"不作为"。

过去,环境问题也是类似的,后来更多民间的监督和干预参与进来,但就科学研究来说,由于其专业性,非专业的公众要进行有效的监督相当困难。因此,对于政府和相关管理部门的要求就更高,对于提高科学家们的伦理意识的教育就更加迫切。虽然近来国内在这些方面似乎已经开始有了一些好的改进,但离理想的状态仍有很大差距。

所以《违童之愿》这样的著作,至少在唤起公众的警觉,以及对那些还有良知并愿意关注此类问题的科学家们的警示和教育,显然都有重大意义。虽然我对于这些问题的改进并不乐观,尤其是我们仍处在科学主义如此严重的思想环境中。但《违童之愿》这类著作的出版,作为具有反科学主义倾向的科学文化传播的重要组成部分,努力将这种对科学伦理的关注纳入既面向公众也面向科学家的"科普"中去,其重要性也是不言而喻的。

原载 2015 年 10 月 8 日《中华读书报》

智商测试：科学还是伪科学？

□ 江晓原　■ 刘　兵

□ 刘兵兄，我们这群朋友中，好像很少有人谈论"智商"之类的话题，也不会像某些喜欢"暴打科普"的人，为了"衬托自己英俊的科学面庞"而动不动说别人"弱智""脑残""白痴""文科傻妞"等。所以当你告诉我这本《智商测试》*非常好看时，我还略有意外，心想怎么连你也对这个玩意儿感兴趣起来了？等到看了这书，才发现确实是一本非常有意思的书。

在这个问题上，中国的情形似乎与书中所描述的美国情形还有相当大的差异。在美国，遇到入学、求职之类的事情，都可能面临智商测试，所以五花八门的"智商培训"之类的"班"在美国也很多。而在中国，起码在入学、求职之类的事情上还不会遇到智商测试。而在国内许多杂志上，类似的测试其实也经常可见，不过那只是让读者做着玩玩的，不会当真影响实际的状况，所以在中国好像也还没有见到"智商培训"之类的玩意流行起来。

■ 我想是这样的，当我说此书很好看时，是因为看到此

---

* 《智商测试：一段闪光的历史，一个失色的点子》，[美] 史蒂芬·默多克著，卢欣渝译，生活·读书·新知三联书店，2009 年 11 月第 1 版，定价：20 元。

书恰恰是对于智商测试这一颇有科学主义味道的"科学"测试的深刻反思,而你对我的推荐觉得意外,恐怕是把此书又想象成了一本鼓吹智商测试的著作。是不是这样呢?

其实,在此之前,我也曾从别的渠道听说过有人对于智商这件事有所反思,但一时却没有读到相应的材料,而读到此书时,才意识到,这种反思是可以如此有力,对于现在人们一般不大会质疑的"智商"概念本书,都有如此的颠覆。

至于你说到,在具体的智商测试的应用方面,也许中国还不像美国那样普及,但是,一方面,像智商这种东西,在观念的层面上,在我们这里,似乎还是颇为深入人心的,你举的那种动辄说人"弱智"的例子,不恰恰就是这样的实际反映吗?另一方面,此书又不仅仅只是谈智商,而且还连带地谈及了与此关系密切的标准化考试的问题,而这样的考试,在我们这里所生产的危害,可就不只是一般性的问题了。

□ 从《我们的科学文化》(4)开始,前勒口上就印着反映"科学文化人"生活理念的四句短偈,第一句就是"适度讲科学",因此即使你向我推荐一本"鼓吹智商测试"的著作,我也不会感到意外。因为我经常是在那些寄赠的时尚类杂志(比如《心理》)上看到这类测试的,所以令我稍稍感到意外的,是以为你在时尚方面又更上一层楼了。

当然,事实上只要你开始读本书的"前言",你就会知道作者实际上是要对智商测试这件事情进行反思了。本书的原文书名(*IQ: A Smart History of a Failed Idea*)也表明了这一点。中译本译成《智商测试:一段闪光的历史,一个失色的点子》,不能算非常准确,但大体还是传达了作者的主要意思。

智商测试：科学还是伪科学？

智商测试问题之所以相当复杂，是因为这里牵涉伦理道德问题，而且相当难以解决。这种对智障者强制绝育的法律和政策，很容易引导到对智商测试本身的质疑：究竟凭什么可以宣布一个人是智障呢？

■ 你刚刚还只是说到了问题的一个方面，即如果智商测试是成立的，在应用时，也会出现相应的伦理问题，其实，类似于今天更为时髦的基因测试问题，在社会上的应用也同样面临着相同的困境。更不用说，从这本书里我们可以看到，其实这种所谓的"科学"测试，就其基础和可靠性而言，在实证的研究上让其剥去了以科学名义的装饰之后，原来它本身又是那么的不确定、不严格，那么的不科学。

我们甚至看到，连这种学说的起源和发展，都本是由于一些心理学家们为了自己的饭碗和经费而"建构"出来的。这似乎也在提示着一种有些普遍的"规律"：一旦去掉了先在的对科学的迷信，而进入到对"科学"的具体研究（在SSK领域这类案例研究尤其众多），人们就会发现原来被设想是那么"严谨"的研究，实际上总有那么多不严谨、不科学之处。

至于你说到的当下时尚，也同样折射出对科学的这种在深层意义上的迷信，以至于在表面上看起来不那么科学甚至很有些"伪科学"（这里的引号当然是有其深意的）、"迷信"味道的时尚测试中（如对于性格、命运、爱情等的测试），却也仍然在外形上大多采用类似的那种标准考试选择题的方式（更极端的恐怕就是计算机算命了），从而让形式与内容之间呈现出如此尖锐的矛盾。

当代科学争议

□ 这里有着两个层次的问题。本来，即使智商测试真的是"客观的""科学的"，应用时也必然带来伦理道德问题（一些科幻作品中所忧虑的未来世界的"基因歧视"也有类似的伦理道德问题）；而一旦认识到智商测试本身就是不严谨不"科学"甚至有些"伪科学"色彩，那应用它时的伦理道德问题立刻就更为严重起来了。

这里的伦理道德问题是非常棘手的。这使我想起前几年指导的一位博士生，他曾在论文的初稿中写过这样两句话，"有政治上正确的伪科学，也有政治上不正确的真科学"。这两句话我非常欣赏，可惜他在定稿中却删去了。如果要玩弄概念组合的游戏，我们当然还可以补充另外两句，"也有政治上正确的真科学，更有政治上不正确的伪科学"，这样就全面了。套用上述概念组合游戏，那么智商测试即使是"真科学"，应用起来也很容易陷入政治上不正确的状况，而倘若它其实是伪科学，那就更容易被视为"政治上不正确的伪科学"了。

■ 我不知你这里所说的政治上正确与否，在智商测试的问题上是怎样定位的，或许，你已经把它定位在政治上不正确了？但不管你怎么定位，从我的阅读感受来说，还是觉得作者试图在告诉人们，经常为我们所未加批判地作为一种"缺省配置"来接受甚至迷信的"智商"本身连同对它的测试，本来就是相当不科学的。这种本来就不够科学而且在应用中又会带来诸多伦理问题东西，是具备了双重我们应对之进行反思和批判的充分理由的。

这本书，似乎是以科普的分类来出版的，但其中，学术研究的内容，学术批判和反思的深度却并不因此而少，这也让我们联想，如今在我们这里"标准化的学术"大行其道繁荣昌盛的时候，为什么像这样好读并且更有意义的著作却凤毛麟角呢？这与我们在教育和其他领域大力学术和采用那种所谓"科学"的标准化测试和考核方式是否亦有密切的关系呢？

原载2010年3月5日《文汇读书周报》

一面特殊的镜子

□ 江晓原　■ 刘　兵

□ 刘兵兄，我开始读《102分钟》*了，你觉得这书好读吗？

震惊世界的"9·11"事件，到此刻已经过去4年了，"9·11"也已经变成"恐怖袭击"的代名词。此时这本《102分钟》问世，自然有纪念的意义。书是在大量访谈之类的材料基础上写成的，受访者絮絮叨叨的细节叙述，和作者对寻找到的背景资料（比如1993年的爆炸案之类）的转述，交错混杂在一起。当然作者还是用时间顺序，将这些内容大致贯穿起来了。不过，要是我来写这本书，我想我会愿意让条理更清晰一些。

■ 这本书我已经读完了。与你有同感，觉得此书确实是条理不那么清晰，多条线索交叉，让人读起来容易理不清线索，也容易疲劳。不过，反过来想，也许这本书这样写是另有用意的。书中的叙述在条理上或者说情节上的混乱，不正是当时那个现场的更为接近真实的写照吗？当然，我这里所讲的真实，是在历史学那种意义上的真实，而不是在本体意义上的那

---

* 《102分钟——世贸双塔内生存之战的首次披露》，[美]吉姆·德怀厄、[美]凯文·弗林著，袁霞等译，译林出版社，2006年1月第1版，定价：18元。

一面特殊的镜子

种所谓绝对客观的真实。否则的话,此书要是写得像一部结构严整的小说那样,反而是对当时现场的混乱情形的一种歪曲。

□ 书中所披露的许多细节,让我感到一种担忧——是不是社会越发达,它也就越脆弱?

世贸双塔这样的现代化写字楼,无数机构盘踞其中,成千上万员工在里面上班,它的日常管理和运作肯定不是一件容易的事情。据书中所述,双塔虽然有着许多原先未被发现或未被重视的隐患,但管理部门也在逐步改善它们。然而"9·11"以前所未有的恐怖袭击方式,使得堪称资本主义经济活动典范的世贸双塔,转瞬变成人间地狱!

老实说,要不是发生了"9·11",双塔毁于一旦,它们很可能还是中国人心目中写字楼管理运作的模范呢(我不知道中国是不是有什么机构曾去那里"取经"过)。如今双塔虽然已经不存在,但它们昔日的故事仍是一笔宝贵财富。

■ 怎么来读这本书,当然那还是每个读者自己的事,反正,不同的人从中显然是可以读出不同的东西来。其实,书里大致也就是两类内容,一类是灾难发生后,不同的人的不同反应,包括援救者和被援救者的种种行为,其中不乏非常感人的细节。另一类,则是作者穿插在第一类叙述之间的对于这座现代化的建筑本身的结构的不合理性、管理机制的不合理性以及这些不合理性在灾难发生时所起的作用等分析。除此以外,作者似乎并未提出什么一般性的理论分析。但尽管如此,从这些细节的,甚至是琐碎的叙述背后,还是会有人能够联想到一些更深刻的问题。例如,现代化的含义究竟是什么;发达与脆弱的关系（就像你提问的那样），以及这种标志性的现代化的建筑及其象征，到底给人类带来了什么；如此等等。

□ 摩天大楼曾经是资本主义市场经济成功的象征，后来我们也接受摩天大楼了，自己也能够造这样的摩天大楼了，还常想着比比是世界第几高。现在上海浦东的金茂大厦和世贸双塔相比也不逊色。

■ 你说到摩天大楼曾经是资本主义市场经济成功的象征，而且现在我们也在模仿，甚至还要"超越"。说是资本主义市场经济成功的象征，那也在很大程度上是过去的说法，现在，也许倒不那么常见到来自资本主义国家的人对他们那里的摩天大楼如此津津乐道，反倒经常是不遗余力地在我们这里尽力推广摩天大楼（要知道那可是和引进他们的技术连在一起的）。当后现代的批判开始出现，当人们越来越注重自然的生存环境时，人们的观念有所转变也是很自然的，只是在我们这里，反而一如既往地将摩天大楼作为现代化的象征。

□ 然而《102分钟》向读者传递了这样一种信息：双塔虽然从纯技术的角度来说设计得非常完善，对抗需要持续承受的巨大风力、自身的重力等，都考虑到了，甚至飞机撞上来的情况也考虑到了——按照设计标准，飞机撞上来楼仍然不会倒。事实上飞机撞上来之后楼确实没有倒，但是撞击引起的爆炸和大火是一个未被充分考虑的因素，因为飞机中的航空燃料使飞机实际上变成了一颗巨型炸弹。而更重要的一个未被充分考虑到的因素是人员如何撤离。大火和爆炸中断了电梯的运

一面特殊的镜子

行,楼梯也被大火和有毒烟雾阻断。再说从一百多层的高楼上步行下楼,对许多人的体力来说也是无法胜任的。

当然我们可以说,双塔是为商务和观光这类和平用途而设计的,又不是军事要塞,不可能专为经受恐怖袭击而设计。恐怖分子想入非非,采用了前所未有的恶毒手段,真可谓"魔高一丈",双塔的设计者和建造者不可能预见到。

■ 当然,关于摩天大楼的技术弱点存在的理由,你可以找出种种原因,如它们不是为军事或战争而修建等,所以才会有"9·11"事件中双塔的悲剧。不过,有一个带有某种玩笑性但却又不乏警示性的定律,叫墨菲定律,大意是说,如果可能有问题,就一定会出问题。我想,在"9·11"事件中双塔的最后坍塌,未尝不可看作是墨菲定律的表现。当人们用越来越先进、复杂的技术支撑起越来越宏大的建筑时,越来越多的各种潜在的风险自然也就蕴含在其中了,只是由于人们因过去在技术上的不断成功而对这些风险视而不见而已。这样的情形,当然不仅仅是存在于世贸大厦的建造中,而且是广义地存在于各个领域之中的。

□ 所谓的墨菲定律,听上去总有点调侃的味道,不像是一条科学定律(比如行星运动第一定律)。

技术的应用,虽然给我们带来许多问题,但是我们多年来的思维习惯,是认定科学技术应用带来的问题,只能通过科学技术的进一步发展来解决,而且一定能够解决。因为我们习惯于将科学技术(乃至整个人类社会)的历史,视为一种线性的、单向的进程——科学技术必定越来越发达,人类社会必定越来越进步。根据这种思维习惯来看待世贸双塔的灾难,也只能得出"要进一步改进有关技术"的结论。

我知道你又会说这是"唯科学主义"的论调,但是除此之外,我们又能怎么办呢?就算此后不再建造双塔这样的高楼,改为建造低一些的楼,那也只是"进一步改进有关技术"的步骤之一而已。或者我们进而思考怎样釜底抽薪,让恐怖袭击不再发生?"远人不服,则修文德以来之",老实说,对这些问题我很困惑。

■ 我想是不是可以这样想。如果我们不再把那种越来越"现代"(这通常意味着楼的层数越高、应用的各种技术更先进、控制更精确、材料越高级等)的追求作为唯一的目标;如果我们对技术的理解不再那么狭义(也就是类似于像上面所列举的那些内容等,而这种狭义的对技术的理解又是在工业化、现代化的过程中逐渐形成的),而是将有利于人类的生存、有利于尽量避免那些像墨菲定律指出的风险、有利于可持续的发展等观念和相应的举措也包括到广义的对技术的理解中,那么,关于以后会再怎样建楼(其实仅仅用高矮来衡量也并不就是最合理的区别方式),就可能会有不同的理解。比较一下,在我们的身边,那种把周围的草除得干干净净的、让周围一点点土都见不到而用混凝土、钢材、玻璃等建造起来的那些非人性化的高楼大厦,不还是经常被视为是我们不断走向现代化的象征吗?

□ 类似的困惑,在较低的层面上也同样存在。比如本书中谈到,当大楼发生火灾时,在暂时尚未波及部分的人员,是

一面特殊的镜子

赶紧撤离好,还是在原地待命好。双塔中北塔先受袭击,在南塔尚未受到袭击时,已经有些人安全撤到了南塔大堂,可是却被告知他们应该回到办公室。让我们设身处地来想想看,你说当时应该赶紧撤离还是留在原地待命。

我在南京大学念书时,曾经历过一次地震。当时大批同学从楼上往下逃,楼梯拥堵不堪,有人跳窗逃命,跌断了腿。我和两个同学判断了形势,决定暂时留在楼上。结果我们安然无恙。当时我们依据的是理性。按照这个原则,如果我当时在南塔,我很可能也会留在楼里,那结果就大成问题了。面对这种意外情形,理性有多少作用?理性的指导能带来什么后果?中国民谚中有"人算不如天算"之语,我想正是表达了理性的有限边界。

■ 我想你这里提出的让你感到困惑的问题,还是有两个层面。后面一个,更难回答,但却像你说的那样,显得层面较低。这里的核心在于,何为理性?其实,对此人类也是从未说清楚过的。灾难过后,人们还是可以进行总结、反思,通过不断的总结和反思,人们在面临类似灾难时的应对措施上总是会有改进的。对此我并不怀疑——尽管,我们也无法否认偶然性的作用总是难以彻底回避的。

□ 不过,无论怎样的现代化,面对恐怖袭击总是不可能毫发无损——毕竟,恐怖主义是冤没有头债没有主、殃及无辜的残暴行为,对手无寸铁、毫无准备的和平居民实施袭击,总能够造成足够大的损害。所以事后即使从各种层面对双塔的设计、预防的措施等方面进行反思,也不能过分苛求,责人无已。

■ 你谈到现代化与恐怖主义的问题。其实,在我们前面所讲的意义上,也并不是说只有现代化和恐怖主义两者针锋相对,其实,恐怖主义只是为我们讨论像双塔倒塌提供了一个具体的话题而已。不仅仅现代化解决不了恐怖主义的威胁,其他的非现代化等也同样不能解决这个问题。这本来就是两回事。尽管可能会有人不同意此点,而是认为恰恰现代化提供了反恐的最佳手段,但我们还是可以设想,要想根除恐怖主义的威胁,只靠现代化的技术改进手段显然是只能治标不治本的,根除恐怖主义是需要其他更多的观念和行为变化的。

但是,如前所述,恐怖主义只是以特殊的方式暴露出了现代化的局限、不足和问题。

□ 阅读本书时,我不时联想到一部影片《纽约大地震》。影片中的大地震是假想的,重点则并非以特技展示灾难图景,而是着力描写人们如何在灾难中互助和自救。影片虽然人物众多,但是只有一个"坏人"——此人为了逃生不顾别人死活,导演当然在影片快结束时让他死掉了。而整部影片中的种种善举、义举和壮举使人感到,在不同文化传统、不同意识形态的社会中,最基本的人性和道德恐怕还是一样的。

和影片《纽约大地震》中相当强烈的抒情色彩相比,本书的叙述风格则是冷静而力求中立的。两位作者几乎没有使用任何煽情笔法,文学性的措辞也非常少。本书算不上文学作品,套用我们习惯的说法,或许应该算作"纪实文学作品"。这种作品既非文学创作,通常也不以思想深刻取胜,而是依靠描述、铺陈、展现来赢得读者。

■ 你讲的"好人""坏人"、道德伦理等,我想那就进入更为广泛的问题中了,当然这也是此书所涉及的重要内容,不过,对此方面,人们恐怕是不会有太多不同意见的。

原载 2006 年 1 月 6 日《文汇读书周报》

航空母舰：当下书生谈兵的最爱

□ 江晓原　■ 刘　兵

□ 多年前，我认识了一位老教师张先生，听过他几个月课，后来从师生之谊发展到忘年之交。这位张先生给我印象最深刻的一点，就是"书生谈兵"的极高兴致。当时他对"二战"时期美国海空军建置、装备、指挥官、著名战役等如数家珍，对于美国和日本的航空母舰尤为关注。引得我后来也开始收集中途岛之战的材料，还将各家战史著作中的相关论述比照推敲，略略痴迷过一阵。

书生谈兵在中国古已有之，像赵括那样纸上谈兵而误国，当然是罪过；但如果战争时期在后方发书生谈兵之瘾，做"军事形势分析"，即使所言外行甚至错误，好歹也能够缓解听众的焦虑；至于承平之世，隔岸观火，他国之间发生了战争，此间书生谈兵以供娱乐，自然也是有益无害的事情。

最近关于中国建造航空母舰的话题令许多军事爱好者热血沸腾，书生谈兵之瘾空前勃发。《航空母舰——航空母舰发展史及航空母舰对世界的影响》*这部大书中译本的推出，真是适逢其会了。这是迄今我所见到的关于航空母舰的建造、装备、

---

* 《航空母舰——航空母舰发展史及航空母舰对世界的影响》，[美] 诺曼·波尔马著，方东革等译，上海科学技术文献出版社，2009年4月第1版，定价：上册（1909—1945年）68元；下册（1946—2006年）68元。

航空母舰：当下书生谈兵的最爱

战史等方面最详尽、最系统的中文读物。

■ 我们这还是头一次谈这样一种类型的书。我不知道你对于兵器类通俗读物是什么感觉——关于航空母舰的书，应该也算是这类的。类似地，像关于飞机、坦克、大炮，尤其是枪支之类的书，还有很多。坦率地说，我一直对于这类书兴趣不大。但我也知道，在目前的各类通俗读物中，兵器类的书，无论是在成年人中还是在青少年中，都有着相当一批铁杆读者，因而这类书的销路应该还算是比较好的。

对于兵器类通俗读物我没有做过研究，说实在的，不是很理解读者的心态。但我们还可以注意到另一个现象，即在玩具中，兵器也是很受欢迎的一大类。也许，许多读者爱读兵器类的书，与青少年爱玩兵器玩具，有着类似的感觉；或者是玩兵器玩具的升级版。还是先听听你的见解吧。

□ 据说对军事话题感兴趣的，绝大部分是男性。"男人在一起一般就三大话题：女人、足球、军事，大概各占三分之一"。据说男人喜欢军事话题是因为他们强烈的征服欲，征服欲能体现强大，而女人喜欢强大的男人。照这么说来，谈女人是为了女人，谈军事也是为了女人，谈足球呢？恐怕多半还是为了女人。男人的绝大部分话题背后是为了女人，这未免太夸张了。我们身边的这些朋友中，好像就不是如此——比如说吧，你我之间以前几乎从来没有谈论过上述"三大话题"。

我对兵器的感觉，不会超过一般男性的水平。20 世纪 70 年代初我在纺织厂当电工，属于"基干民兵"，每人有自己的枪。我这点和枪械短暂亲近的经历，也没有培养出多少对军事的爱好来。

我对航空母舰的兴趣,最初是发端于那位忘年交张先生的影响;后来因为对战争史产生了兴趣,也收集一些著名战史著作,其中海军战史当然是重要内容;再后来则是因工作机缘和造船史专家有所交往之故。总之,航空母舰是一个国家工业技术能力的集中体现,是以强大的综合国力来支撑的,这一点是令我对它感兴趣的主要"正当理由"。至于"非正当理由",自然还是书生谈兵的嗜好——我承认我也有一点点。

■ 这也许就涉及了关于人性中是否天然地就有暴力倾向的问题了,因为毕竟军事、武器总是与暴力有着密切的相关性的,哪怕只是"书生谈兵"。

相对中性地讲,当然可以说兵器、军事都与科学技术的发展有关。但在童年阶段对于武器玩具的热爱,某种意义上也是在鼓励暴力倾向,也是有问题的。类似的,现在对于网络游戏中的暴力内容,人们不也是也普遍地持反对态度吗?

还有,对一般的兵器——哪怕大型航空母舰——的了解是一回事,但更极端些,如果是对原子弹的了解,后果又会怎样呢?也许,在普及关于兵器的知识的同时,对于与这种传播背后的倾向,也同样应予以重视。

□ 我理解你的意思,有点接近中国古人所言的"兵凶战危"之意。但我想事情不至于那么严重吧?毕竟,关于兵器的讨论,可以给人们带来多种多样的启发。

■ 这部关于航空母舰的书,与我前面谈论的那些单纯的

航空母舰：当下书生谈兵的最爱

兵器类通俗读物还是很有些不同的。因为，它是从一种军事史，以及军事技术发展对于世界的影响，来谈论航空母舰的。如果说，标准的军事史与科技史、科学文化还距离颇远的话，从一种特定的军事技术的发展来谈军事史，就很有些特殊的技术史的意味了。

这部上下两册的《航空母舰》，显然是会吸引相当一批读者的。而且，作者确实在资料方面，收集的信息非常之丰富。当下，许多人，尤其是众多的网民，对于中国造航母的问题热心议论颇多，但如果那些议论是在有了这样的历史信息的基础之上做出，也许会比想当然的信口开河要有意义得多。对于关心技术史，以及包括军事技术在内的技术与社会发展之关系的读者，此书也会是很有价值的。更何况，除去这些，还有我们前面谈了不少的那些本来就热爱兵器话题的广大读者呢。

原载 2009 年 10 月 9 日《文汇读书周报》

"美国世纪"要终结了吗?

□ 江晓原   ■ 刘 兵

□ 一本充满情绪化的、混合着狂妄自大和愤青情怀的、人们普遍担心会给中国崛起帮倒忙的《中国不高兴》,刚刚在剧烈炒作中"闪亮登场",这本《美国世纪的终结》*的中译本也问世了。这可是美国人自己写的书,他们自己说自己的世纪要终结了,这不知会不会让《中国不高兴》的作者们稍微高兴起来一点?

不过此书最先引起我注意的,是作者相当强烈的科学主义观点。这在本书的第四章中表现得尤为明显。在这一章中,作者一直在抱怨如今科学在美国公众心目中的地位不够高,在公众话语中的话语权不够大。作者还反复指责政府"歪曲科学""打压科学"。而作者最担心的,就是由此引起的美国竞争力的衰退。

这种思路,我们已经相当熟悉,它背后的逻辑就是:一个国家中,科学的地位越高,则这个国家就越强大。在十八十九世纪中,这个逻辑似乎是反复得到证明的,但是在进入20世纪之后,质疑的声音逐渐开始出现并且越来越大了。我认为这种质疑不仅仅是字面上的(指上面那个逻辑是否成立),它还包括了对更基本的价值的思考,比如,"国家强大"和"人民幸福"是不是等同?这两者哪个更重要?

---

* 《美国世纪的终结》,[美]戴维·S.梅森著,倪乐雄等译,上海辞书出版社,2009年4月第1版,定价:30元。

"美国世纪"要终结了吗?

■ 我想,你虽然提出了问题,但对于我的答案,应该是早有预期的。当然,从人民的立场上看,应该是"人民幸福"居于"国家强大"之上,因为,国家如果不能给人们带来幸福,那样的国家当然就应该是被质疑的。

但这个问题又有些复杂,因为也会有人争辩说,如果国家不强大,人民如何可以幸福?不过,这两者间的关系,却并非是完全重合的,国家强大,人民有可能幸福,也有可能不幸福,而只是让某些利益集团的人幸福。

你提到的科学主义的问题,我觉得在我们两人的立场上,反应也应该是相似的。类似地,过于片面地将科学的发展与国家竞争力相联系,并将其置于超越于其他"发展"之上的观点,其实在我们这里也很流行。

回想起来,在改革开放之初,国内许多人,尤其是许多学者,不同程度对以美国为代表的西方的"崇拜",也是那时的产物。这样的崇拜在很大程度上也是与对美国的科学发展及科学对于物质和文化发展的正面作用的肯定相联系的。不过,随着我们自己也开始逐渐强大,也开始对过去所向往的那种发展的负面的东西有所了解、接触甚至直接感受,也开始有了自己的反思,那种对于以美国为代表的西方社会及发展模式的崇拜自然地在一些人的心目中开始消退。但是,对于美国的这种否定,也恰恰如你注意到的,又可能是基于科学主义的立场的,这倒是一个值得注意的问题。

□ 作为一本为美国写的"盛世危言",本书作者看来并不具备在科学哲学、科学社会学方面的深厚素养,所以他在谈到与科学有关的问题时,仍然采用了比较幼稚的科学主义立场,这倒也不太奇怪。这和我们国内的许多情形是类似的。

本书的主要价值,是对美国内政外交和现今美国社会的种种问题的反思,或者说自我批评。全书共10章,在这10章中,作者依次为美国的经济政策、美国社会的贫富悬殊、美国的医疗体系和暴力犯罪、美国的教育和科学、美国境况不佳的民主、美国的单边主义国际政策、美国的国际反恐战争,各用去了1章。在本书作者看来,美国在这七个方面没有一个能够令人满意。不仅问题成堆,而且后果严重。

在本书作者看来,由于上述这些问题,美国的衰落已经无可避免。"在自我加冕为全球领袖15年后的今天,在政治对立的世界上,美国这个民主国家正变得越来越恐惧和孤独。"(本书作者引用布热津斯基语)一方面,美国越来越让世界反感,另一方面欧洲、中国、俄罗斯、印度、伊朗等大国和区域性大国正在纷纷崛起,准备或正在填补"美国世纪"结束后的真空。

作者为美国的未来设想了"最好的"和"最坏的"两种情况。"最好的"是美国新领导人致力改进前述的种种问题,一个"谦逊的美国"重新得到世界的欢迎。"最坏的"则是美国再次遭受恐怖袭击(甚至是核爆炸的袭击),国内外投资者从美国股票市场和金融机构中大规模撤资,并减持美元,美国经济彻底崩溃。

■ 其实,正像你经常说的,科学主义也是多元中的一元。虽然作者在看待美国的衰落的问题时,是在一种科学主义的立场上,认为科学在公众话语中仍然不够强大,但对于美国面临的问题,特别是关于像民主、经济、社会体制等方面的问题,

"美国世纪"要终结了吗?

却还是可能不太受科学主义的限制。当然,在更深的层次上,我们仍然可以说,美国人的自以为是,又是基于那种认为自己的一切都是最好的,并要将其强加给别人的观念。而像当下的金融危机,则在某种程度上也有力地打击了这样的自信。

也许并不一定需要像金融危机这样的打击,早在此之前,一系列的事件也都预示着美国的危机。关于更加直接影响人们生活从而影响信念的经济,我因为知识背景的欠缺不敢多有妄言,但至少我们可以预期,如果美国人不改变那种自以为是的美国中心观念,不宽容地接受多元文化与社会存在,而是继续像过去那样一意孤行,其衰落就是必然的。因为在如今,一个依靠科学和技术来发展的强国,也无法割断它与世界上其他国家的联系,甚至更要依赖于其他国家的物质和人力资源。但对于这些关系的理想处理,却显然不是只依靠科学技术就可以解决的。

□ 你说的这层意思,与美国人半个多世纪以来的"自我加冕为全球领袖"的心态和行为有直接关系。美国人"自我加冕为全球领袖",往好里说是"急公好义",自认为自己的理念和生活方式是最好的,所以要推广到全世界去,而且还自任国际宪兵,到处来"主持公道"。往坏里说,那当然就是强权政治,干涉别国内政,进行军事、经济和文化侵略了。不管往好里说还是往坏里说,问题在于,将自己以为好的东西强加于人,经常会"吃力不讨好"。己所勿欲,固然不能强加于人;己之所欲,也不能强加于人。

这就要说到"文化"上去了。回顾美国这半个多世纪以来,或近年来的做法,之所以"往好里说"和"往坏里说"会有如此大的差别,我想深层原因就在文化上。美国文化中的理念和价值，在别的文化中肯定不会全面得到认同。更何况即便是认同的部分，人们怎么接受也有方式方法上的讲究，"嗟来之食"即使对于一个饿汉，也会带来侮辱。所以美国人即使想做"好事"，也要讲究方式方法，不能傲慢。所以本书作者认为，美国承担了过多的所谓"国际责任"——其中不少是它自己揽上的。

网上有一段美国读者对本书的评价："对于教育年轻人理解当今世界的政治经济力量状态来说，对于其他关心自己未来的人来说，这都是一本好书。"

■ 关于过去许多年来，美国存在的问题，不少人已经有了相当的认识。当然，也还有许多人没有足够的认识，而且有了认识，与现实中的改变也不一定是一回事。关于奥巴马能做到什么程度，新政能新到什么程度，也许还要我们拭目以待。

就此书来说，从我们以上的讨论，至少有两点可得出的结论，一是此书仍以科学主义为基础立场，二是此书仍然有积极意义。从这第二点，从此书的积极意义来说，也即有助于更多的人看清美国的问题。要解决这些问题，仅靠美国恐怕不行，还要靠包括我们中国在内的各个国家及人民的努力。而这样的努力的结果与影响，显然是与我们自己是否足够强大有关，而何谓"强大"，那就是另一个更加复杂，恐怕在此无法展开，而要另做讨论的重要论题了。

原载 2009 年 5 月 8 日《文汇读书周报》